T0092573

Ingenieurwissenschaftliche Bibliothek
Engineering Science Library

Herausgeber/Editor: István Szabó, Berlin

Henry Görtler

# Dimensionsanalyse

## Theorie der physikalischen Dimensionen mit Anwendungen

Springer-Verlag
Berlin Heidelberg New York 1975

Dr. phil. habil. Henry Görtler
o. Professor an der Albert-Ludwigs-Universität, Freiburg
Direktor am Institut für Angewandte Mathematik der Albert-Ludwigs-Universität, Freiburg

Mit 14 Abbildungen

ISBN-13: 978-3-642-80873-9 e-ISBN-13: 978-3-642-80872-2
DOI: 10.1007/978-3-642-80872-2



Softcover reprint of the hardcover 1st edition 1975

Library of Congress Cataloging in Publication Data. Görtler, Henry, 1909-.
Dimensionsanalyse: Theorie der physikalischen Dimensionen mit Anwendungen.
(Ingenieurwissenschaftliche Bibliothek) Bibliography: p. Includes index.
1. Dimensional analysis. I. Title. TA347.D5G63 530'.8 75-14477

# Vorwort

Erfahrungen, die ich in wiederholt an der Universität Freiburg abgehaltenen Vorlesungen über die Methode der Dimensionsanalyse und das Modellversuchswesen gemacht habe, haben mich veranlaßt, dieses Lehrbuch zu schreiben.

Es erschien mir nach diesen Erfahrungen unerläßlich, daß die Darstellung eines Gegenstandes, der auf dem Begriff der physikalischen Dimension aufbaut und aus der Dimensionshomogenität aller physikalischen Gleichungen ausgiebig Nutzen zieht, auf eine solide Theorie der physikalischen Dimensionen gegründet werden sollte. Auf dieser Grundlage sollte dann der für die Anwendungen fundamentale Satz, das sogenannte $\Pi$-Theorem, in seiner vollen Allgemeinheit als Aussage über alle Funktionen aus der Menge der dimensionshomogenen Funktionen bewiesen werden.

Die Darstellung ist wie in den Vorlesungen so gewählt, daß sie für Studierende der Physik, der Natur- und Ingenieurwissenschaften und der angewandten Mathematik mit den mathematischen Grundkenntnissen der ersten zwei Studiensemester verständlich ist. Sie vermeidet bewußt unnötige mathematische Abstraktionen. Beim mathematischen Aufbau der Theorie wird dem Leser bei jedem Schritt eine ausführliche physikalische Motivierung für das jeweilige Vorgehen gegeben. Von der Pflege der Anschauung als heuristischem Element wird reichlich Gebrauch gemacht.

Hat der Studierende den erheblichen Nutzen der sich aus dieser Theorie ergebenden Anwendungsmöglichkeiten erkannt, so soll ihn dieses Lehrbuch als Ratgeber während seines weiteren Studiums begleiten.

Auch dem bereits in der Praxis oder im Lehrberuf tätigen Leser soll eine vertiefte Beschäftigung mit der Dimensionsanalyse geboten werden, aus der er für seine Zwecke Anregungen und die Ermutigung zu einer bewußteren selbständigen Anwendung dimensionsanalytischer Betrachtungen gewinnen möge. Ich denke, daß auch der Experte auf dem Gebiete der Dimensionsanalyse in diesem Buch manches entdecken wird, was ihm neu ist.

Kapitel 1 versucht, den Leser zunächst in propädeutischer Darstellung an Beispielen vom Nutzen der Dimensionsanalyse zu überzeugen. Zugleich soll ihn diese propädeutische Einführung verunsichern, so daß er zur Einsicht gelangt, daß eine Beschäftigung mit dem Begriff "physikalische Dimension", den er schon längst verstanden zu haben glaubte, für jeden Leser unerläßlich wird, dem es um eine echte wissenschaftliche Klärung der Grundbegriffe geht.

Mit den Grundlagen zu einer Theorie der physikalischen Dimensionen setzt sich dann Kapitel 2 auseinander. Es geht dort ganz allgemein um die Frage nach der Struktur der Merkmalmengen, die man als physikalische Größenarten bezeichnet, und nach der darauf fußenden Methodologie des physikalischen Messens. Es zeigt sich, daß man zur Schaffung der Grundlagen für eine Theorie der physikalischen Dimensionen nur wenige physikalisch unmittelbar einleuchtende Forderungen und einige wenige metrische Konventionen benötigt.

Zu Beginn des Kapitels 3 kann sodann der Begriff "Dimensionsformel" definiert und die Eigenschaft der Dimensionshomogenität aller physikalischen Gleichungen bezüglich des zugrundegelegten Grundgrößensystems eingeführt werden.

Fortan werden nur Mittel der linearen Algebra benötigt. Da nach meiner Erfahrung auch der Besuch einer zweisemestrigen Anfängervorlesung über lineare Algebra heute nicht die Gewähr bietet, daß der Durchschnittshörer zu sagen weiß, wann ein System linearer Gleichungen lösbar ist, ist im Abschnitt 3.3. eine kurze Wiederholung "Matrizen und lineare Gleichungen im Reellen" im Kleindruck eingeschaltet. Die notfalls hier aufgefrischten Kenntnisse kann man dann schon gleich bei der anschließenden Behandlung des Übergangs von einem Grundgrößensystem zu einem anderen üben. Hier wird der Begriff der Äquivalenz von Grundgrößensystemen eingeführt.

Kapitel 4 bringt die Vorbereitung und den Beweis des Fundamentalsatzes der Theorie der physikalischen Dimensionen, des Π-Theorems, allein unter der Voraussetzung der Dimensionshomogenität der zugelassenen Funktionen bezüglich des jeweils zugrundeliegenden Grundgrößensystems. Hier ergibt sich umgekehrt die Möglichkeit, die Menge der dimensionshomogenen Funktionen vollständig zu beschreiben.

Der historisch interessierte Leser findet in Abschnitt 4.6. Ausführungen zur Geschichte des Π-Theorems, die gegenüber den Darstellungen anderer Autoren eine drastische Korrektur bringen.

Mit dem Π-Theorem ist die strenge Begründung der fruchtbaren Methode der Dimensionsanalyse und - nur in etwas anderer Ausdeutung des Theorems - der Theorie des Modellversuchswesens gegeben.

Kapitel 5 behandelt viele Anwendungsbeispiele der Dimensionsanalyse unter verschiedenen Aspekten. Auch die theoretischen Grundlagen des Modellversuchswesens, insbesondere in der angewandten Mechanik, in der in unserem Jahrhundert so bedeutende Erfolge erzielt worden sind, werden kurz behandelt.

Die Schwerpunkte des Buches liegen zweifellos in der Begründung der Theorie der physikalischen Dimensionen und in dem Beweis des fundamentalen Π-Theorems. Dem Leser werden an einer Fülle von Beispielen der Nutzen der Dimensionsanalyse und die Grenzen ihrer Leistungsfähigkeit demonstriert. Es konnte aber nicht das Ziel dieses Buches sein, Vollständigkeit in der Darstellung der Anwendungsgebiete anzustreben. Die Mechanik, für die bisher der reichste Nutzen erzielt worden ist, steht im Vordergrund.

Am Schlusse des Buches wird kurz auf Verallgemeinerungen des Π-Theorems, insbesondere auf die "Methode der Transformationsgruppen", eingegangen. Obwohl sie nicht zum Gegenstand des Buches gehören, weiß jeder Kenner von ihren Erfolgen. Daher sollte dem Leser über den Rahmen dieses Buches hinaus eine Wegweisung zu diesen Entwicklungen gegeben werden.

In einem frühen Stadium der Entstehung dieses Buches habe ich von meinen Kollegen und früheren Mitarbeitern Josef Hainzl und Klaus

Kirchgässner hilfreiche Kritik und wertvollen Rat erfahren, wofür ich auch an dieser Stelle danke. Besonderen Dank schulde ich meinem Kollegen und früheren Mitarbeiter Friedrich Wille. Er hat sich der grossen Mühe unterzogen, den mathematischen Teil meiner im Wintersemester 1969/70 gehaltenen Vorlesung sorgfältig auszuarbeiten, und dabei hat er meinen Ausführungen manche Präzisierung und Ergänzung angedeihen lassen. Für diese wesentliche Hilfe und für die Durchsicht des fertigen Buchmanuskriptes bin ich ihm zu großem Dank verbunden.

Auch den Herren Kollegen Ernst Becker und Jürgen Zierep danke ich für die Durchsicht des fertigen Manuskripts und für ihre Ermutigung, dieses zum Druck zu geben.

Für das Aufspüren und Beschaffen schwer zugänglicher Literatur, insbesondere beim Abfassen des Abschnitts 4.6. über die Geschichte des Π-Theorems, möchte ich ausdrücklich Frau Dora Fethkenheuer meinen Dank aussprechen.

Die sorgfältige Herstellung der Reinschrift des Manuskripts verdanke ich Frau Inge Wissner, die Herstellung der Zeichenunterlagen für die Abbildungen Fräulein Elfriede Steiert.

Ganz besonderen Dank sage ich den Herren Dipl.-Phys. H. Hassler und Dipl.-Math. A. Lehmann für die hingebungsvolle Fehlerjagd beim Lesen der gesamten Korrekturen.

Feldberg-Altglashütten,
im Frühjahr 1975

Henry Görtler

# Inhaltsverzeichnis

# 1. Propädeutisches

## 1.1. Einführung und ein erstes Beispiel für den Nutzen von Dimensionsbetrachtungen

In diesem ersten Kapitel wird ausgegangen von dem jedem Studierenden der Physik, wie er glauben mag, schon von der Schule her vertrauten Begriff der Dimension oder Dimensionsformel einer physikalischen Größenart bezüglich eines Grundgrößensystems. Es soll zunächst der Standpunkt eingenommen werden, die übliche Einführung des Dimensionsbegriffs, wie der Studierende sie auch in seinen einführenden Lehrbüchern der Physik vorfindet, sei physikalisch und mathematisch befriedigend oder wenigstens ausreichend.

Es ist das Ziel dieses ersten propädeutischen Kapitels, den Leser zunächst an wenigen Beispielen von dem erheblichen Nutzen zu überzeugen, den die Betrachtung der Dimensionen physikalischer Größenarten bei der Lösung oder Klärung physikalischer Probleme zu bieten vermag.

Zugleich aber verfolgt dieses Kapitel das weitere Ziel, den Leser zu beunruhigen. Er möge im folgenden kritisch darauf achten, wo sich Bedenken oder Fragen aufdrängen bei der Verfolgung der vorgeführten Schlußweisen. Gelegentliche Hinweise werden helfen, ihn auf einige solche Stellen aufmerksam zu machen. So möge sich beim Leser neben der Freude am Erfolg solcher Dimensionsbetrachtungen das Bedürfnis einstellen nach einer exakten Begründung des Begriffs der "physikalischen Dimension" und daraus des Begriffs der "dimensionshomogenen" Funktionen und Gleichungen.

Die Theorie der physikalischen Dimensionen und der dimensionshomogenen Funktionen bildet einerseits das allgemeine Fundament für die überaus nützliche "Methode der Dimensionsanalyse", für die unsere nachfolgenden Beispiele als Anwendungen in einer der Strenge entbehrenden vorläufigen Darstellung gelten sollen.

Andererseits liefert die Theorie der physikalischen Dimensionen und der dimensionshomogenen Funktionen die umfassende Grundlage für die "Modellphysik" ("Ähnlichkeitsphysik"). Vor allem das Versuchswesen der "Modellmechanik" hat mit großen Erfolgen seit dem ausgehenden 19. und in unserem 20. Jahrhundert aufzuwarten.

Die Kapitel 2, 3 und 4 werden der Begründung dieser Theorie gewidmet sein und zugleich ihren Anwendungen in der Methode der Dimensionsanalyse (auch "Dimensionsanalysis" hat sich als Bezeichnung eingebürgert - englisch: dimensional analysis, französisch: analyse dimensionnelle). Diese Theorie gipfelt in einem fundamentalen Satz über dimensionshomogene Funktionen, dem sogenannten $\Pi$-Theorem.

"Dimensionsanalyse" und "Modellphysik" beruhen auf zwei physikalisch verschiedenen aber mathematisch äquivalenten Ausdeutungen des $\Pi$-Theorems. Kapitel 5 wird in diesem Sinne auch die Grundlagen der Modellmechanik behandeln, ohne freilich auf das Modellversuchswesen in der praktischen Anwendung weit eingehen zu können.

Nach diesen einführenden Bemerkungen werde daran erinnert und an Beispielen in ganz vorläufiger Weise genutzt, was man aus einer normalen Einführung in die Physik über physikalische Dimensionen vermittelt erhält.

Man lernt zunächst in der Mechanik, daß alle dort auftretenden physikalischen Größenarten sich auf die drei "Grundgrößenarten" Masse, Länge und Zeit zurückführen lassen. Dieses Grundgrößensystem werde im folgenden ein $\{M,L,T\}$-System genannt. Die Frage der Einheitenwahl interessiert hier nicht, wohl aber die Möglichkeit, die Einheitenwahl nach Belieben zu ändern.

Man lernt sodann, daß eine mechanische Größenart "ihrer Dimension nach" durch eine Gleichung der Form

$$[x] = M^a L^b T^c, \qquad a, b, c \in \mathbb{R}$$

"dargestellt" wird, wo $\mathbb{R}$ die Menge der reellen Zahlen ist. Man lese diese Gleichung: "Die Dimension der physikalischen Größe mit der Maßzahl $x$ ist $M^a L^b T^c$" (mit reellen Exponenten a, b, c dieses

Potenzprodukts). Es wird erklärt, daß jede mechanische Größenart "eine Dimension" (oder "Dimensionsformel") $M^aL^bT^c$ hat. So hat eine Geschwindigkeit mit der Maßzahl v die Dimension $[v] = M^0L^1T^{-1} \equiv LT^{-1}$, eine Beschleunigung mit der Maßzahl a die Dimension $[a] = LT^{-2}$, eine Kraft mit der Maßzahl F die Dimension $[F] = MLT^{-2}$, ein Druck mit der Maßzahl p die Dimension $[p] = ML^{-1}T^{-2}$ usw. Eine Größe mit der Dimension $M^0L^0T^0$ nennt man „dimensionslos".

Nicht nur ist die "Dimension" stets ein Potenzprodukt, sondern man lernt weiter: Ist X eine Maßzahl einer physikalischen Größenart, die sich als Produkt von Maßzahlen $y_k$, $k = 1,\ldots,n$ von n anderen Größenarten ergibt, so ist die Dimension $[x]$ das "Produkt" der Dimensionen $[y_k]$, d.h. mit $[y_k] = M^{a_k}L^{b_k}T^{c_k}$ ist $[x] = M^{\Sigma a_k}L^{\Sigma b_k}T^{\Sigma c_k}$. An den Definitionen von Beispielen mechanischer Größenarten wie den oben angeführten, pflegt man das exemplarisch zu "begründen".

Legt zum Beispiel ein Körper einen Weg von s Längeneinheiten in t Zeiteinheiten zurück, so ist

$$v := \frac{s}{t}$$

definiert als die Maßzahl der (mittleren) Geschwindigkeit des Körpers. Wegen $[s] = L$, $[t] = T$ ist

$$[v] = LT^{-1}.$$

In diesem Zusammenhang beunruhigt natürlich die Mitteilung, daß

$$\log v = \log s - \log t,$$

ist dann, wenn man nach der Dimension $[\log v]$ fragt.

Wenn man dann etwa in der Elektrizitätslehre lernt, daß die elektrische Ladung (mit der Maßzahl e) im elektrostatischen Maßsystem die Dimension

$$[e] = M^{1/2}L^{3/2}T^{-1}$$

hat, drängt sich die Frage nach der Zahlenmenge auf, deren Elemente mögliche Exponenten in den Dimensionsformeln physikalischer Größenarten sind. Ist die Größenart mit der Maßzahl w und der Dimension

$$[w] = M^{1/2}$$

($w^2 = m$, wo $m$ die Maßzahl einer Masse ist) eine physikalische Größenart? Solange dies nur eine Frage der zweckmäßigen Definition des Begriffs der "physikalischen Größenart" bleibt, kann hier zur Tagesordnung übergegangen werden. Sobald aber etwa zugunsten einer eleganten Theorie der Algebra physikalischer Größenarten eine Beschränkung auf ganzzahlige Exponenten für die Dimensionen von Größenarten, die "physikalisch" genannt werden dürfen, gefordert wird - wie geschehen, es soll später in Abschnitt 2.4. darauf zurückgekommen werden - , so kann man diese Theorie, wie das Beispiel [e] schon zeigt, trotz ihrer mathematischen Schönheit nicht akzeptieren. Nach aller Erfahrung käme man mit Exponenten $a, b, c \in \mathbb{Q}$ ($\mathbb{Q}$ Menge der rationalen Zahlen) aus, doch besteht kein ersichtlicher Grund oder Anlaß, mehr zu fordern als $a, b, c \in \mathbf{R}$.

Man lernt schließlich, daß mit $[s] = L$, $[t] = T$ die Zahl

$$s + t$$

nicht Maßzahl einer physikalischen Größe ist: $[s + t]$ existiert nicht. Nur die Maßzahlen dimensionsgleicher physikalischer Größen bezüglich des gewählten Grundgrößensystems - etwa die Maßzahlen einer Arbeit, einer Wärmemenge und eines Drehmoments in einem $\{M, L, T\}$-System, in welchem diese physikalischen Größenarten die gleiche Dimension $M L^2 T^{-2}$ haben (wie etwa auch eine kinetische Energie) - dürfen addiert werden. Die Größenart, deren Maßzahl die Summe dieser Maßzahlen ist, hat die Dimension der Größen, deren Maßzahlen addiert wurden. Da diese Regel auf das jeweils benutzte Grundgrößensystem bezogen ist, wird der Leser sich zu fragen haben, was zu beachten ist, wenn man von einem Grundgrößensystem zu einem anderen übergeht.

Der englische Elektroingenieur Oliver Heaviside (1850-1925), mathematisch Autodidakt, ein Verfechter der experimentellen Methode in der Mathematik und in diesem Sinne Begründer des sog. "Heaviside-Kalküls" (später durch die Theorie der Laplace-Transformation streng begründet) erklärte zu seiner Rechtfertigung: "Am I to refuse to eat because I do not fully understand the mechanism of digestion?" (Vgl.

Piaggio, H.T.H.: The Operational Calculus. Nature 152, 93 (1943).)
Nach diesem "Heavisideschen Prinzip" mögen nun die vorliegenden propädeutischen Ausführungen fortgesetzt werden mit einem ersten

Beispiel: Aufstiegsgeschwindigkeit einer großen Luftblase in einem wassergefüllten vertikalen kreiszylindrischen Rohr. (Vgl. hierzu Dumitrescu, D.T.: Strömung an einer Luftblase im senkrechten Rohr. Zsch. Angew. Math. Mech. 23, 139-149 (1943).)

Die Untersuchung aufsteigender Blasen in Flüssigkeiten hat technisches Interesse, etwa für die pneumatische Förderung oder für Mammutpumpen (Wasserförderung durch voreilende Luftblasen). Beim vorliegenden Problem soll es sich jedoch um eine den ganzen Kreisquerschnitt eines vertikalen Rohrs nahezu ausfüllende, sehr lange Blase handeln (vgl. Abb.1).

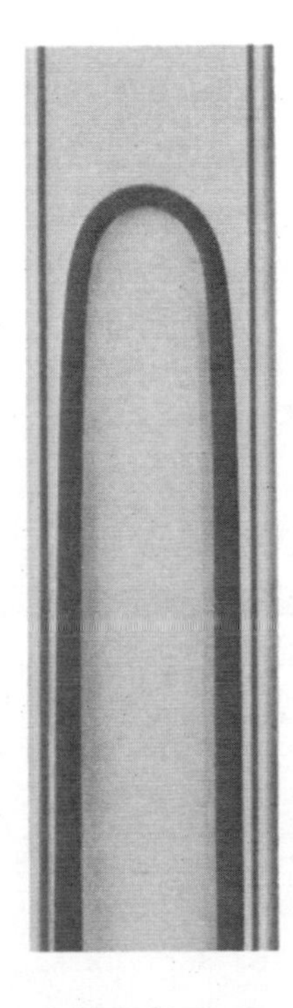

Abb. 1. Aufsteigende Blase im Rohr

Gefragt ist allein nach dem Betrag v der Aufstiegsgeschwindigkeit der Luftblase im Rohr.

Für die mathematische Behandlung dieses hydrodynamischen Problems bieten sich folgende vereinfachenden Annahmen an:

1. Luft und Wasser werden als homogene, inkompressible und reibungsfreie Medien angenommen.
2. Die Blase sei nach unten "unendlich lang", d.h. Einflüsse der Nachlaufvorgänge hinter der Blase sollen vernachlässigbar sein.
3. Die Strömung sei drehungsfrei, d.h. es existiert ein Geschwindigkeitspotential.
4. Die Luftblase habe den stationären Endzustand ihrer Bewegung erreicht, d.h. die Geschwindigkeiten in Wasser und Luft relativ zur Blasenoberfläche B seien zeitunabhängig.
5. Die Luft in der Blase bewege sich wie ein starrer Körper, d.h. die Geschwindigkeiten der Luftteilchen relativ zur Blasenoberfläche B seien vernachlässigbar klein.
6. Schließlich seien die in der Blasenoberfläche wirkenden Kapillarkräfte vernachlässigbar klein.

Es würde hier zu weit führen, diese Annahmen im einzelnen zu rechtfertigen.

Leser, die mit der Hydrodynamik wenig vertraut sind, können die nun folgenden theoretischen Ausführungen mit einem flüchtigen Blick abtun - sie dienen nur dazu zu zeigen, wie schwierig die resultierende mathematische Problemstellung ist - und dort weiterlesen, wo die Dimensionsbetrachtungen einsetzen.

Die Achsensymmetrie des Problems legt die Einführung von Zylinderkoordinaten nahe. Nach Annahme (4) empfiehlt es sich, das Koordinatensystem fest mit der Blasenoberfläche zu verbinden. Die z-Achse sei die Zylinderachse, die Richtung wachsender z-Werte weise nach oben $(-\infty \leqslant z \leqslant \infty)$, und der Ursprung $z = 0$ liege im "Staupunkt" der Blase, d.h. in dem Punkt der Blasenoberfläche, in welchem das relativ zur Blase herab (in Richtung der Schwerkraft) strömende und der Blase ausweichende Wasser die Geschwindigkeit Null hat. $r$ und $\varphi$ sind Polarkoordinaten in der Querschnittebene durch den Ursprung. Der Rotationssymmetrie des Problems zufolge tritt $\varphi$ nicht explizit auf. Im Strömungsraum ist $0 \leqslant r \leqslant d/2$.

Die Maßzahlen und Maßzahlvektoren der vorkommenden physikalischen Größenarten sollen wie folgt bezeichnet werden:

| | |
|---|---|
| $\mathbf{v}_w(r,z)$ | Geschwindigkeitsfeld im Wasser, |
| $p_w(r,z)$ | Druck im Wasser, |
| $\rho_w = \text{const}$ | Dichte des Wassers, |
| $\mathbf{v}_l(r,z) = 0$ | Geschwindigkeitsfeld in der Luft, |
| $p_l(r,z)$ | Druck in der Luft, |
| $\rho_l = \text{const}$ | Dichte der Luft. |

In dem verwendeten blasenfesten Koordinatensystem ist die konstante Abstiegsgeschwindigkeit $-\mathbf{v}$ des Rohres gesucht.

Auf der unbekannten Blasenoberfläche gilt, damit diese ihre Gestalt bewahrt:

$$p_w(r,z) = p_l(r,z) \quad \text{auf B.}$$

Aus der Bernoullischen Gleichung folgt im Strömungsraum, wenn g der Betrag der Erdbeschleunigung ist:

$$p_w/\rho_w + \mathbf{v}_w^2/2 + gz = \text{const} = p_w(0,0)/\rho_w,$$

$$p_l/\rho_l \qquad\qquad + gz = \text{const} = p_l(0,0)/\rho_l .$$

Nach der zweiten dieser Gleichungen ist $p_l$ von $r$ unabhängig. Wegen $p_w = p_l$ auf B, insbesondere $p_w(0,0) = p_l(0,0)$, folgt ferner:

$$\rho_w \mathbf{v}_w^2/2 + gz(\rho_w - \rho_l) = 0 \quad \text{auf B,}$$

also

$$|\mathbf{v}_w| = \{-2gz(1 - \rho_l/\rho_w)\}^{1/2} \quad \text{auf B.}$$

Sei nun $\Phi$ das nach Voraussetzung existierende Potential des Geschwindigkeitsfeldes $\mathbf{v}_w(r,z)$, also

$$\mathbf{v}_w = \left\{ \frac{\partial\Phi}{\partial r}, 0, \frac{\partial\Phi}{\partial z} \right\}.$$

Dann ergibt sich für unser Problem die folgende mathematische Formulierung:

Die Potentialgleichung

$$\Delta\Phi = \frac{\partial^2\Phi}{\partial r^2} + \frac{1}{r}\frac{\partial\Phi}{\partial r} + \frac{\partial^2\Phi}{\partial z^2} = 0$$

ist unter den Randbedingungen zu erfüllen:

$$\frac{\partial\Phi}{\partial r} = 0 \quad \text{für} \quad r = d/2, \quad -\infty \leqslant z \leqslant \infty \ ,$$

$$\lim_{z\to\infty} \frac{\partial\Phi}{\partial z} = -v \quad \text{für} \quad 0 \leqslant r \leqslant d/2\ ,$$

$$\left(\frac{\partial\Phi}{\partial r}\right)^2 + \left(\frac{\partial\Phi}{\partial z}\right)^2 = -2gz\left(1 - \frac{\rho_l}{\rho_w}\right) \text{ auf } B\ ,$$

$$\frac{\partial\Phi}{\partial n} = 0 \quad \text{auf } B, \quad n \quad \text{normal auf } B.$$

Die Integration dieses Problems bietet erhebliche Schwierigkeiten und ist bis heute nicht gelungen. Man beachte, daß in den Randbedingungen sowohl $v$ (die allein gesuchte Größe) und die Blasenoberfläche $B$ unbekannt sind und erst mit der Integration des Problems ermittelt werden sollen.

Dieses Beispiel wurde gewählt um zu zeigen, welcher erhebliche mathematische Aufwand erforderlich wäre, um auf dem Wege der Integration eines physikalisch so einfach erscheinenden Problems die gesuchte Größe - hier $v$ - zu ermitteln, über die eine einfache Dimensionsbetrachtung (Dimensionsanalyse) bereits eine fast erschöpfende Auskunft gibt.

Die Daten des Problems, von denen allein nach unseren vereinfachenden Annahmen die Aufstiegsgeschwindigkeit $v$ abhängen kann, sind

$$d, g, \rho_w \text{ und } \rho_l.$$

Es wird daher eine Beziehung der Gestalt

$$v = f_0(d, g, \rho_w, \rho_l)$$

gesucht.

Unter Zugrundelegung eines $\{M, L, T\}$-Systems mit frei wählbaren Einheiten der Grundgrößenarten Masse, Länge und Zeit ist mit

$$[v] = LT^{-2}$$

auch notwendig

$$[f_0(d, g, \rho_w, \rho_l)] = LT^{-2},$$

da die gesuchte physikalische Beziehung invariant gegenüber Einheitenänderungen der Grundgrößenarten sein muß ("dimensionshomogene Gleichung", siehe später). Der Leser möge vorläufig auch so formulieren: $v - f_0(d, g, \rho_w, \rho_l) = 0$ : Man darf (s. oben) die Maßzahlen zweier physikalischer Größenarten nur dann subtrahieren, wenn letztere die gleiche Dimension haben.

Es ist

$$[d] = L, \quad [g] = LT^{-2}, \quad [\rho_w] = [\rho_l] = ML^{-3}.$$

Ändert man die Masseneinheit, indem man das $\mu$-fache der alten Masseneinheit als neue Masseneinheit wählt ($\mu$ eine beliebige reelle positive Zahl), so ändern sich die Maßzahlen der Massen und damit auch der Dichten um den Faktor $\mu^{-1}$. Nach der obigen Invarianzforderung gilt somit insbesondere

$$v = f_0\left(d, g, \mu^{-1}\rho_w, \mu^{-1}\rho_l\right) \text{ für alle } \mu > 0,$$

was nur möglich ist, wenn

$$\begin{aligned} v &= f_0(d, g, 1, \rho_l/\rho_w) \\ &=: f_1(d, g, \rho_l/\rho_w). \end{aligned}$$

Wählt man ferner das $\tau$-fache der alten Zeiteinheit als neue Zeiteinheit ($\tau > 0$ beliebig), so muß gelten

$$\tau v = f_1\left(d, \tau^2 g, \rho_l/\rho_w\right) \quad \text{für alle} \quad \tau > 0.$$

Mit

$$f_2(d, \rho_l/\rho_w) := f_1(d, 1, \rho_l/\rho_w)$$

muß somit gelten:

$$v = \sqrt{g}\, f_2(d, \rho_l/\rho_w).$$

Geht man schließlich zur $\lambda$-fachen Längeneinheit über, so muß gelten:

$$\lambda^{-1}v = \lambda^{-1/2}\sqrt{g}\, f_2\left(\lambda^{-1}d, \rho_l/\rho_w\right) \quad \text{für alle} \quad \lambda > 0.$$

Mit

$$f(\rho_l/\rho_w) := f_2(1, \rho_l/\rho_w)$$

ist somit

$$v = \sqrt{gd}\, f(\rho_l/\rho_w)$$

$$([v/\sqrt{gd}] = [f(\rho_l/\rho_w)] = M^0 L^0 T^0 = 1 \text{ dimensionslos}).$$

Unter der Voraussetzung der Stetigkeit der Funktion $f$ insbesondere in 0 und unter der Annahme $f(0) \neq 0$ kann man, wie folgt, weiter argumentieren: Für Medien, für die $\rho_l$ hinreichend klein ist gegenüber $\rho_w$ - und für unsere Medien Luft und Wasser ist jedenfalls $\rho_l \ll \rho_w$ - darf $f(\rho_l/\rho_w)$ durch die feste Zahl $f(0)$ ersetzt werden. Da $[f(\rho_w/\rho_l)] = 1$, ist $f(0)$ eine von Einheitenänderungen der Grundgrößen unabhängige Zahl. In diesem Sinne der Einheiteninvarianz von $f(0)$ schreiben wir das Ergebnis:

$$v/\sqrt{gd} = f(0).$$

Ergebnis: Anstelle der Integration eines schwierigen Randwertproblems verbleibt nach einer einfachen Dimensionsanalyse nur noch die Bestimmung einer einheitenunabhängigen Zahl. Prinzipiell reicht hierfür *eine* Messung von $v$ mit *einem* Rohr (*einem* Durchmesser $d$) an *einer* Stelle der Erde (oder des Weltraums, *ein* Wert $g$).

Sorgfältige Messungen (D.T. Dumitrescu, l.c.) haben ergeben: $f(0) = 0{,}35$, somit

$$v = 0{,}35\sqrt{gd}.$$

Der Leser wird das Folgende bemerkt haben: Bei der Dimensionsanalyse wurde von der Annahme ausgegangen, daß die Maßzahl $v$ der gesuchten Größe von den Maßzahlen bestimmter anderer Größen (den "Daten des Problems") abhängt, nämlich $v = f(d, g, \rho_w, \rho_l)$. Die dem Problem zugrundeliegenden Bestimmungsgleichungen wurden nicht in Anspruch genommen.

Allgemein kann man sagen, daß die wichtigste Vorleistung für eine Dimensionsanalyse darin besteht, vollständig anzugeben, von welchen Argumenten die gesuchte Größe abhängt (oder abhängen kann). Das ist eine physikalische Fragestellung. Ist diese Frage beantwortet - oft braucht man dazu die mathematischen Bestimmungsgleichungen des Problems nicht einmal zu kennen - , oder ist eine bestimmte Beziehung postuliert - vielleicht als reine Spekulation - , so besteht die Dimensionsanalyse selbst in einer einfachen mathematischen Operationsfolge. Wieviel Information sie zu liefern vermag (oder ob sie gar eine spekulativ angenommene Beziehung zum Widerspruch führt), kann in diesem Stadium propädeutischer Betrachtung neben allen bisherigen Fragezeichen nur als weitere Frage in den Raum gestellt werden. Der exakte Aufbau der Theorie der physikalischen Dimensionen und der dimensionshomogenen Funktionen wird mit dem umfassenden Π-Theorem die Antwort (bezogen auf das jeweils zugrundegelegte Grundgrößensystem) geben.

Am obigen Beispiel mag dem Leser das Folgende noch nicht bewußt geworden sein: Immer dann, wenn in einem Problem eine Geschwindigkeit (Maßzahl $v$) gesucht wird, die von einer Länge (Maßzahl $l$), einer Beschleunigung (Maßzahl $a$) und zwei Dichten (Maßzahlen $\rho_1$ und $\rho_2$) abhängt, muß gelten:

$$v = \sqrt{al}\; f(\rho_1/\rho_2).$$

Ferner: Kann $v$ nur von *einer* Dichte (Maßzahl $\rho$) abhängen:

$$v = f_0(l, a, \rho)$$

oder von *einer* Masse (Maßzahl $m$):

$$v = f_0(l, a, m),$$

so muß gelten: v ist aus Dimensionsgründen unabhängig von $\rho$ bzw. m (denn die Grundgröße Masse geht nur in $\rho$ bzw. m, nicht aber in l, a und v ein), d.h. die einheiteninvariante Beziehung muß dann lauten:

$$v = \text{Zahl}\,\sqrt{al},$$

wo die "Zahl" eine einheiteninvariante Konstante ist.

Ein dimensionsloses Potenzprodukt $v^2/al$ mit $[v] = LT^{-1}$, $[a] = LT^{-2}$, $[l] = L$ nennt man in der Hydromechanik eine Froudesche Zahl

$$Fr := v^2/al.$$

Unser Gesetz lautet dann, daß für solche Probleme

$$Fr = \text{const}$$

sein muß.

Weitere Beispiele im folgenden Abschnitt werden u.a. unterstreichen, was hier beobachtet wurde: Physikalisch verschiedene Probleme können sich als vom Standpunkt der Dimensionsanalyse identisch erweisen. Im Resultat erhält man dann ein und dasselbe Gesetz, nur jeweils in verschiedener physikalischer Ausdeutung.

## 1.2. Weitere Beispiele für den Nutzen von Dimensionsbetrachtungen

### I. Schwingungsdauer eines mathematischen Pendels

Ein Massenpunkt (Maßzahl seiner Masse: m) ist am Ende eines gewichtslosen, unbiegsamen und undehnbaren "Fadens", dem "Pendelarm" (Maßzahl seiner Länge: l) befestigt. Das andere Ende des Pendelarms ist an einem festen Punkt A frei und reibungslos schwenkbar aufgehängt. Die Bewegung des Pendels unterliegt allein der vertikal nach unten wirkenden Schwerkraft (g Maßzahl des Betrags der Schwerebeschleunigung).

Sei t die Maßzahl der Zeit. Die momentane Lage des Pendels kann durch den Winkel $\varphi = \varphi(t)$ gekennzeichnet werden, den der Pendelarm gegenüber der vertikalen Lage, in der sich der Massenpunkt in seiner tiefstmöglichen Lage befinden würde, bildet. (Vgl. Abb.2.)

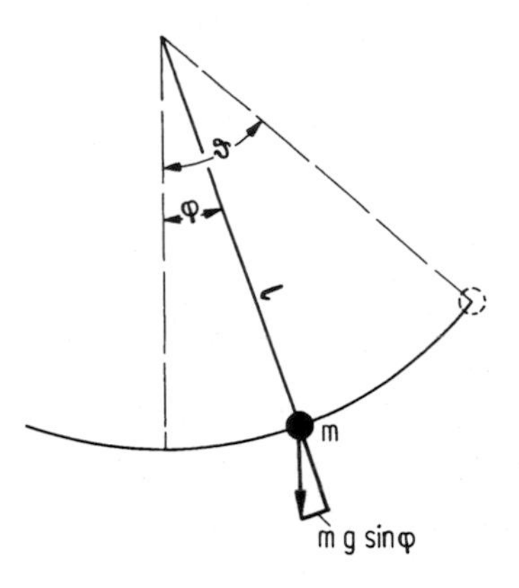


Abb.2. Das mathematische Pendel

Zu einer Anfangszeit (etwa $t = 0$) werde das Pendel aus der Ruhe in der Lage $\varphi(0) = \vartheta$ ohne Anfangsimpuls losgelassen. Die wirkende Kraft ist die momentane Komponente der Schwerkraft tangential zur vorgeschriebenen Kreisbogenbahn des Massenpunktes. Da die Bewegung ohne Energieverluste durch Reibung erfolgt, sind zeitlich periodische Schwingungen zu erwarten. Die Formulierung und die Integration des vorliegenden Anfangswertproblems, welche hier bewußt zurückgestellt werden sollen, bestätigen dies. Hier möge von der Annahme zeitlich periodischer Schwingungen ausgegangen werden.

Gefragt wird nach der Schwingungsdauer (ihre Maßzahl sei $\tau$) der Schwingungen.

Nach der Problembeschreibung muß für $\tau$ eine einheiteninvariante Beziehung der Gestalt

$$\tau = f_0(m, l, g, \vartheta)$$

| | |
|---|---|
| m | M |
| l | L |
| g | $LT^{-2}$ |
| $\vartheta$ | 1 |
| $\tau$ | T |

angenommen werden. Die Dimensionen der vorkommenden Größen in einem $\{M, L, T\}$-System sind in nebenstehender Tabelle angegeben. (Dabei ist für den Winkel jene Definition zugrundegelegt, wonach seine Maßzahl das Verhältnis der Maßzahlen von Bogenlänge und Radius im Kreis ist; der Winkel ist nach dieser Definition dimensionslos. Vgl. Abb. 3.)

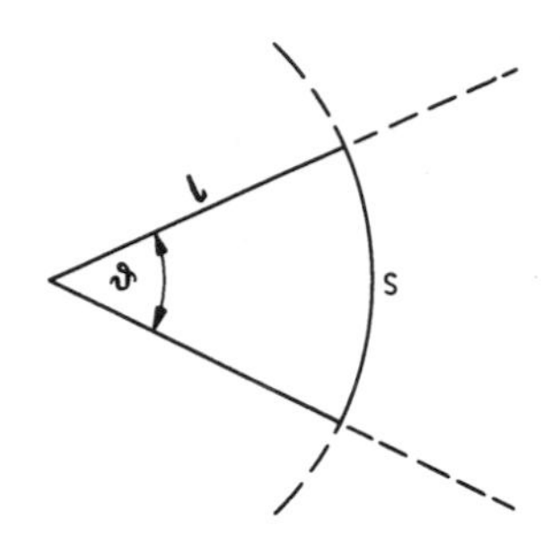


Abb. 3. Zur Winkeldefinition

Ohne so ausführlich zu sein, wie in dem Beispiel des Abschnittes 1.1., erkennt man sofort

a) aus einer beliebigen Änderung der Masseneinheit, daß $\tau$ von m unabhängig sein muß, da l, g und $\vartheta$ sowie $\tau$ bei dieser Einheitenänderung unverändert bleiben:

$$\tau = f_1(l, g, \vartheta),$$

b) aus einer Änderung der Längeneinheit um den beliebigen Faktor $\lambda > 0$, bei der l und g in $\lambda^{-1}l$ und $\lambda^{-1}g$ übergehen, während $\vartheta$ und $\tau$ unverändert bleiben, daß $\tau$ nur von dem Verhältnis $l/g$, das ebenfalls unverändert bleibt, abhängen kann:

$$\tau = f_2(l/g, \vartheta),$$

c) und schließlich aus einer beliebigen Änderung der Zeiteinheit, bei der sich $l/g$ um das Quadrat des Faktors ändert, um den sich $\tau$ selbst vervielfacht, daß

$$\tau = \sqrt{l/g}\, f(\vartheta),$$

wo $[f(\vartheta)] = 1$. Mehr Information ist aus dieser Dimensionsanalyse nicht zu erhalten, d.h. die Funktion f des als dimensionslos definierten Winkels ($\vartheta$) läßt sich auf diesem Wege nicht bestimmen.

Unter der Annahme, daß $f(\vartheta)$ in $\vartheta = 0$ stetig und $f(0) \neq 0$ ist, kann man für hinreichend kleine Anfangsausschläge $\vartheta$ schreiben

$$\tau = C\sqrt{l/g} \qquad (C := f(0)).$$

Es möge nun die strenge Integration des Problems zur Kontrolle des obigen Resultates kurz nachgetragen werden.

Die Newtonsche Bewegungsgleichung des Pendels lautet (vgl. hierzu Abb. 2)

$$ml\frac{d^2\varphi}{dt^2} = -mg\sin\varphi$$

oder

$$\frac{d^2\varphi}{dt^2} = -\frac{g}{l}\sin\varphi$$

mit den Anfangsbedingungen für $\varphi(t)$ in $t = 0$:

$$\varphi(0) = \vartheta,$$

$$\frac{d\varphi}{dt}(0) = 0.$$

Schon hier erkennt man: m kommt im Problem nicht vor, und g und l gehen nur in Gestalt des Quotienten $g/l$ ein. Somit hängt die Schwingungsdauer nur von $g/l$ und $\vartheta$ ab.

Betrachtet man zunächst "kleine" Schwingungen, für die man $\sin\varphi$ durch $\varphi$ in genügender Näherung ersetzen und damit das Problem linearisieren kann:

$$\frac{d^2\varphi}{dt^2} = -\frac{g}{l}\varphi$$

(bei entsprechend kleinem $\vartheta$ in der ersten Anfangsbedingung), so lautet die Lösung des linearen Anfangswertproblems

$$\varphi(t) = \vartheta \cos \omega t \quad \text{mit} \quad \omega := \sqrt{g/l}.$$

Der Anfangsausschlag $\vartheta$ ist der maximale Ausschlagswinkel.

Aus der Kreisfrequenz $\omega$ der Schwingungen ergibt sich die Schwingungsdauer $\tau = 2\pi/\omega$ zu

$$\tau = 2\pi\sqrt{l/g}.$$

Die dimensionsanalytisch unbestimmt gebliebene einheitenunabhängige Konstante C ist also $2\pi$.

Auch im allgemeinen Fall endlicher Schwingungen ist die Integration zur Bestimmung von $\tau$ leicht durchzuführen. Man vergleiche ein einführendes Lehrbuch der theoretischen Physik. Es ergibt sich

$$\tau = \sqrt{l/g}\, f(\vartheta),$$

wo

$$f(\vartheta) = 4\int_0^{\pi/2} \frac{du}{\sqrt{1 - k^2 \sin^2 u}}$$

mit

$$k = \sin(\vartheta/2)$$

das sog. "vollständige elliptische Integral erster Gattung" ist. (Für $\vartheta = 0$ folgt $f(0) = 2\pi$, womit das Ergebnis der Linearisierung für "kleine" Schwingungen bestätigt wird.)

Es soll nachträglich auf dem Wege der Dimensionsanalyse nach dem Maximalbetrag der vom Massenpunkt erreichten Bahngeschwindigkeit (Maßzahl $v_{max}$) geforscht werden.

Wie bei $\tau$ muß auch für $v_{max}$ von der Annahme ausgegangen werden, daß die gesuchte Größe allein von den Daten $m, l, g, \vartheta$ des Problems abhängen kann: Es muß einheiteninvariant eine Beziehung

$$v = h_0(m, l, g, \vartheta)$$

bestehen.

Ersetzt man in der obigen Dimensionstabelle $\tau$ durch $v_{max}$ mit $[v_{max}] = LT^{-1}$, so erkennt man, daß a) auch $v_{max}$ nicht von $m$ abhängen kann, b) sich die Maßzahl $v_{max}$ bei beliebigen Änderungen von Länge- und Zeiteinheiten mit demselben Faktor multipliziert wie $\sqrt{gl}$ und daß allein eine Beziehung der Gestalt

$$v_{max} = \sqrt{gl}\, h(\vartheta)$$

mit unbestimmt bleibender Funktion $h$ des Winkels $\vartheta$ möglich ist.

Man vergleiche dieses Resultat mit den Schlußausführungen des Abschnitts 1.1. Es ist für $v_{max}$ nur wieder dieselbe Gestalt des Gesetzes herausgekommen wie dort, weil dieses Problem dimensionsanalytisch äquivalent ist dem Problem der Aufstiegsgeschwindigkeit der Blase im Rohr. (Anstelle der Dimensionslosen mit der Maßzahl $\rho_l/\rho_w$ ist $\vartheta = s/l$ - vgl. Abb. 3 - getreten. Wie dort $f(\rho_l/\rho_w)$ läßt sich hier $f(\vartheta)$ nicht durch Dimensionsanalyse (im $\{M, L, T\}$-System) bestimmen oder einengen.)

Hier ist eine kleine W a r n u n g am Platze. Wollte man für "kleine" Schwingungen wieder erklären: Unter der Annahme, daß $h(\vartheta)$ in $\vartheta = 0$ stetig u n d $h(0) \neq 0$ ist, ist $v_{max} = C\sqrt{gl}$, $C = \text{const} > 0$, so wäre dies falsch. Schon die physikalische Anschauung läßt erwarten, daß, wenn der maximale Ausschlagwinkel $\vartheta$ gegen Null strebt, auch $v_{max}$ gegen Null geht, d.h. $h(0) = 0$ ist, die obige Annahme also nicht zutrifft.

In der Tat ist nach obigem Integrationsergebnis die Bahngeschwindigkeit des Massenpunktes

$$v = l\,\frac{d\varphi}{dt} = -\,l\,\omega\vartheta\,\sin\omega t$$

($\omega = \sqrt{g/l}$), und ein Maximum des Geschwindigkeitsbetrages wird beim Durchgang durch die tiefste Lage ($\varphi = 0$), für $\omega t = \pm\pi/2, \pm 3\pi/2, \dots$ angenommen. Dort ist

$$v_{max} = \sqrt{gl}\,\vartheta$$

(d.h. $h(\vartheta) = \vartheta$ für kleine Schwingungen).

Die Dimensionsanalyse wird in den folgenden Kapiteln als eine rein mathematische Methode begründet werden. Die Annahmen dagegen über die Argumente und etwaige besondere Eigenschaften der Beziehungen, die einer Dimensionsanalyse unterworfen werden sollen, sind von der Physik her allein zu vertreten. Wenn Schwierigkeiten auftreten, so ergeben sie sich nicht aus der stets sehr einfach durchführbaren mathematischen Dimensionsanalyse, sondern daraus, daß gelegentlich Unsicherheiten in den nur physikalisch zu rechtfertigenden Annahmen über die zu untersuchende Beziehung bestehen.

## II. Flucht- und Zirkulargeschwindigkeit von Flugkörpern im Gravitationsfeld eines Himmelskörpers

Gegeben sei ein Himmelskörper im sonst leeren Raum, von dem zur Vereinfachung angenommen werde, er sei eine Kugel (Radius: $R_0$) mit homogener Massenverteilung (Gesamtmasse: $M_0$). (Vgl. Abb. 4.) Die Schwerebeschleunigung $g$ auf der Oberfläche des Himmelskörpers ist dann konstant.

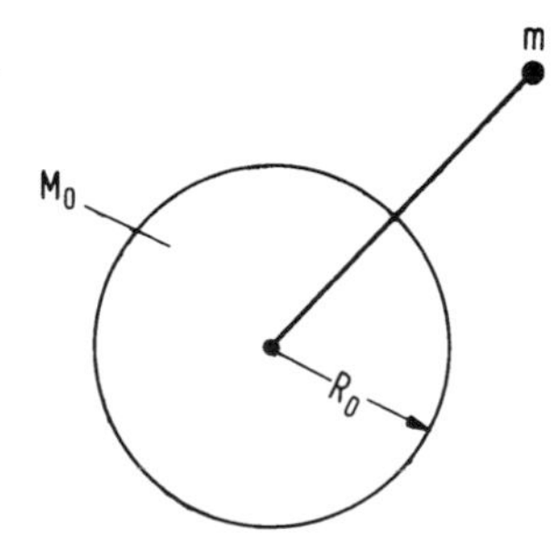


Abb. 4. Flugkörper in Umgebung eines Himmelskörpers

Die auf einen als Massenpunkt der Masse $m$ gedachten Flugkörper im Abstand $r$ vom Mittelpunkt des Himmelskörpers wirkende Kraft ist

$$F = G \frac{M_0 m}{r^2}$$

(Newtonsches Gravitationsgesetz). Hier ist G die Gravitationskonstante. Im $\{M, L, T\}$-System der Mechanik ist $[G] = M^{-1} L^3 T^{-2}$. Im System der Einheiten kg, m, s ist

$$G = 6{,}67 \cdot 10^{-11}\, kg^{-1}\, m^3\, s^{-2}.$$

Auf der Oberfläche $r = R_0$ des Himmelskörpers ist $F = mg$, somit $G = R_0^2 g / M_0$. Damit wird

$$F = mg \frac{R_0^2}{r^2} .$$

Für die Bewegungen eines Massenpunktes im Außenraum der Kugel liegen somit die Bestimmungsdaten

$$m, g, R_0 \quad \text{mit} \quad [m] = M, \quad [g] = LT^{-2}, \quad [R_0] = L$$

vor. Weitere Daten können durch die jeweilige Fragestellung hinzukommen (etwa wenn eine Forderung an den Verlauf der Bahnkurve gestellt wird, s. unten: "Zirkulargeschwindigkeit").

a) Dimensionsbetrachtungen

1. Fluchtgeschwindigkeit und Schußhöhe

Die "Fluchtgeschwindigkeit" $v_0$ ist die Mindestgeschwindigkeit, die einem Flugkörper beim Start senkrecht zur Kugeloberfläche erteilt werden muß, damit er in der Folgezeit nicht wieder auf den Himmelskörper zurückfällt (Abb.5).

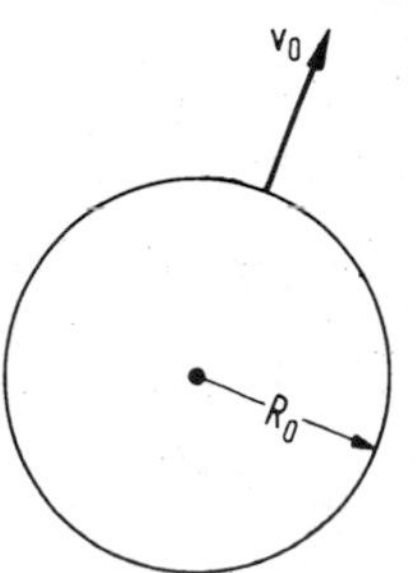


Abb.5. Fluchtgeschwindigkeit

Es muß offenbar gelten:

$$v_0 = f_0(m, g, R_0).$$

Die Ausführungen am Schlusse des Abschnitts 1.1. erlauben sofort im $\{M, L, T\}$-System den Schluß, daß diese Beziehung wegen der zu fordernden Unabhängigkeit von der Einheitenwahl nur lauten kann

$$v_0 = C\sqrt{gR_0},$$

wo C eine von der Einheitenwahl unabhängige (d.h. dimensionslose) Konstante ist ($[v_0^2/gR_0] = 1$ dimensionslos).

Ist die Anfangsgeschwindigkeit $v_a$ kleiner als die Fluchtgeschwindigkeit $v_0$, so steigt der Flugkörper bis zu einer maximalen Entfernung $r = R_a$, der "Schußhöhe", und fällt dann wieder zurück. Ausgehend von

$$R_a = f_0(m, g, R_0, v_a) \qquad (v_a < v_0)$$

liefert die Analyse der Dimensionen (vgl. nebenstehende Tabelle) auf die gleiche Weise, daß $R_a$ von m nicht abhängen kann und daß gelten muß:

| | |
|---|---|
| $m$ | $M$ |
| $g$ | $LT^{-2}$ |
| $R_0$ | $L$ |
| $v_a$ | $LT^{-1}$ |
| $R_a$ | $L$ |

$$R_a = R_0 f\left(\frac{v_a^2}{gR_0}\right).$$

Über die Gestalt der dimensionslosen Funktion f der "Froudeschen Zahl" $v_a^2/gR_0$ liefert die Dimensionsanalyse keine Aussage.

## 2. Zirkulargeschwindigkeit und Umlaufzeit

Ein Satellit umlaufe den Himmelskörper auf einer Kreisbahn um dessen Mittelpunkt unter der alleinigen Wirkung der Gravitationskraft. Der Radius der Kreisbahn sei $r = R_c > R_0$ (Abb. 6). Fragt man nach der zur Aufrechterhaltung dieser Bewegung erforderlichen Umkreisungsgeschwindigkeit $v_c$, so muß eine einheiteninvariante Beziehung der Gestalt

$$v_c = f_0(m, g, R_0, R_c)$$

bestehen.

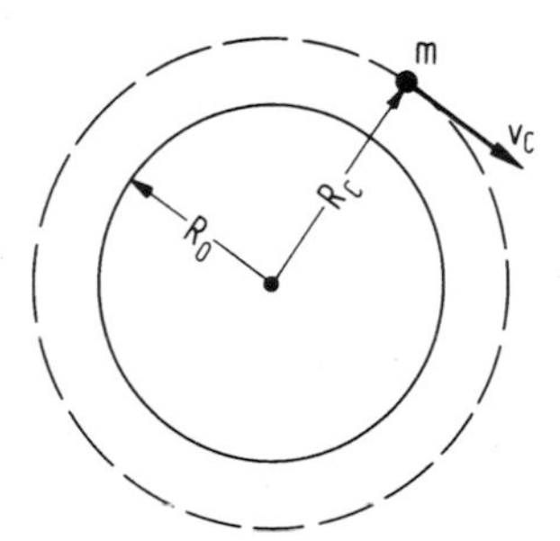


Abb.6. Zirkulargeschwindigkeit

Man erhält durch Variation der Masseneinheit:

$$v_c = f_1(g, R_0, R_c),$$

der Zeiteinheit:

$$v_c = \sqrt{g}\, f_2(R_0, R_c)$$

und der Längeneinheit:

$$v_c = \sqrt{gR_0}\, f(R_0/R_c).$$

(Vgl. hiermit oben die Frage nach der Schußhöhe; anstelle von $v_a$ und $R_a$ sind $v_c$ und $R_c$ getreten und anstelle von $R_a$ ist nun $v_c$ gesucht. Die Antwort lautet wieder, daß zwischen den Dimensionslosen $R_0/R_c$ und $v_c^2/gR$ eine Beziehung bestehen muß, über die sich dimensionsanalytisch im zugrundeliegenden Grundgrößensystem nichts aussagen läßt. Immerhin ist die Anzahl der Variablen, auf die es ankommt, erheblich reduziert worden.)

Für die Umlaufdauer $T_c = 2\pi R_c/v_c$ ergibt sich hieraus:

$$T_c = \sqrt{R_0/g}\, h(R_0/R_c)$$

mit

$$h(R_0/R_c) := 2\pi R_c/R_0 \, f(R_0/R_c).$$

Der direkte Ansatz $T_c = f_0(m, g, R_0, R_c)$ führt dimensionsanalytisch zum selben Ergebnis.

b) Integration der Bewegungsgleichung

1. Fluchtgeschwindigkeit und Schußhöhe

Für den Abstand $r = r(t)$ des Flugkörpers vom Mittelpunkt des Himmelskörpers zur Zeit $t$ gilt die Bewegungsgleichung

$$m \frac{d^2r}{dt^2} = -F = -mg\frac{R_0^2}{r^2},$$

also

$$\frac{d^2r}{dt^2} = -g\frac{R_0^2}{r^2}.$$

Die Anfangsbedingungen für die Ermittlung der Schußhöhe lauten:

$$r(0) = R_0, \quad \frac{dr}{dt}(0) = v_a.$$

Multiplikation der Bewegungsgleichung mit $v = dr/dt$ und Integration von $t = 0$ bis $t = t$ unter Beachtung der Anfangsbedingungen führt zu

$$\frac{v^2}{2} - \frac{v_a^2}{2} = gR_0^2\left\{\frac{1}{r} - \frac{1}{R_0}\right\}.$$

Für $v = 0$ ergibt sich hieraus die Schußhöhe $r = R_a$ zu:

$$R_a = R_0/\left(1 - v_a^2/2gR_0\right)$$

sofern der Nenner größer als Null ist, d.h. $v_a^2 < 2gR_0$. Für $v_a^2 \geqslant 2gR_0$ dagegen existiert keine endliche Schußhöhe. Die kleinste Anfangsgeschwindigkeit, für die das zutrifft, die Fluchtgeschwindigkeit $v_a = v_0$, ist also

$$v_0 = \sqrt{2gR_0}.$$

Der bei der Dimensionsbetrachtung unbestimmt gebliebene einheitenunabhängige Faktor ist also $C = \sqrt{2}$. (Die kinetische Energie $mv_0^2/2$ beim Abschuß ist gleich der gegen die Gravitationskraft zu leistende Arbeit $- mgR_0^2 \int_{R_0}^{\infty} dr/r^2 = mgR_0$.)

Für die Erde als Beispiel mit $R_0 = 6371$ km als mittleren Radius, $g = 981$ cm s$^{-2}$, erhält man die Fluchtgeschwindigkeit $v_0 = 11{,}2$ km s$^{-1}$, für den Mond mit $R_0 = 1738$ km und $g = 162$ cm s$^{-2}$ dagegen $v_0 = 2{,}38$ km s$^{-1}$.

2. Zirkulargeschwindigkeit und Umlaufzeit

Statt von der Bewegungsgleichung sei zur Verkürzung der Betrachtung gleich von dem daraus für eine Kreisbahn $r = R_c$ ableitbaren Gleichgewicht zwischen Zentrifugalkraft und Gravitationskraft am Satelliten ausgegangen:

$$mv_c^2/R_c = mgR_0^2/R_c^2 .$$

Hieraus folgt

$$v_c = \sqrt{gR_0}\, f(R_0/R_c) \quad \text{mit} \quad f(R_0/R_c) = \sqrt{R_0/R_c} .$$

Die Umlaufzeit $T_c$ folgt hieraus zu

$$T_c = \sqrt{R_0/g}\, h(R_0/R_c) \quad \text{mit} \quad h(R_0/R_c) = 2\pi (R_c/R_0)^{3/2}$$

($T_c^2$ proportional $R_c^3$, vgl. das 3. Keplersche Gesetz). Damit sind die bei der Dimensionsanalyse unbestimmt gebliebenen Funktionen f und h bestimmt worden.

Ein Satellit mit einer Umlaufzeit von 24 Stunden (ortsfest relativ zur mitdrehenden Erde) vollzieht hiernach seine Kreisbahn im Abstand $R_c = 42\,200$ km vom Erdmittelpunkt.

Die Entfernung des Mondes ($T_c = 27{,}5$ Tage) auf einer Kreisbahn um den Erdmittelpunkt ergibt sich zu $R_c = 384\,400$ km. (Nach Messungen am McDonald Observatorium, Fort Davis, 1969 mit Hilfe des am 21. Juli 1969 auf dem Monde aufgestellten Laserreflektors beträgt die mittlere Entfernung zwischen Erde und Mond 373787,265 ± 0,004 km.)

## III. Abbremsung einer im leeren Raum um ihre Achse rotierenden Kreiszylinderschale

Im sonst leeren Raum rotiere eine Kreiszylinderschale endlicher Höhe mit der Winkelgeschwindigkeit $\omega = \omega_0$ um ihre Symmetrieachse (vgl. Abb. 7a). Die Masse der Zylinderschale sei M, ihr Radius R.

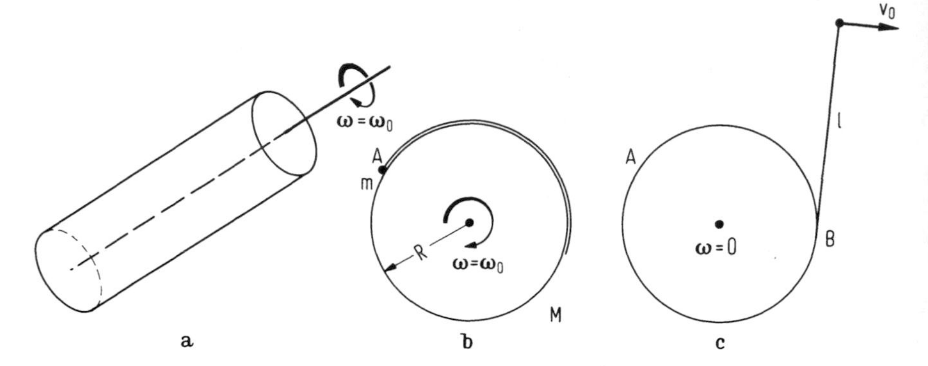


Abb. 7a. Rotierender Zylinder
Abb. 7b. Rotierender Zylinder mit angelegter Schnur
Abb. 7c. Ruhender Zylinder nach Abwicklung der Schnur

Um diese Rotation zu beseitigen, kann ein Faden benutzt werden, dessen einer Endpunkt am Zylinder befestigt ist und der um den Mantel gewickelt wird derart, daß sein anderer Endpunkt, an dem eine Masse m befestigt ist, in A zu liegen kommt und dort ebenfalls zunächst befestigt ist (vgl. Abb. 7b). Den Faden denke man sich als masselos.

Wird nun die Masse m von ihrer Befestigung in A gelöst, so folgt sie der Fliehkraft. In der "Endlage" (vgl. Abb. 7c), in der die Winkelgeschwindigkeit auf $\omega = 0$ reduziert wird, hat die Masse m eine gewisse Geschwindigkeit vom Betrage $v_0$ erreicht, während der Faden um die Länge l abgewickelt ist. Den Berührpunkt B (Abb. 7c) kann man sich als den anderen Endpunkt des Fadens denken - mehr Faden soll ja nicht abgewickelt werden - , und in dieser Endlage wird der Faden auch in diesem Punkte gelöst, die Masse m also in den Raum entlassen.

Wir fragen: Wie muß bei gegebenen Maßzahlen $M, R, m$ die Länge $l$ des Fadens gewählt werden, um die Winkelgeschwindigkeit $\omega$ vom Anfangswert $\omega = \omega_0$ auf den Endwert $\omega = 0$ zu reduzieren?

Wir behaupten: Die Länge $l$ ist von $\omega_0$ völlig unabhängig, hängt also nur von $M, R, m$ ab.

Diese zunächst verblüffende Behauptung[1] wird ohne Rechnung schon durch eine Dimensionsanalyse leicht bewiesen. Wir brauchen also die Bewegungsgleichungen gar nicht erst anzuschreiben.

Es ist anzusetzen:

$$l = f_0(m, M, R, \omega_0).$$

| | |
|---|---|
| $m$ | $M$ |
| $M$ | $M$ |
| $R$ | $L$ |
| $\omega_0$ | $T^{-1}$ |
| $l$ | $L$ |

Die Dimensionen der vorkommenden physikalischen Größen im $\{M, L, T\}$-System sind in nebenstehender Tafel angegeben. Man sieht sofort: Nur in der Dimensionsformel von $\omega_0$ kommt $T$ vor. Bei einer Änderung der Zeiteinheit ändert sich nur die Maßzahl der Drehgeschwindigkeit, während die Maßzahlen $m, M, R$ und $l$ unverändert bleiben.

Die Nachrechnung ergibt:

$$\frac{M}{m} = \left(\frac{l}{R}\right)^2,$$

also

$$l = R\sqrt{M/m}.$$

[1] Ich verdanke diese und ihren rechnerischen Nachweis einem Kongreßvortrag von J.P. Den Hartog (CANCAM, Calgary 1971).

Die Endgeschwindigkeit $v_0$ der Masse m hängt natürlich von $\omega_0$ ab. Hier ergibt die Rechnung:

$$v_0 = \omega_0 l$$

(unabhängig von m und M, was dimensionsanalytisch nicht nachweisbar ist).

Praktisch wird bei gegebenem m, M, R die Schnurlänge l nur approximativ, je nach der verwirklichten Genauigkeit der Messung dieser Maßzahlen, die Drehgeschwindigkeit auf Null reduzieren. Reduziert sie zum Beispiel die Drehgeschwindigkeit auf $\omega_0 \cdot 10^{-2}$, so wird eine zweite Schnur derselben Länge l und mit derselben Masse m diese auf $\omega_0 \cdot 10^{-4}$ reduzieren.

## IV. Von einem elektrischen Strom erzeugte Wärmemenge

Durch eine elektrische Leitung fließe ein Strom der konstanten Stromstärke I. Der Widerstand des Leiters sei R. Gefragt wird nach der in der Zeit t entwickelten Wärmemenge Q. Im $\{M,L,T\}$-System ist eine Beziehung der Gestalt

$$Q = f_0(I,R,t)$$

anzusetzen, für deren Variablen die nebenstehende Dimensionstafel besteht. (I und R im elektromagnetischen System.)

| | |
|---|---|
| I | $M^{1/2}L^{1/2}T^{-1}$ |
| R | $LT^{-1}$ |
| t | $T$ |
| Q | $ML^2T^{-2}$ |

Beliebige Änderung der Masseneinheit liefert

$$Q = I^2 f_1(R,t)$$

und beliebige Änderung der Längeneinheit

$$Q = I^2 R f_2(t).$$

Wegen $[Q/I^2R] = T$ liefert schließlich eine beliebige Änderung der Zeiteinheit das Gesetz

$$Q = C\,I^2 R\,t \quad \text{mit} \quad C > 0 \text{ const}, \quad [C] = 1.$$

(Bekanntlich ist die dimensionslose Konstante $C = 1$ bei der üblichen Wahl der Einheit der Wärmemenge.)

## V. Kleine Schwingungen eines flüssigen rotierenden Sterns

Dieses letzte Beispiel wird gewählt, weil es eine klärende Einsicht über die Argumente einer Funktion liefert, die bei einer Dimensionsanalyse wesentlich sind. Das Problem wurde schon von Lord Rayleigh (The Principle of Similitude, Nature 95, 66-68 (1915)) unter vielen anderen erwähnt als Beispiel für die von ihm angestellten Dimensionsbetrachtungen.

Gegeben sei ein flüssiger Stern mit homogener Massenverteilung der Dichte $\rho$, auf den nur die eigene Gravitation wirkt sowie die durch seine Rotation um einen Durchmesser mit der konstanten Winkelgeschwindigkeit $\omega$ bedingte Fliehkraft. Man kann zeigen, daß für $\omega = 0$ (ruhender Stern) die einzige mögliche Gleichgewichtsgestalt die Kugel ist. Für $\omega \neq 0$ existiert eine Gleichgewichtsfigur (Rotationsellipsoid), solange $|\omega|$ eine gewisse Schranke nicht übersteigt. Die Flüssigkeit des Sterns sei der Vereinfachung unseres Problems zuliebe inkompressibel und ohne innere Reibung (ideale Flüssigkeit). $|\omega|$ sei dann noch nicht so groß, daß der von der Gravitationskraft herrührende Druck durch die Fliehkraft gebietsweise in Zugspannung übergeht. (Vgl. hierzu L. Lichtenstein, Gleichgewichtsfiguren rotierender Flüssigkeiten, Berlin: Springer 1933.)

Um ihre Gleichgewichtsfigur überlagert führe die Flüssigkeit nun kleine freie Schwingungen aus. Es genügt, sich im Sinne der Fourier-Analyse auf eine Partialschwingung zu beschränken, bei der alle Massenteilchen synchron mit einer und derselben Frequenz $n$ schwingen. (Durch additive Überlagerung dieser durch einen Separationsansatz zu erhaltenden Eigenschwingungen entstehen allgemeine freie Schwingungen, wie sie etwa aus einer vorgegebenen kleinen Anfangsverlagerung der

Flüssigkeitsteilchen gegenüber der Gleichgewichtslage (Anfangswertproblem) hervorgehen.)

Gefragt wird nach der Frequenz $n$ einer Partialschwingung. Die einzige Materialkonstante ist die Dichte $\rho$. Als weitere Parameter kommen die Drehgeschwindigkeit $\omega$ und eine Längenabmessung des flüssigen Körpers $d$ hinzu. (Dabei kann $d$ der Durchmesser der ruhenden ($\omega = 0$) flüssigen Kugel, ein mittlerer (aus dem Flüssigkeitsvolumen zu definierender) Durchmesser der rotierenden Flüssigkeit oder etwa die Länge der kleinen Achse (in Richtung der Drehachse) des Rotationsellipsoids sein.)

Da keine anderen Variablen vorliegen, liegt der Ansatz auf der Hand:

$$n = f_0(d, \rho, \omega).$$

| | |
|---|---|
| $d$ | $L$ |
| $\rho$ | $ML^{-3}$ |
| $\omega$ | $T^{-1}$ |
| $n$ | $T^{-1}$ |

Im $\{M,L,T\}$-System ergibt sich hierzu die nebenstehende Dimensionstafel.

Die zu fordernde Einheiteninvarianz der angesetzten Beziehung hat zur Folge, daß $n$ nicht von $\rho$ abhängen kann (denn nur in der Dimensionsformel von $\rho$ kommt $M$ vor). Nach Streichung von $\rho$:

$$n = f_1(d, \omega)$$

ist ersichtlich, daß dann $n$ auch nicht von $d$ abhängen kann (denn nur noch in der Dimension von $d$ tritt $L$ auf). Somit

$$n = f_2(\omega).$$

Beliebige Änderung der Zeiteinheit führt schließlich zur Folgerung

$$n = C \cdot \omega, \quad \text{wo} \quad C = \text{const}, \quad [C] = 1.$$

Dieses Ergebnis ist aber gewiss physikalisch nicht richtig, denn für $\omega = 0$ müßte $n = 0$ für alle Eigenschwingungen sein, d.h. Schwingungen wären für $\omega = 0$ nicht möglich.

Geht man direkt vom Spezialfall $\omega = 0$ aus und setzt hierfür

$$n = f_0(d, \rho),$$

so erkennt man unmittelbar, daß die Dimensionsanalyse zum Widerspruch führt: Beliebige Änderung der Masseneinheit liefert

$$n = f_1(d)$$

und der Längeneinheit dann

$$n = C = \text{const.}$$

Ändert man nun noch die Zeiteinheit beliebig, so sieht man, daß diese Beziehung wegen $[n] = T^{-1}$, $[C] = 1$ nicht bestehen kann. Mit anderen Worten: Eine einheiteninvariante Beziehung $n = f_0(d, \rho)$ kann es offensichtlich gar nicht geben.

Was ist falsch?
Der Leser wird bemerken, daß in dem obigen Ansatz die Grundtatsache, daß die Flüssigkeit durch die Gravitation zusammengehalten wird, nicht berücksichtigt worden ist. Ermittelt man aus dem Gravitationsgesetz die Schwerkraft in den einzelnen Punkten der Flüssigkeit durch Integration, so tritt als Proportionalitätsfaktor die Gravitationskonstante $G$ heraus (ferner wegen der Homogenität der Massenverteilung auch die Dichte $\rho$, und was verbleibt hängt nur vom Aufpunkt und von der geometrischen Gestalt der Gleichgewichtsfigur ab, die durch den Parameter $d$ charakterisiert ist).

Nun ist $G$ zwar eine Konstante, aber die physikalische Größe, deren Maßzahl die Konstante $G$ ist, ist nicht dimensionslos. Es ist im $\{M, L, T\}$-System

$$[G] = M^{-1} L^3 T^{-2}.$$

Da somit die Konstante G nicht einheiteninvariant ist, sondern ihr Zahlenwert von der Wahl der Einheiten der Grundgrößen abhängt, ist sie bei den für die Dimensionsanalyse wesentlichen Überlegungen, nämlich bei den Folgerungen aus Einheitenänderungen der Grundgrößen zu berücksichtigen.

Mit anderen Worten: Bei den einer Dimensionsanalyse zu unterwerfenden Beziehungen sind nicht nur die Maßzahlen jener bei festen Grundeinheiten variablen Größen als Argumente einzusetzen, von denen die gesuchte Größe abhängen kann, sondern auch alle physikalischen Konstanten, die dimensionsbehaftet (und damit einheitenabhängig) sind, sofern sie bei dem Problem eine Rolle spielen bzw. nicht auszuschließen ist, daß sie dies können. Dies ist eine für das Folgende sehr wesentliche Einsicht.

Die von der Grundeinheitenwahl abhängigen Maßzahlen unveränderlicher aber nicht dimensionsloser physikalischer Größen werden wir dimensionsbehaftete Konstanten oder kurz *Dimensionskonstanten* nennen.

Somit muß in der Beziehung für die Schwingungsfrequenz der kleinen Partialschwingungen des flüssigen Sterns, die einer Dimensionsanalyse unterzogen wird, die Dimensionskonstante G als Argument berücksichtigt werden:

$$n = f_0(d, \rho, \omega, G).$$

| | |
|---|---|
| $d$ | $L$ |
| $\rho$ | $ML^{-3}$ |
| $\omega$ | $T^{-1}$ |
| $G$ | $M^{-1}L^3T^{-2}$ |
| $n$ | $T^{-1}$ |

Jetzt ändert sich bei beliebigen Änderungen der Masseneinheit nicht allein die Maßzahl $\rho$ sondern auch G und zwar so, daß nur die Kombination $\rho G$ unverändert bleibt. Also muß gelten:

$$n = f_1(d, \rho G, \omega) \qquad ([\rho G] = T^{-2}).$$

Änderungen der Längeneinheit beeinflussen nun allein noch die Maßzahl d; somit ist

$$n = f_2(\rho G, \omega).$$

Aus beliebigen Änderungen der Zeiteinheit schließlich ergibt die Forderung der Einheiteninvarianz:

$$n = \sqrt{\rho G}\, f\left(\frac{\omega}{\sqrt{\rho G}}\right) .$$

Für $|\omega| \ll \sqrt{\rho G}$ und insbesondere für $\omega = 0$ folgt bei stetigem f und der physikalisch begründeten Annahme $f(0) \neq 0$

$$n = C\sqrt{\rho G} \qquad (C = \text{const}, \ [C] = 1).$$

Der Widerspruch, zu dem der anfänglich gemachte Ansatz $n = f_0(d, \rho, \omega)$ führte, ist ein Beispiel für die Nützlichkeit der Dimensionsanalyse bei der Prüfung physikalischer Gleichungen auf Einheiteninvarianz oder bei der Prüfung hypothetisch angesetzter Beziehungen auf die Möglichkeit, daß diese als einheiteninvariante Beziehungen im zugrundeliegenden Grundgrößensystem existieren können. Notwendig (aber natürlich nicht hinreichend) für die Richtigkeit solcher spekulativen Ansätze ist die widerspruchsfreie Durchführbarkeit der Dimensionsanalyse.

## 1.3. Das astronomische Grundgrößensystem in propädeutischer Sicht

Auch in diesem letzten Abschnitt des ersten Kapitels soll mit physikalischen Größen und Dimensionen noch einmal im Sinne des "Heavisideschen Prinzips" umgegangen werden. Mit Kapitel 2 beginnt dann der mathematische Aufbau der Theorie der physikalischen Dimensionen.

Für die Wahl des Grundgrößensystems für eine Fragestellung oder ein Teilgebiet der Physik besteht erhebliche Freiheit (ganz abgesehen von der speziellen Wahl der Einheiten dieser Grundgrößen, die hier nicht interessiert).

In der Mechanik benutzt der Physiker mit Vorliebe ein $\{M, L, T\}$-System der Grundgrößenarten Masse, Länge, Zeit. Der Ingenieur zieht es in der Regel vor, ein $\{F, L, T\}$-System der Grundgrößenarten Kraft, Länge, Zeit zu verwenden. Ist im $\{M, L, T\}$-System die abgeleitete Größenart "Kraft" durch das Newtonsche Gesetz

$$F = ma$$

($m$ Maßzahl der Masse, $a$ Maßzahl ihrer Beschleunigung) definiert, so wird umgekehrt im $\{F, L, T\}$-System diese selbe Gleichung benutzt, um die abgeleitete Größenart "Masse" per definitionem auf die Grundgrößenart "Kraft" (und die bereits zuvor definierte abgeleitete Größenart "Beschleunigung") zurückzuführen.

Einen stärkeren Eingriff bedeutet die Verminderung oder Vermehrung der Anzahl der Grundgrößenarten. Im folgenden soll es sich darum handeln, vom $\{M, L, T\}$-System der Mechanik zum sogenannten astronomischen $\{L, T\}$-System überzugehen, in welchem nur noch Länge und Zeit Grundgrößenarten, die Masse jedoch eine abgeleitete Größenart ist.

In einem Gebiet der Mechanik, in welchem als wirkende Kraft nur die Gravitationskraft

$$F = G \frac{m_1 m_2}{r^2}$$

auftritt ($F$ Maßzahl der Anziehungskraft zweier Massenpunkte, $m_1$ und $m_2$ die Maßzahlen ihrer Massen, $r$ die Maßzahl ihres Abstandes), kann es wünschenswert erscheinen, die sich durch die Gleichungen hindurchschleppende Dimensionskonstante $G$ auszuschalten. Ist im $\{M, L, T\}$-System

$$[G] = M^{-1} L^3 T^{-2}$$

und speziell in den Einheiten kg, m, s

$$G = 6{,}67 \cdot 10^{-11}\, \mathrm{kg}^{-1}\, \mathrm{m}^3\, \mathrm{s}^{-2},$$

so soll ein neues Grundgrößensystem eingeführt werden, in welchem

$$[G] = 1$$

ist. Dazu kann wie folgt verfahren werden. War im Gravitationsgesetz $G$ der dimensionsbehaftete Proportionalitätsfaktor dieses Naturgesetzes, so wird nunmehr das Gravitationsgesetz als Definitionsgleichung für die Masse benutzt. Die Masse wird damit nicht mehr durch Realvergleich mit einer (etwa irgendwo deponierten) realen Standardmasse als Grundgröße gemessen, sondern durch eine definierende Meßvorschrift ("Wortdefinition") auf die Messung von Längen und Zeiten (oder aus diesen beiden Grundgrößenarten abgeleiteten anderen Größen) als abgeleitete Größenart zurückgeführt.

Betrachtet man die Dimensionen der Größen in der linken und rechten Seite des Gravitationsgesetzes:

$$M L T^{-2} = [G] M^2 L^{-2},$$

so soll nun $[M]$ im $\{L,T\}$-System so gewählt werden, daß $[G] = 1$ wird, d.h.

$$[M] := L^3 T^{-2}.$$

Man muß nun noch festlegen, wie die bereits im $\{M,L,T\}$-System abgeleiteten Größenarten, in deren Dimensionsformeln $M$ einging, neu als abgeleitete Größen im $\{L,T\}$-System definiert werden sollen. Es ist zweckmäßig festzulegen, daß überall dort, wo in ihren Definitionen die Masse einging, diese nun durch ihre neue Definition als abgeleitete Größenart der Dimension $L^3 T^{-2}$ ersetzt werden soll.

Dann erhält z.B. die Massendichte (Maßzahl $\rho$) die Dimension $[\rho] = [M]L^{-3}$, also:

$$[\rho] = T^{-2},$$

somit die gleiche Dimension wie $[\omega^2]$, wo $\omega$ Maßzahl einer Frequenz ist. Die Dimension einer Kraft $[F] = [M] L T^{-2}$ wird

$$[F] = L^4 T^{-4}$$

wie die Dimension $[v^4]$, wenn $v$ Maßzahl einer Geschwindigkeit ist.

Max Planck (Einführung in die theoretische Physik, Bd.I: Allgemeine Mechanik, 4. Aufl., Leipzig: Hirzel 1928) hat das astronomische Grundgrößensystem gleich am Anfang seiner Vorlesungen zur theoretischen Physik (a.a.O., S. 36) als Beispiel angeführt um nachdrücklich hervorzuheben, daß die Dimension einer physikalischen Größe "nicht etwa eine ihrer Natur inhärente" Eigenschaft ist sondern eine durch die Wahl des Grundgrößensystems bedingte konventionelle Eigenschaft. Er bemerkt dazu noch: "Wäre dieser Umstand stets gewürdigt worden, so wäre der physikalischen Literatur, besonders derjenigen der elektromagnetischen Maßsysteme eine Fülle von unfruchtbaren Kontroversen erspart geblieben."

Man kann sich überlegen, wie die Meßvorschrift für die abgeleitete Größenart Masse im $\{L,T\}$-System zu formulieren wäre. So lehrreich der Übergang zum $\{L,T\}$-System und so nützlich in der Theorie $[G] = 1$ sein können, praktisch wird die Messung der Masse mit Hilfe des Gravitationsgesetzes gewiß nicht sein. Ist $\mathbf{r}_1$ der Ortsvektor von dem raumfest gehaltenen Massenpunkt 0 (Massen-Maßzahl m) zu dem frei beweglichen Massenpunkt P (Maßzahl $m_1$), so besagt das Gravitationsgesetz im $\{L,T\}$-System mit $[G] = 1$ und zweckmäßigerweise auch $G = 1$:

$$m_1 \frac{d^2\mathbf{r}_1}{dt^2} = -\frac{m\,m_1}{|\mathbf{r}_1|^3}\,\mathbf{r}_1\,,$$

wobei vorausgesetzt ist, daß keine anderen Kräfte die Bewegung beeinflussen. Somit ist die Masse im festgehaltenen Punkt 0

$$m = |\mathbf{r}_1^2| \left|\frac{d^2\mathbf{r}_1}{dt^2}\right| \qquad ([m] = L^3\,T^{-2})$$

durch Abstand und Beschleunigung der Bewegung der Probemasse $m_1$ zu messen.

Fragen wir nach der Leistungsfähigkeit des $\{L,T\}$-Systems verglichen mit dem $\{M,L,T\}$-System für die Dimensionsanalyse eines Problems der Mechanik, so wird man in der Regel eine Verringerung der Leistungsfähigkeit zu erwarten haben, da nun nur noch die beliebige Änderung der Einheiten von zwei, statt drei Grundgrößen die Information liefert. Daß diese Verringerung der Information nicht eintreten muß, sei am letzten Beispiel des vorangegangenen Abschnitts 1.2. demonstriert.

Für die Schwingungsfrequenz der Partialschwingungen des rotierenden flüssigen Sterns braucht im $\{L, T\}$-System die Gravitationskonstante nicht mehr als Argument berücksichtigt zu werden, denn nun ist $[G] = 1$, $G$ also unabhängig von den Einheiten der Länge und der Zeit, z.B. $G = 1$ bei entsprechender Festlegung der Masseneinheit.

Also muß gelten:

$$n = f_0(d, \rho, \omega)$$

| | |
|---|---|
| $d$ | $L$ |
| $\rho$ | $T^{-2}$ |
| $\omega$ | $T^{-1}$ |
| $n$ | $T^{-1}$ |

mit nebenstehender Dimensionstafel. Offensichtlich kann $n$ nicht von $d$ abhängen (Änderung der Längeneinheit), also

$$n = f_1(\rho, \omega).$$

Änderung der Zeiteinheit führt zur Folgerung

$$n = \sqrt{\rho}\, f\left(\frac{\omega}{\sqrt{\rho}}\right),$$

was mit dem Ergebnis am Schlusse von 1.2. übereinstimmt. (Gerade weil die Gravitationskraft für dieses Problem wesentlich, $G$ also im $\{M, L, T\}$-System berücksichtigt werden muß und im $\{L, T\}$-System entfällt, erhält man die gleiche Information.)

Jede Dimensionslose im $\{M, L, T\}$-System ist trivialerweise auch eine Dimensionslose im $\{L, T\}$-System. Das Umgekehrte gilt nicht. Vielmehr sind auch alle physikalischen Größenarten, die im $\{M, L, T\}$-System Dimensionsformeln der Gestalt $M^{\alpha} L^{-3\alpha} T^{2\alpha}$ ($\alpha$ beliebig) haben, im $\{L, T\}$-System dimensionslos.

Alle Größenarten mit Dimensionsformeln der Gestalt $M^{\alpha} L^{b-3\alpha} T^{c+2\alpha}$ im $\{M, L, T\}$-System, haben im $\{L, T\}$-System für alle $\alpha$ die Dimension $L^b T^c$.

Die Anzahl der Größenarten, die gleiche Dimension haben, wird beim Übergang vom $\{M, L, T\}$-System zum $\{L, T\}$-System vermehrt.

Es ist daher zu erwarten, daß eine Dimensionsanalyse im $\{L,T\}$-System in der Regel weniger Information liefert als im $\{M,L,T\}$-System, insbesondere wenn die Gravitationskonstante keine Rolle für die zu behandelnde Fragestellung spielt und also im $\{M,L,T\}$-System die Anzahl der Argumente gegenüber dem $\{L,T\}$-System nicht um G vermehrt werden muß.

Als Beispiel für einen Verlust an Information im $\{L,T\}$-System gegenüber dem $\{M,L,T\}$-System möge die Kármánsche Wirbelstraße behandelt werden.

Bei stationärer Anströmung eines Zylinders mit konstanter Geschwindigkeit genügend weit vor dem Körper beobachtet man periodische Nachlaufströmungen. Sie sind von v. Kármán 1912 theoretisch behandelt worden. (Vgl. Th. v. Kármán, H. Rubach: Phys. Zeitschr. 13, 49-59 (1912).) Abb. 8 zeigt in Strömungsbildern von F. Homann (Forsch. auf d. Gebiet d. Ing.-Wesens 7, 1-22 (1936)) die Entstehung der Wirbelstraße bei wachsenden Anströmgeschwindigkeiten. Genügend weit

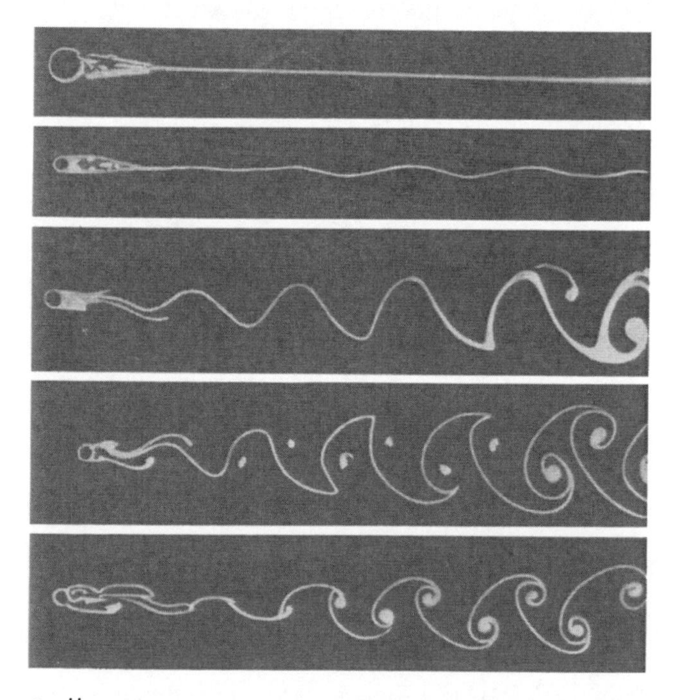

Abb. 8. Ölströmung hinter Kreiszylinder nach F. Homann bei Re = 31,6; 54,8; 65,2; 73,0; 101,5.

hinter dem Zylinder hat man bei voll ausgebildeter Wirbelstraße eine zeitlich periodische Strömung bei stationären Randbedingungen. v. Kármán untersuchte diese durch Instabilität der Nachlaufströmung entstehende Wirbelstraße, indem er im Modell der idealen Flüssigkeit eine Wirbelkonfiguration mit fester Straßenbreite h und fester Periodizitätslänge l (vgl. Abb. 9) annahm und fragte, wann eine solche Anordnung in einer weitab von der Wirbelstraße sonst stationären Strömung bestehen kann. Das Ergebnis: $h/l = 0{,}281$ stimmt mit den Messungen sehr gut überein.

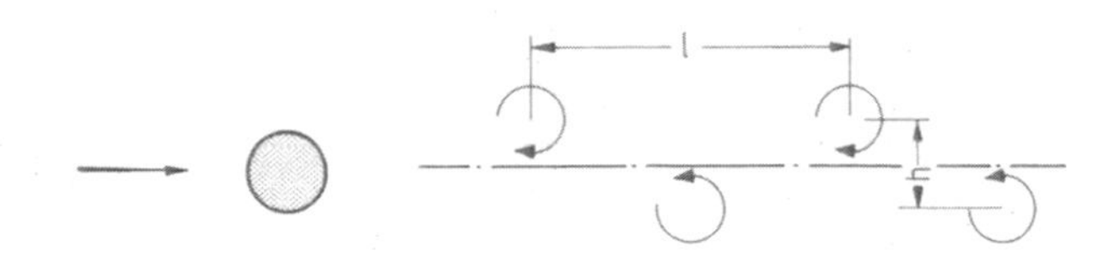


Abb. 9. Kármánsche Wirbelstraße

Solche Wirbelstraßen entstehen hinter Schornsteinen, Brückenpfeilern und anderen Bauwerken. Akustisch kann man die periodische Nachlaufströmung am "Singen" von Telegraphendrähten im Wind und am "Pfeifen" einer Peitsche wahrnehmen. V. Strouhal hat bereits 1878 diese Art der Schallerzeugung untersucht (Ann. Phys. Chem. 5, 216-251 (1878)). Für Einzelheiten vgl. die einschlägigen Lehrbücher, etwa K. Wieghardt, Theoretische Strömungslehre, Stuttgart: Teubner 1965.

Es soll im folgenden gefragt werden nach der Zeitperiode $\tau$, mit der die Wirbel periodisch im Nachlauf an einem ortsfesten Beobachter stromabwärts vorbeifließen, bzw. nach ihrer Frequenz $n = 1/\tau$.

Es werden folgende vereinfachende Annahmen gemacht:

1. Die Flüssigkeit sei räumlich nach allen Seiten unendlich ausgedehnt.

2. Die Flüssigkeit sei inkompressibel und homogen mit der konstanten Dichte $\rho$.

3. Die Flüssigkeit besitze innere Reibung. Ihre kinematische Zähigkeit sei $\nu$. (Es ist $\nu = \eta/\rho$, wo $\eta$ die sog. Viskosität oder dynamische Zähigkeit ist. Mit $[\eta] = ML^{-1}T^{-1}$ ist $[\nu] = \dot{L}^2 T^{-1}$.)

4. In der Flüssigkeit befinde sich ein unendlich langer Kreiszylinder mit dem Kreisdurchmesser d, der senkrecht zu seiner Achse von der Flüssigkeit mit der weit vor dem Zylinder konstanten Geschwindigkeit vom Betrage u angeströmt wird.

Gefragt wird nach einer gegenüber Änderungen der Grundeinheiten invarianten Beziehung

$$n = f_0(u, d, \rho, \nu)$$

und zwar sowohl im $\{M, L, T\}$- als auch im $\{L, T\}$-System.

| | $\{M, L, T\}$-System | $\{L, T\}$-System |
|---|---|---|
| u | $L\,T^{-1}$ | $L\,T^{-1}$ |
| d | $L$ | $L$ |
| $\rho$ | $M\,L^{-3}$ | $T^{-2}$ |
| $\nu$ | $L^2\,T^{-1}$ | $L^2\,T^{-1}$ |
| n | $T^{-1}$ | $T^{-1}$ |

Die Dimensionstafeln sind obenstehend angegeben.

a) Im $\{M, L, T\}$-System ergibt eine beliebige Änderung der Masseneinheit, daß n von $\rho$ unabhängig sein muß, da M nur in der Dimensionsformel von $\rho$ auftritt:

$$n = f_1(u, d, \nu).$$

Aus Bequemlichkeitsgründen schreiben wir $f_1(u, d, \nu) \equiv u/d \cdot f_2(u, d, \nu)$, also

$$\frac{nd}{u} = f_2(u, d, \nu).$$

Da $[nd/u] = 1$ ist, muß nämlich $f_2(u, d, \nu)$ dimensionslos sein, also invariant gegenüber beliebigen Änderungen der Einheiten von Länge und Zeit. Ersetzt man die Längeneinheit durch ihr $\lambda$-faches, die Zeiteinheit durch ihr $\tau$-faches, so muß für alle $\lambda > 0$, $\tau > 0$ gelten

$$f_2(\lambda^{-1}\tau u, \lambda^{-1}d, \lambda^{-2}\tau\nu) = f_2(u, d, \nu).$$

Für $\lambda = d$ wird

$$f_2(u, d, \nu) = f_2(\tau u/d, 1, \tau\nu/d^2)$$

und für $\tau = d^2/\nu$ ergibt sich:

$$f_2(u, d, \nu) = f_2(ud/\nu, 1, 1) =: f(ud/\nu)$$

also

$$\frac{nd}{u} = f\left(\frac{ud}{\nu}\right) .$$

Man bestätigt leicht, daß $ud/\nu$ oder jede beliebige Potenz $(ud/\nu)^\delta$ ($\delta$ beliebig) die einzigen aus $u, d, \nu$ zu bildenden dimensionslosen Potenzprodukte $u^\alpha d^\beta \nu^\gamma$ sind. (Die Rechnung liefert: $[u^\alpha d^\beta \nu^\gamma] = M^0 L^0 T^0$ genau dann, wenn $\alpha = \beta = -\gamma$, sonst beliebig.)

Man nennt die Dimensionslosen

$$St := \frac{nd}{u} \quad \text{die Strouhal-Zahl,}$$

$$Re := \frac{ud}{\nu} \quad \text{die Reynolds-Zahl.}$$

Unser Ergebnis läßt sich somit schreiben

$$St = f(Re).$$

Anstelle einer Funktion von vier Argumenten hat man nunmehr nur noch St als Funktion eines Arguments Re zu ermitteln. Messungen zeigen, daß die Strouhal-Zahl für einen weiteren Bereich praktisch interessierender Re-Zahlen für den Kreiszylinder nahezu konstant ist. Für $5 \cdot 10^2 \leq Re \leq 5 \cdot 10^4$ gilt: $St = 0{,}2$ (genauer: $0{,}18 \leq St \leq 0{,}20$, vgl. K. Wieghardt, a.a.O., S. 92).

b) Im $\{L, T\}$-**System**, in welchem die Einheit der Masse als Grundeinheit nicht mehr zur beliebigen Wahl zur Verfügung steht, ist offensichtlich der bequeme Schluß, daß n nicht von $\rho$ abhängen kann, nicht möglich (jedenfalls nicht ohne weitere physikalische Kenntnisse als jene, die in die oben angesetzte Beziehung eingehen).

Der Bequemlichkeit halber und ohne Einschränkung schreiben wir, wie oben, die angesetzte Beziehung in der Form

$$\frac{nd}{u} = f_0^*(u, d, \rho, \nu)$$

($f_0^*(u, d, \rho, \nu) :\equiv d/u \cdot f_0(u, d, \rho, \nu)$). Übergang zur $\lambda$-fachen Längeneinheit und zur $\tau$-fachen Zeiteinheit liefert

$$f_0^*(u, d, \rho, \nu) \equiv f_0^*(\lambda^{-1}\tau u, \lambda^{-1}d, \tau^2\rho, \lambda^{-2}\tau\nu) \text{ für alle } \lambda > 0,\ \tau > 0.$$

Mit $\lambda = d$ ergibt sich

$$f_0^*(u, d, \rho, \nu) = f_0^*(\tau u/d, 1, \tau^2\rho, \tau\nu/d^2)$$

und mit $\tau = d/u$ wird

$$f_0^*(u, d, \rho, \nu) = f_0^*(1, 1, d^2\rho/u^2, \nu/ud)$$

also

$$\frac{nu}{d} = f\left(\frac{ud}{\nu}, \frac{u^2}{d^2\rho}\right).$$

(Man rechnet leicht nach, daß die einzigen dimensionslosen Potenzprodukte $u^\alpha d^\beta \rho^\gamma \nu^\delta$ die Form $(ud/\nu)^\sigma \cdot (u^2/d^2\rho)^\tau$ mit beliebigen $\sigma$, $\tau$ haben.)

Die im $\{L, T\}$-System durch Dimensionsanalyse erzielte Information $St = f(Re, u^2/d^2\rho)$ läßt nicht erkennen, daß die Frequenz der Kármán-Wirbel von der Dichte $\rho$ der Flüssigkeit unabhängig sein muß. Dieser Schluß ist im $\{L, T\}$-System nicht vollziehbar.

Warum sich eine von Grundeinheitenänderungen unabhängige Beziehung $y = f(x_1, x_2, \ldots, x_n)$ zwischen den Maßzahlen $x_i$ $(i = 1, \ldots, n)$ von n physikalischen Größenarten und den Maßzahlen y einer anderen Größenart auf eine Beziehung zwischen dimensionslosen Potenzprodukten dieser Maßzahlen reduzieren läßt und wie groß die Anzahl dieser Dimensionslosen im jeweiligen Grundgrößensystem ist, das gehört zum Inhalt des Beweises des schon mehrfach in diesem propädeutischen ersten Kapitel angekündigten $\Pi$-Theorems.

# 2. Beschreiben, Bewerten, Messen

## 2.1. Ziel der Betrachtungen dieses Kapitels

Geht man vom Begriff der Dimensionsformel einer physikalischen Größenart in einem Grundgrößensystem und von ihrem Potenzproduktcharakter als theoretisch geklärt anzusehenden Gegebenheiten aus, so läßt sich alles, was zur Vorbereitung, zum strengen Beweis und zur Anwendung des Π-Theorems erforderlich ist, allein mit den Mitteln der linearen Algebra und damit einfach und elegant sowie unter sparsamsten Voraussetzungen beweisen.

Schwierigkeiten dagegen bereitet auch heute noch die Aufgabe, die Theorie der physikalischen Dimensionen so darzustellen, daß sie aus physikalisch klaren und mathematisch präzisen Grundlagen aufgebaut wird. Inhalt eines solchen Aufbaus der Theorie kann nur sein, Begriff und Struktur einer Dimensionsformel aus der Methodologie des physikalischen Messens und aus der Struktur jener Merkmalmengen zu begründen, zu denen insbesondere die physikalischen Größenarten gehören.

Diese Schwierigkeiten zu überwinden durch einen Aufbau der Theorie der physikalischen Dimensionen auf physikalisch angemessenen und mathematisch soliden Grundlagen, das wird die Aufgabe dieses und des nächsten Kapitels sein. (Vgl. hierzu H. Görtler: Die Grundlagen der Theorie der physikalischen Dimensionen. Zeitschr. Angew. Math. Mech. 46, Tagungssonderheft, T3 - T10 (1966).)

Die Lehrbücher, Monographien und Handbücher der Physik lassen den Leser in dieser Hinsicht im Stich. Der Begriff der physikalischen Dimensionen wird verschwommen und unzulänglich, mehr oder weniger als bereits geläufig, eingeführt. Man geht gleich dazu über, Zweck und Nutzen der Dimensionsformeln zu demonstrieren.

Es liegt daher nahe, zu jenen Lehrbüchern und Monographien zurückzugreifen, die sich speziell mit der "Dimensionsanalysis" (dimensional analysis, analyse dimensionnelle), besser: mit der Methode der Dimensionsanalyse und - bei nur anderer Ausdeutung - mit der Ähnlichkeits- oder Modellphysik befassen. Es gibt eine große Zahl solcher Bücher. Eine Auswahl findet der Leser in 5.3. zusammengestellt. Es gibt nur wenig Literatur zur Dimensionsanalyse in deutscher Originalsprache (wohl aber eine reiche Literatur über Einheiten und Maßsysteme, die für die Theorie der physikalischen Dimensionen jedoch ohne Belang ist). In deutscher Sprache liegt ferner die - längst vergriffene - Übersetzung des verdienstvollen Buches von P.W. Bridgman aus dem Englischen vor: P.W. Bridgman, Theorie der physikalischen Dimensionen. Übersetzung aus dem Englischen von H. Holl. Leipzig und Berlin: Teubner 1932.

Die englische Originalausgabe (1922) dieses Werkes ist, soweit dem Verfasser bekannt, die erste zusammenhängende Darstellung in Buchform über die Methode der Dimensionsanalyse. Es ist aber zugleich ein Buch, das sich über die Grundlagen der Theorie der physikalischen Dimensionen eigene Gedanken macht. Nur wenige spätere Autoren haben versucht, etwas zu diesen Grundlagen beizutragen.

Bridgman wählte als Ausgangspunkt seiner Darstellung eine gewiß sehr primitiv und einfach erscheinende Eigenschaft aller in der Physik benutzten Maßzahlskalen. Am Beispiel der Längenmessung formuliert handelt es sich um den folgenden Sachverhalt: Mißt man zwei Strecken in einer beliebigen Längeneinheit (cm etwa) - die sich ergebenden Maßzahlen seien $x_1$ und $x_2$ - und mißt man sie dann in einer beliebigen anderen Längeneinheit (inches etwa) - die sich ergebenden Maßzahlen seien $y_1$ und $y_2$ - , so ist der Quotient der Maßzahlen der beiden Längen in beiden Fällen die gleiche Zahl:

$$\frac{x_1}{x_2} = \frac{y_1}{y_2} . \tag{2.1}$$

Allgemein: Das Verhältnis der Maßzahlen zweier gleichartigen physikalischen Größen ist invariant gegenüber Einheitenänderungen der benutzten Maßzahlskalen.

Bridgman stellt fest, daß alle ihm bekannten physikalischen Maßzahlskalen diese Eigenschaft der, wie er sagt, "absoluten Bedeutung der relativen Größe" haben und daß er sich somit auf solche beschränken kann. Das ist ebenso richtig, wie seine Bemerkung, daß sich die Methode der Dimensionsanalyse nur bei Beschränkung auf Maßsysteme mit solchen Maßzahlskalen anwenden läßt.

Von dieser Annahme ausgehend - sie wird im folgenden das "Bridgmansche Axiom" genannt werden - gelingt es ihm - wenn auch damals noch unter unnötig starken mathematischen Voraussetzungen - zu beweisen, daß die sogenannten "Dimensionsformeln" von physikalischen Größenarten bezüglich eines Grundgrößensystems stets die Gestalt von Potenzprodukten haben müssen. (Etwa $[\text{Kraft}] = MLT^{-2}$ in einem System mit den Grundgrößenarten Masse, Länge, Zeit.)

Das Ziel des vorliegenden Kapitels kann numehr präzisiert werden als die Beantwortung der folgenden Frage: *Wie kann das Bridgmansche Axiom aus dem, was aller Physik zugrunde liegt, nämlich aus der Struktur der physikalischen Merkmalmengen ("Größenarten") und der darauf fussenden Methodologie des physikalischen Messens begründet werden?*

Starke Anregung zur Klärung dieser Frage gaben die erkenntnislogischen Untersuchungen von Rudolf Carnap: Physikalische Begriffsbildung. Wissen und Wirken, 39. Band, Karlsruhe: Braun 1926. Man findet diese Gedanken wiedergegeben und fortgeführt bei B. Juhos und H. Schleichert: Die erkenntnislogischen Grundlagen der klassischen Physik, Berlin: Dunker und Humblot 1963. Im Zusammenhang dieser Fragen sind von mathematischer Seite hervorzuheben die Schrift von J. Pfanzagl: Die axiomatischen Grundlagen einer allgemeinen Theorie des Messens, (Würzburg: Physica-Verlag 1959) und die Veröffentlichung von K.H. Hofmann: Zur mathematischen Theorie des Messens (Rozprawy Matematyczne, Polska Akademia Nauk XXXII (1963), 32 Seiten). Gegenüber diesen beiden mathematischen Darstellungen soll bei dem nachfolgenden Aufbau der Theorie neben dem mathematischen auch das physikalische Verständnis angesprochen werden.

Die Theorie, die im folgenden die Grundlage für die Theorie der physikalischen Dimensionen bieten wird, wird in 2.2. drei Axiome zugrundelegen, die physikalisch durchsichtig sind. Sie sind Forderungen allgemeinster Art, die jede physikalische Meßvorschrift dank der Struktur der physikalischen Größenarten erfüllen muß. Sie führen zu den möglichen Bewertungen physikalischer Merkmalmengen. In 2.3. folgen dann drei Konventionen, die der Methodologie des physikalischen Messens entsprechen.

Abschließend sei bemerkt, daß die obigen Literaturangaben nur einige Hinweise geben sollen und nicht im geringsten nach Vollständigkeit streben. Wenn schon bis auf Rudolf Carnap zurückverwiesen wird, so müßten als Vorläufer mindestens die Namen Hermann von Helmholtz, Ernst Mach, Henri Poincaré genannt werden.

## 2.2. Die drei Forderungen

### 2.2.1. Das Beschreiben von Gegenständen

Gegeben sei eine Menge

$$\mathfrak{G} = \{A, B, C, \ldots\} \tag{2.2}$$

von Gegenständen sowie eine Menge $\mathfrak{M}$ von Merkmalen. (Obwohl vorerst "Gegenstand" und "Merkmal" im allgemeinsten Sinne zu verstehen sind, kann hier, da wir auf Gegenstände mit physikalischen Merkmalen zielen, etwa an Strecken als Gegenstände und Längen als Merkmale gedacht werden.)

Erste Forderung: Jedem Gegenstand aus $\mathfrak{G}$ ist genau ein Merkmal aus $\mathfrak{M}$ zugeordnet. Es kann durch Beobachtung festgestellt werden, welches Merkmal einem Gegenstand zukommt.

Durch Beobachtung soll also insbesondere entschieden werden können, ob zwei Gegenstände aus $\mathfrak{G}$ gleiche oder verschiedene Merkmale aus $\mathfrak{M}$ besitzen.

Mathematisch bedeutet die erste Forderung einfach folgendes:

Es sind zwei Mengen $\mathfrak{G}$ und $\mathfrak{M}$ gegeben, und es gibt eine (eindeutige) Abbildung $\mu$ von $\mathfrak{G}$ in $\mathfrak{M}$:

$$\mu : \mathfrak{G} \rightarrow \mathfrak{M} \qquad (\mathfrak{G} \neq \emptyset, \mathfrak{M} \neq \emptyset). \tag{2.3}$$

$\mathfrak{G}$ und $\mathfrak{M}$ sind Mengen im mengentheoretischen Sinn. Damit ist insbesondere auf ihnen eine Gleichheitsrelation erklärt.

Ist A ein Element von $\mathfrak{G}$, so soll das ihm zugeordnete Merkmal aus $\mathfrak{M}$ mit $\mu(A)$ bezeichnet werden.

Die physikalische Beobachtung gemäß einer Meßvorschrift soll erlauben zu entscheiden: Entweder ist $\mu(A) = \mu(B)$ oder es trifft dies nicht zu: $\mu(A) \neq \mu(B)$.

Während die erste physikalische Forderung in ihrem mathematischen Gehalt eine einfache Bedingung darstellt, ergeben sich in physikalischer Sicht Probleme. Auf Beispiele soll kurz hingewiesen werden.

Jede physikalische Messung ist grundsätzlich nur von beschränkter Genauigkeit. Da man nicht immer durch Beobachtung (Messung) entscheiden kann, ob zwei Strecken gleiche oder verschiedene Länge haben, stellt die erste Forderung eine Idealisierung dar. Abgesehen hiervon impliziert sie jedoch die Forderungen an eine Meßvorschrift, daß die nach ihr gewonnenen Meßergebnisse reproduzierbar und intersubjektiv eindeutig sind. (Will man den Sachverhalt der unvermeidlichen Meßungenauigkeit berücksichtigen, so entsteht die Frage, wie man die Transitivität der Gleichheitsrelation auf der Merkmalmenge retten kann. Wie dies geschehen kann, hat Norbert Wiener[1] gezeigt.)

Man denke aber auch etwa an den Begriff der Gleichzeitigkeit zweier Ereignisse. In der nicht-relativistischen Mechanik handelt es sich um die Beobachtung synchron laufender Uhren. In der Relativitätstheorie war, um den Begriff der Gleichzeitigkeit in zueinander bewegten Systemen als symmetrische und transitive Relation zu retten, eine

---

[1] Wiener, N.: A new theory of measurement, a study in the logic of mathematics. Proc. London Math. Soc. 19, 181-205 (1919).

Neufassung der Beobachtungsvorschrift (Verwendung der Zeit eines hin- und zurücklaufenden Lichtstrahls) erforderlich.

Nach diesen kurzen Nebenbemerkungen kehren wir zum allgemeinen Thema unserer Betrachtungen zurück.

Gegenstände aus $\mathfrak{G}$, denen das gleiche Merkmal aus $\mathfrak{M}$ zukommt, sind in der Merkmalmenge $\mathfrak{M}$ nicht unterscheidbar. In der Regel hat man es mit mehreren Merkmalmengen $\mathfrak{M}_k$, $k \in J$ (J Indexmenge) zu tun (Menge der Temperaturen, Menge der Gewichte, Menge der Härtegrade,...). Dabei existiert zu jedem $k \in J$ eine Abbildung

$$\mu_k : \mathfrak{G} \to \mathfrak{M}_k, \quad \mathfrak{M}_k \neq \emptyset \quad \text{für alle} \quad k \in J, \tag{2.4}$$

die die erste physikalische Forderung erfüllt.

Es wird (für unsere späteren Zwecke ohne Einschränkung) verlangt, daß

$$\mathfrak{M}_k \cap \mathfrak{M}_j = \emptyset, \quad \text{falls} \quad k \neq j. \tag{2.5}$$

Merkmale aus ein- und derselben Merkmalmenge $\mathfrak{M}_k$ sollen im weiteren als *gleichartig*, jede der Merkmalmengen $\mathfrak{M}_k$ als eine *Merkmalart* bezeichnet werden. (Es wird diese Bezeichnungsweise im Hinblick auf die Anwendung auf gleichartige physikalische Größen bzw. auf physikalische Größenarten gewählt.)

Zur Beschreibung eines Gegenstandes $A \in \mathfrak{G}$ werden alle Merkmalarten $\mathfrak{M}_k$ $(k \in J)$ benutzt. Es sei

$$\mathfrak{B} := \bigcup_{k \in J} \mathfrak{M}_k . \tag{2.6}$$

Definition: Wir nennen

$$\mathfrak{B}(A) := \{\mu_k(A) \mid k \in J\}, \quad A \in \mathfrak{G} \tag{2.7}$$

die *Beschreibung* des Gegenstandes $A \in \mathfrak{G}$ bezüglich der Merkmalmenge $\mathfrak{B}$.

Hat man genügend viele Merkmalarten $\mathfrak{M}_k$ herangezogen, so ist es möglich, daß jedes $A \in \mathfrak{G}$ durch $\mathfrak{B}(A)$ eindeutig in $\mathfrak{G}$ bestimmt ist, daß aus $\mathfrak{B}(A) = \mathfrak{B}(B)$ somit $A = B$ folgt. Man spricht in diesem Falle von einer Charakterisierung der Gegenstände aus $\mathfrak{G}$ durch ihre Merkmale aus $\mathfrak{B}$.

### 2.2.2. Das Bewerten gleichartiger Merkmale

Es ist eine Eigenschaft physikalischer Merkmalarten $\mathfrak{M}$, daß sich ihre Elemente - gleichartige physikalische Merkmale - unterscheiden durch verschiedene "Grade", "Stärken", "Intensitäten", mit anderen Worten, es kommt ihnen eine Ordnung zu. Dem entspricht die

> Zweite Forderung: Jede Merkmalart $\mathfrak{M}$ ist linear geordnet.

Diese Forderung bedeutet mathematisch: Es gibt eine zweistellige Relation " $<$ " (lies: "links von", "vor", "kleiner als") mit den Eigenschaften

1. Asymmetrie: Für je zwei Elemente $\mu_1, \mu_2$ aus $\mathfrak{M}$ liegt genau einer der folgenden Fälle vor:

$$\mu_1 = \mu_2 \quad \text{oder} \quad \mu_1 < \mu_2 \quad \text{oder} \quad \mu_2 < \mu_1.$$

Für $\mu_2 < \mu_1$ schreibt man auch $\mu_1 > \mu_2$. (" $>$ " lies: "rechts von", "nach", "größer als".)

2. Transitivität: Aus $\mu_1 < \mu_2$ und $\mu_2 < \mu_3$ folgt $\mu_1 < \mu_3$.

Für die Merkmalarten der Physik (physikalische Größenarten) insbesondere bedeutet die Forderung nach Vorhandensein einer linearen Ordnung zusammen mit der ersten Forderung, daß die zugehörige Meßvorschrift erlauben muß zu entscheiden, ob für zwei Gegenstände A, B aus $\mathfrak{G}$ $\mu(A) < \mu(B)$ oder $\mu(A) > \mu(B)$ ist, ober ob beide Merkmale übereinstimmen: $\mu(A) = \mu(B)$.

Ferner muß die Meßvorschrift so beschaffen sein, daß sich nach ihr mit $\mu(A) < \mu(B)$ und $\mu(B) < \mu(C)$ auch ergibt: $\mu(A) < \mu(C)$. So muß die Meßvorschrift für die Härtegrade von festen Körpern so beschaffen sein, daß sie mit $\mu(\text{Steinsalz}) < \mu(\text{Quarz})$ und $\mu(\text{Quarz}) < \mu(\text{Diamant})$ auch $\mu(\text{Steinsalz}) < \mu(\text{Diamant})$ ergibt.

Zur Vorbereitung der dritten Forderung sei zunächst erklärt: Als Intervall $I_R$ bezeichnen wir ein beliebiges offenes, abgeschlossenes oder halboffenes Intervall der reellen Zahlen oder den Grenzfall der gesamten Zahlenachse. Kurz: Jede zusammenhängende Teilmenge der Zahlengraden wird Intervall schlechthin genannt.

Dritte Forderung: Jede Merkmalart $\mathfrak{M}$ ist streng monoton abbildbar auf ein Intervall $I_R$.

Mathematisch heißt dies: Es gibt eine Abbildung

$$F : \mathfrak{M} \rightarrow I_R \tag{2.8}$$

der Merkmalmenge $\mathfrak{M}$ auf das Intervall $I_R$ derart, daß gilt:

$$F(\mu_1) < F(\mu_2) \quad \text{falls} \quad \mu_1 < \mu_2. \tag{2.9}$$

Definition: Jede Abbildung (2.8), welche (2.9) erfüllt, nennen wir eine Bewertung von $\mathfrak{M}$.

Die Forderung der Bewertbarkeit von $\mathfrak{M}$ im definierten Sinne scheidet insbesondere jede Merkmalart aus, die einer endlichen oder einer diskreten Zahlenmenge äquivalent ist. So ist nach dieser Forderung die Meßvorschrift der Beaufort-Skala der Merkmalart Windstärke {Windstille, leichter Zug, leichte Brise, schwache Brise,...,Orkan}, deren Elementen in dieser Ordnung die Zahlen 0,1,2,...,12 zugeordnet werden, vermöge Beobachtungen wie "Bewegen von Blättern", "Abheben von Dächern", ausgeschlossen. Ein anderes Beispiel ist die Moroalli Cancani-Sieberg-Skala für die Stärke von Erdbeben. Die Stärken 1 bis ebenfalls 12 werden vor allem durch die Auswirkungen des Bebens auf Menschen und auf Baulichkeiten festgestellt. Eine solche "Meßvorschrift" erfüllt noch die erste und die zweite Forderung (von unvermeidlichen Beobachtungsungenauigkeiten abgesehen), nicht aber unsere dritte Forderung. Sie liefert keine Bewertung im Sinne obiger Definition. Sie wird nach dieser Definition nicht als "physikalische" Meßvorschrift zugelassen.

Jede Bewertung F ist als streng monotone Abbildung auf ein Intervall eine eineindeutige Abbildung. Sie ist nach (2.7) so beschaffen, daß die der Merkmalart innewohnende Ordnung erhalten bleibt in der Ordnung der zugeordneten reellen Zahlen und umgekehrt.

Offenbar ist aber die Forderung nach der Existenz einer Bewertung im definierten Sinne noch so schwach, daß mit dieser Bewertung zugleich eine Fülle weiterer Abbildungen einer Merkmalart in die reellen Zahlen möglich ist, die den Forderungen einer Bewertung genügen. Es gilt:

Satz: Ist $F : \mathfrak{M} \to I_R$ eine Bewertung von $\mathfrak{M}$, und ist $\widetilde{F}$ eine Abbildung von $\mathfrak{M}$ in die reellen Zahlen, so ist $\widetilde{F}$ genau dann auch eine Bewertung von $\mathfrak{M}$, wenn gilt:

$$\widetilde{F}(\mu) = \Phi(F(\mu)) \quad \text{für alle} \quad \mu \in \mathfrak{M}, \tag{2.10}$$

wobei $\Phi$ eine reellwertige stetige, eineindeutige und monoton steigende Funktion auf $I_R$ ist.

Beweis:

1. Es sei $\Phi$ eine Funktion der beschriebenen Art. Es gilt dann zu zeigen, daß mit $F$ auch $\widetilde{F}$ eine Bewertung ist. Wegen ihrer Stetigkeit führt die Funktion $\Phi$ zusammenhängende Mengen in ebensolche Mengen über, insbesondere also Intervalle in Intervalle. $\widetilde{F}$ bildet somit $\mathfrak{M}$ auf ein Intervall $\widetilde{I}_R$ ab. Da ferner $\Phi$ und $F$ streng monoton sind, gilt dies auch für $\widetilde{F}$. Da $\Phi$ monoton steigend ist, wird durch $\widetilde{F}$ wie durch $F$ die Ordnung der Merkmale $\mu$ in der Ordnung der reellen Zahlen wiedergegeben. Also ist $\widetilde{F}$ eine Bewertung.

2. Es sei jetzt $\widetilde{F}$ eine Bewertung, also eine streng monotone Abbildung von $\mathfrak{M}$ auf ein Intervall $\widetilde{I}_R$. Es gilt nun zu zeigen, daß die Funktion[a]

$$\Phi := \widetilde{F} \circ F^{-1}$$

eine Funktion mit den oben beschriebenen Eigenschaften ist. Offenbar ist $\Phi$ eine Abbildung von $I_R$ auf $\widetilde{I}_R$, die streng monoton, also ein-

[a] Ist $f$ eine Funktion auf $M$, $g$ eine Funktion auf $N$, und ist $f(M) \subset N$, so ist $(g \circ f)(x) := g(f(x))$. $g \circ f$ ist eine Funktion auf $M$.

eindeutig ist. Analog ist $\Phi^{-1} = F \circ \widetilde{F}^{-1}$ eine streng monotone Abbildung von $\widetilde{I}_R$ auf $I_R$. Da mit $\mu_1 < \mu_2$ sowohl $F(\mu_1) < F(\mu_2)$ als auch $\widetilde{F}(\mu_1) < \widetilde{F}(\mu_2)$ ist, ist $\Phi$ monoton steigend.

Die Stetigkeitseigenschaft sieht man wie folgt ein. Es sei $y_0 = \Phi(x_0)$ ein innerer Punkt von $\widetilde{I}_R$. Ferner sei $\varepsilon > 0$ so gewählt, daß $y_0 - \varepsilon$ und $y_0 + \varepsilon$ noch zu $\widetilde{I}_R$ gehören, $\varepsilon$ im übrigen aber beliebig ist. Dann ist

$$\Phi^{-1}(y_0 - \varepsilon) < x_0 < \Phi^{-1}(y_0 + \varepsilon).$$

Es gibt somit ein $\delta > 0$ derart, daß

$$\Phi^{-1}(y_0 - \varepsilon) < x_0 - \delta < x_0 < x_0 + \delta < \Phi^{-1}(y_0 + \varepsilon)$$

gilt. Wegen der Monotonie von $\Phi$ werden alle $x$ mit

$$x_0 - \delta < x < x_0 + \delta$$

in das Intervall

$$\{y \in \widetilde{I}_R \mid y_0 - \varepsilon < y < y_0 + \varepsilon\}$$

abgebildet. Also ist $\Phi$ stetig in $x_0$. Ist $y_0 = \Phi(x_0)$ Randpunkt von $\widetilde{I}_R$, so verfährt man analog. Damit ist die Stetigkeit von $\Phi$ bewiesen,

q.e.d.

Bemerkung: Man kann in der Merkmalmenge $\mathfrak{M}$ auf einfache Weise eine Topologie einführen, indem man eine Teilmenge von $\mathfrak{M}$ offen nennt, wenn sie entweder leer oder gleich $\mathfrak{M}$ oder Vereinigung von "Intervallen" $\{\mu \in \mathfrak{M} \mid \mu_1 < \mu < \mu_2\}$ ist. Damit läßt sich dann leicht zeigen, daß jede Bewertung $F$ stetig ist.

Wie der oben bewiesene Satz lehrt, ist unter den drei gestellten Forderungen noch eine sehr große Mannigfaltigkeit von Bewertungen einer Merkmalart möglich. Trotzdem sind weitere Forderungen nicht zu stellen. Von der belassenen Freiheit in der Wahl einer Bewertung bis zur vollständigen Festlegung einer Maßzahlskala für eine Merkmalart sind nur noch Konventionen erforderlich.

Um Mißverständnissen vorzubeugen, sei hier schon bemerkt: Man kann grundsätzlich eine beliebige der möglichen Bewertungen F von 𝔐 wählen und dann durch Anwendung der im nächsten Abschnitt genannten drei metrischen Konventionen eine Maßzahlskala festlegen. Man kann daher auch jederzeit diese Wahl der Bewertung aufgeben, für 𝔐 eine beliebige andere Bewertung $\tilde{F}$ wählen und dann von dieser aus über die drei metrischen Konventionen zu einer neuen Maßzahlskala für 𝔐 gelangen. Entsprechend den schwachen Forderungen an $\Phi$ ist die Mannigfaltigkeit der grundsätzlich möglichen Maßzahlskalen sehr groß.

## 2.3. Die zusätzlichen drei metrischen Konventionen

Durch die drei Forderungen des Abschnitts 2.2. erhielten die bewertbaren Merkmalarten die topologische Struktur eines Intervalls in der Menge der reellen Zahlen. Zu diesen Merkmalarten gehören insbesondere alle physikalischen Größenarten der klassischen Physik.

Im Gegensatz zu den drei Forderungen von 2.2. bewirken die im vorliegenden Abschnitt darzulegenden drei metrischen Konventionen, wie bereits angekündigt, keine weiteren Einschränkungen der zugelassenen Merkmalarten. Jede im Sinne von 2.2. bewertbare Merkmalart ist daher auch meßbar in dem nachfolgend anzugebenden Sinn.

Die drei metrischen Konventionen stellen eine Übereinkunft über Begriff und Ordnung von "Merkmalunterschieden" sowie Übereinkünfte über die Lage des Nullpunkts und des Einheitspunkts der Maßzahlskala dar. Durch diese drei Übereinkünfte wird, von einer möglichen Bewertung der Merkmalart 𝔐 ausgehend, die Maßzahlskala vollständig festgelegt. Dabei wird sich die Konvention über Begriff und Ordnung der Merkmalunterschiede als sehr einschneidend erweisen.

### 2.3.1. Merkmalunterschiede

Man will in der Physik nicht nur physikalische Merkmale sondern auch Merkmalunterschiede vergleichen können. Als Beispiel wählen wir die physikalische Größenart "Lautstärke" und fragen: Ist der Unterschied der Lautstärken des Nebelhorns A und des Mopeds B größer, gleich oder kleiner als der Lautstärkenunterschied der Nähmaschine C und der Armbanduhr D?

Bei dem Vergleich von Temperaturunterschieden wäre eine ähnliche Fragestellung nicht verwirrend. Stillschweigend hätte man zur Antwort die Maßzahlskala etwa der Celsius-Grade oder einer daraus durch lineare Abbildung hervorgehenden Skala (thermodynamische Skala, Réaumur-Skala, Fahrenheit-Skala) zugrundegelegt gedacht. "Temperaturunterschiede", so wird man dann stillschweigend als selbstverständlich verabredet denken, werden gemessen durch gewöhnliche Differenzenbildung der zugeordneten reellen Zahlen. Die Frage, ob ein Temperaturunterschied größer, gleich oder kleiner als ein anderer ist, wird also beantwortet, indem man prüft, ob die eine Zahlendifferenz größer, gleich oder kleiner als die andere ist. Die Antwort fällt in allen oben genannten Temperaturskalen jeweils übereinstimmend aus.

Bei der obigen Frage über den Vergleich von Lautstärkenunterschieden dagegen kommt schneller zum Bewußtsein, daß die Antwort doch offenbar entscheidend von der Wahl der Meßvorschrift und der daraus sich ergebenden Bewertung von Lautstärken abhängt. In der internationalen Literatur gibt es eine ganze Reihe von Maßzahlskalen für die Lautstärke, und sie gehen nicht alle durch lineare Abbildungen auseinander hervor. Beispiele: Dezibel-Skala, Phon-Skala, Schalldruck-Skala. Mißt man dann wieder die "Lautstärkenunterschiede" durch gewöhnliche Differenzenbildung der Lautstärken-Maßzahlen - hierin steckt die erste metrische Konvention - so kann die Antwort auf Grund der einen Meßvorschrift lauten: Der erste Lautstärkenunterschied ist größer als der zweite, nach einer anderen Meßvorschrift aber gerade umgekehrt.

Damit ist angedeutet, worauf die vorliegende Betrachtung zielt. Mit dem Begriff des Merkmals und mit der Ordnung gleichartiger Merkmale einer physikalischen Größenart ist der Begriff "Merkmalunterschied" nicht gegeben. Er kann nur definiert werden durch Bezugnahme auf eine bestimmte Bewertung $F_0(\mu)$ durch reelle Zahlen unter allen möglichen Bewertungen $\Phi(F_0(\mu))$, vgl. 2.2. Erst recht ist mit den Merkmalen (Intensitäten) einer physikalischen Größenart und der ihnen innewohnenden Ordnungsrelation in keiner Weise eine Ordnung von Merkmalunterschieden mitgegeben. Diese wird vielmehr der Menge der Merkmalunterschiede durch eine - auf die zugrundegelegte Zuordnung reeller Zahlen $F_0(\mu)$ bezogene - Konvention aufgeprägt, und diese Ordnung der Merkmalunterschiede wird entscheidend von der Wahl der Bewertung $F_0$ unter allen möglichen Bewertungen abhängen.

Die mathematische Formulierung des angedeuteten Sachverhalts geschieht wie folgt.

$\mathfrak{M}$ sei eine bewertbare Merkmalart. Unter allen damit existierenden Bewertungen wird eine bestimmte Bewertung $F_0$ ausgewählt. Vermöge dieser Abbildung der Merkmalmenge $\mathfrak{M}$ auf ein Intervall $I_R$ reeller Zahlen wird den Merkmalpaaren $(\mu_i, \mu_j)$ aus der Paarmenge $\mathfrak{M} \times \mathfrak{M}$ ein Paar reeller Zahlen $(F_0(\mu_i), F_0(\mu_j))$ zugeordnet. Durch gewöhnliche Differenzenbildung für reelle Zahlen kann man nun eine Abbildung zwischen den Merkmalpaaren und den reellen Zahlen selbst definieren, indem man dem Merkmalpaar $(\mu_i, \mu_j)$ die Zahl

$$x = F_0(\mu_i) - F_0(\mu_j) \tag{2.11}$$

zuordnet.

Diese Abbildung erzeugt innerhalb der Paarmenge $\mathfrak{M} \times \mathfrak{M}$ eine Klasseneinteilung. In eine Klasse - sie werde mit $U_x$ bezeichnet - fallen alle Paare $(\mu_i, \mu_j)$ (etwa Paare von Temperaturen), deren Bild die reelle Zahl $x$ ist:

$$U_x := \{(\mu_i, \mu_j) \mid F_0(\mu_i) - F_0(\mu_j) = x; \mu_i, \mu_j \in \mathfrak{M}\}. \tag{2.12}$$

Aus der strengen Monotonie von $F_0$ folgt, daß $U_x = U_y$ genau dann gilt, wenn $x = y$ ist. Das gibt die Möglichkeit, die Klassen $U_x$ linear zu ordnen.

Die Menge aller nicht leeren Klassen $U_x$ sei

$$U := \{U_x | U_x \neq \emptyset, x \in I_R\}. \tag{2.13}$$

Erste metrische Konvention: "Merkmalunterschiede" bezüglich der Bewertung $F_0(\mu)$ sind alle Klassen $U_x \in U$. Die Menge U der Merkmalunterschiede wird geordnet wie die zugehörigen reellen Zahlen:

$$U_x > U_y \quad \text{genau dann, wenn} \quad x > y,$$

und (2.14)

$$U_x < U_y \quad \text{genau dann, wenn} \quad x < y.$$

Damit ist mathematisch als Konvention formuliert, was als stillschweigendes Vorgehen in der Methodologie des physikalischen Messens darin zum Ausdruck kommt, daß man die Unterschiede gleichartiger physikalischer Größen (etwa Unterschiede von Lautstärken) mißt und ordnet, indem man ihnen nach der zugrunde liegenden Maßzahlskala dieser Größenart die Differenz der zugeordneten Zahlen zuordnet und diese Merkmalunterschiede dann selbstverständlich auch wie diese Zahlendifferenzen ordnet.

Bevor die zwei weiteren (trivialen) metrischen Konventionen formuliert werden, muß man sich nach den Konsequenzen der ersten metrischen Konvention fragen.

Es war eine beliebige Bewertung $F_0$ von $\mathfrak{M}$ unter allen möglichen Bewertungen ausgezeichnet worden. Auf $F_0$ bezogen wurden die Merkmalunterschiede erklärt und linear geordnet.

Liegt somit nun neben der Ordnung der Merkmale (Intensitäten) von $\mathfrak{M}$ - eine Ordnung, die der Menge $\mathfrak{M}$ als einer überhaupt bewertbaren Menge immanent ist und bei allen möglichen Bewertungen F in der Ordnung der zugeordneten reellen Zahlen erhalten bleibt - eine nach Konvention festgelegte Ordnung der Merkmalunterschiede (Intensitätsunterschiede) vor, so muß man sich fragen:

Welche unter allen möglichen Bewertungen F von $\mathfrak{M}$ (Lautstärken) mit reellen Zahlen

$$y = F(\mu) = \Phi(F_0(\mu)) = \Phi(x)$$

($\Phi$ nach 2.2. eine beliebige, stetige, eineindeutige und monoton steigende Funktion) erzeugen dieselbe Ordnung nicht nur der zugeordneten Zahlen, sondern auch der Merkmalunterschiede (Lautstärkenunterschiede) wie $F_0$?

Man will z.B. die Bewertung $F_0$, auf welche die Definition und die Ordnung der Merkmalunterschiede bezogen wurde, zugunsten einer anderen Bewertung $F$ aufgeben, dabei aber die bisher festgelegte Ordnung der Merkmalunterschiede unverändert lassen.

Die Antwort zeigt, wie stark die Bindung der festgelegten Ordnung der Merkmalunterschiede an die gewählte Bewertung $F_0$ ist. Sie lautet:

Satz: Genau diejenigen Bewertungen $F$ der Merkmalart $\mathfrak{M}$ erzeugen dieselbe Ordnung in der Menge $U$ der Merkmalunterschiede wie die Bewertung $F_0$, welche aus $F_0$ durch eine lineare Abbildung

$$F(\mu) \equiv a F_0(\mu) + b \quad \text{für alle} \quad \mu \in \mathfrak{M}$$

mit beliebigen

$$a, b \quad \text{reell}, \quad a > 0$$

hervorgehen.

Beweis: Die Fragestellung ist äquivalent dem Problem, alle auf $I_R$ stetigen, eineindeutigen und monoton steigenden Funktionen $\Phi$ von $x \in I_R$ zu ermitteln, die die Ordnung der Intervallängen von Teilintervallen invariant lassen.

Gegeben seien vier beliebige Zahlen $x_1, x_2, x_3, x_4 \in I_R$. Aus

$$\left.\begin{array}{l} x_2 - x_1 < x_4 - x_3 \text{ soll folgen: } \Phi(x_2) - \Phi(x_1) < \Phi(x_4) - \Phi(x_3) \\ \text{und aus} \\ x_2 - x_1 = x_4 - x_3 \text{ soll folgen: } \Phi(x_2) - \Phi(x_1) = \Phi(x_4) - \Phi(x_3). \end{array}\right\} \quad (2.15)$$

Es genügt im folgenden, wie sich zeigen wird, $x_2 = x_3$ und $x_2 - x_1 = x_4 - x_3$ zu wählen und allein die zweite der Beziehungen (2.15) zu benutzen. Schon damit kann $F = aF_0 + b$ gefolgert werden. Aus der Forderung, daß $\Phi$ monoton steigend ist, folgt dann auch $a > 0$. Mit $\Phi(x) = ax + b$, $a > 0$ sind umgekehrt die beiden Beziehungen (2.15) dann auch trivialerweise für vier beliebige Zahlen $x_1, x_2, x_3, x_4 \in I_R$ erfüllt.

Setzt man $x_2 - x_1 = x_4 - x_3 =: s$, so folgt aus der zweiten Beziehung (2.15)

$$\Phi(x_1 + s) - \Phi(x_1) = \Phi(x_1 + 2s) - \Phi(x_1 + s) \qquad (2.16)$$

oder

$$\Phi(x_1 + s) = \frac{1}{2}\{\Phi(x_1 + 2s) + \Phi(x_1)\}$$

$$\text{für alle} \quad x_1, s \quad \text{mit} \quad x_1, x_1 + 2s \in I_R. \qquad (2.17)$$

$\Phi(x_1 + s)$ ist also das arithmetische Mittel zwischen $\Phi(x_1)$ und $\Phi(x_1 + 2s)$. Somit liegen (vgl. Abb.10) die drei Punkte $(x, \Phi(x))$

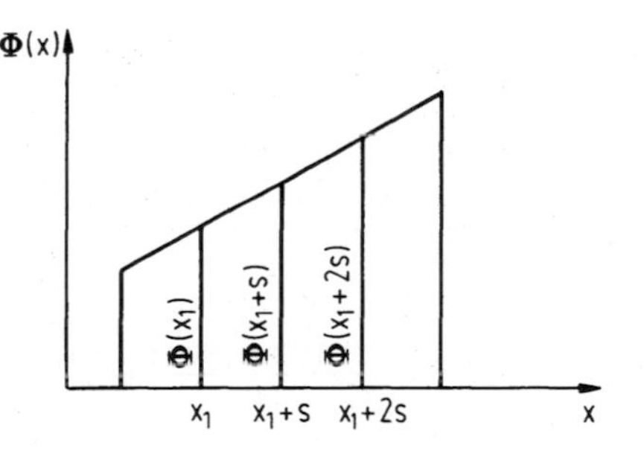


Abb. 10. Linearität von $\Phi$

mit $x = x_1$, $x = x_1 + s$, $x = x_1 + 2s$ auf einer Geraden. Führt man diesen Schluß statt für das Intervall $[x_1, x_1 + 2s]$ für jedes der beiden Teilintervalle $[x_1, x_1 + s]$ und $[x_1 + s, x_1 + 2s]$ durch, dann abermals für die halbierten Intervalle und so fort, so ergibt sich: Alle Punkte $(x_1 + \vartheta s, \Phi(x_1 + \vartheta s))$ mit einer beliebigen Dualzahl

$\vartheta \in [0,2]$ liegen auf einer Geraden $ax + b$. Allein wegen der Stetigkeit von $\Phi$ (oder allein wegen der Monotonie von $\Phi$) folgt hieraus: $\Phi(x) = ax + b$ für $x \in [x_1, x_1 + 2s]$.

Ist $x^* \in I_R$ ein Punkt, der nicht in $[x_1, x_1 + 2s]$ liegt, so wende man dieselbe Schlußweise auf ein Intervall an, das $x_1$, $x_1 + 2s$ und $x^*$ enthält. Auf diesem Intervall stellt $\Phi$ ebenfalls eine Gerade dar. Da dieses Intervall das Intervall $[x_1, x_1 + 2s]$ enthält, gilt $\Phi(x) = ax + b$ für alle $x \in I_R$. q.e.d.

Bemerkung: Man kann das vorliegende Problem leicht auf die Cauchysche Funktionalgleichung

$$\psi(x + s) = \psi(x) + \psi(s)$$

zurückführen. Die stetigen Lösungen sind $\psi(x) = ax$, a beliebig. (Vgl. J. Aczel: Vorlesungen über Funktionalgleichungen und ihre Anwendungen. Basel und Stuttgart: Birkhäuser 1961.)

### 2.3.2. Nullmerkmal und Einheitsmerkmal

Im folgenden sei $F_0$ die für die erste metrische Konvention gewählte Bewertung der Merkmalart $\mathfrak{M}$. Die Gesamtheit aller Bewertungen von $\mathfrak{M}$, welche dieselbe Ordnung der Merkmalunterschiede induzieren wie $F_0$, ist dann $F = aF_0 + b$, $a > 0$ mit sonst beliebigen a, b. Durch zwei weitere Konventionen werden a und b festgelegt.

Zweite metrische Konvention: In der Merkmalart $\mathfrak{M}$ wird ein Merkmal $\mu_0$ dadurch ausgezeichnet, daß ihm die Maßzahl 0 zugeordnet wird:

$$F(\mu_0) = aF_0(\mu_0) + b = 0. \qquad (2.18)$$

Man nennt das Merkmal $\mu_0$ auch "Nullmerkmal" oder "Nullgröße" (der betreffenden physikalischen Größenart $\mathfrak{M}$).

Dritte metrische Konvention: In $\mathfrak{M}$ wird ein Merkmal $\mu_1$ mit $\mu_1 > \mu_0$ dadurch ausgezeichnet, daß ihm die Maßzahl 1 zugeordnet wird:

$$F(\mu_1) = aF_0(\mu_1) + b = 1. \qquad (2.19)$$

Man nennt das Merkmal $\mu_1$ auch "Einheitsmerkmal", "Einheitsgröße" oder kurz die Einheit von $\mathfrak{M}$.

Die Auflösung des Gleichungssystems (2.18), (2.19) liefert

$$\left.\begin{aligned} a &= 1/(F_0(\mu_1) - F_0(\mu_0)) > 0 \\ b &= - F_0(\mu_0)/(F_0(\mu_1) - F_0(\mu_0)) \end{aligned}\right\} . \qquad (2.20)$$

<u>Satz:</u> Unter allen Bewertungen F von $\mathfrak{M}$, welche darin übereinstimmen, daß sie alle die gleiche Ordnung der Merkmalunterschiede induzieren, gibt es genau eine mit $F(\mu_0) = 0$, $F(\mu_1) = 1$, mit vorgeschriebenen $\mu_0, \mu_1 > \mu_0, \mu_0, \mu_1 \in \mathfrak{M}$.

## 2.4. Physikalische Bezeichnungen. Beweis des Bridgmanschen Axioms

Es sei $F : \mathfrak{M} \to I_R$ die unter allen möglichen Bewertungen von $\mathfrak{M}$ ausgewählte und durch die drei metrischen Konventionen eindeutig bestimmte Bewertung der Merkmalmenge $\mathfrak{M}$.

Von nun an verzichten wir auf die Allgemeinheit, in der die Begriffe und Sätze über bewertbare Merkmalmengen bisher in diesem Kapitel entwickelt wurden. Wir beschränken uns fortan auf physikalische Merkmale $\mu$ und Merkmalarten $\mathfrak{M}$. Dazu passen wir unsere Bezeichnungen nunmehr speziell der in der Physik üblichen Terminologie an. Wir nennen

| | |
|---|---|
| $\mathfrak{M}$ | eine physikalische Größenart, |
| $\mu \in \mathfrak{M}$ | eine physikalische Größe (der Art $\mathfrak{M}$), |
| $\mu_1, \mu_2 \in \mathfrak{M}$ | gleichartige physikalische Größen (der Art $\mathfrak{M}$), |
| $x = F(\mu)$ | die Maßzahl (auch der Zahlenwert) der physikalischen Größe $\mu$, |
| $\{x \mid x \in I_R\}$ | die Maßzahlskala der physikalischen Größenart $\mathfrak{M}$, |
| $x = 0\ (= F(\mu_0))$ | den Nullpunkt der ebengenannten Maßzahlskala, |
| $x = 1\ (= F(\mu_1))$ | den Einheitspunkt dieser Maßzahlskala, |

$\mu_0 = F^{-1}(0)$ die Nullgröße der physikalischen Größenart $\mathfrak{M}$,

$\mu_1 = F^{-1}(1)$ die Einheitsgröße oder kurz: Einheit der physikalischen Größenart $\mathfrak{M}$,

$\mu = F^{-1}(x)$ die physikalische Größe aus $\mathfrak{M}$ mit der Maßzahl $x$.

Von der gewählten speziellen Bewertung F der physikalischen Größenart $\mathfrak{M}$ ausgehend sind alle jene Bewertungen von $\mathfrak{M}$, welche dieselbe Ordnung der Größenunterschiede (bisher: "Merkmalunterschiede") wie F induzieren, gegeben durch $\widetilde{F}(\mu) = aF(\mu) + b$ mit $a > 0$, ansonsten a, b beliebige reelle Zahlen.

Wir sprechen von einer Einheitenänderung in der physikalischen Größenart $\mathfrak{M}$, wenn unter Beibehaltung der Ordnung der Größenunterschiede ($\widetilde{F}(\mu) = aF(\mu) + b$) und unter Beibehaltung der Nullgröße $\mu_0 \in \mathfrak{M}$ ($F(\mu_0) = 0$, $\widetilde{F}(\mu_0) = 0$, also $b = 0$) anstelle der Einheitsgröße $\mu_1$ ($\mu_1 > \mu_0$) eine andere Größe $\widetilde{\mu} \in \mathfrak{M}$ (auch $\widetilde{\mu}_1 > \mu_0$) als neue Einheitsgröße gewählt wird. Die Einheitenänderung liefert als Abbildung der zugehörigen Maßzahlen x auf neue Maßzahlen $\widetilde{x}$:

$$\widetilde{x} = ax \quad \text{mit festem} \quad a > 0. \tag{2.21}$$

Die alte Maßzahl der neuen Einheitsgröße ist $F(\widetilde{\mu}_1) = 1/a$ wegen $\widetilde{F}(\widetilde{\mu}_1) = 1$. Für die Einheitsgrößen selbst führt das zu der folgenden Sprechweise.

<u>Definition:</u> Wir nennen bei dem soeben beschriebenen Vorgang der Einheitenänderung in der physikalischen Größenart $\mathfrak{M}$ die neue Einheitsgröße $\widetilde{\mu}_1$ das 1/a-fache der alten Einheitsgröße $\mu_1$. (Beispiel: Eine Sekunde $\widetilde{\mu}_1$ der physikalischen Größenart Zeit nennen wir das 1/60-fache einer Minute $\mu_1$, weil für die zugehörigen Maßzahlen $\widetilde{x} = 60\,x$ gilt.)

Um nun auf das Axiom von Bridgman zurückzukommen, betrachten wir zwei beliebige gleichartige physikalische Größen $\mu_a$ und $\mu_b$, $\mu_a, \mu_b \in \mathfrak{M}$. Es sei $\mu_b \neq$ Nullgröße. Die zugehörigen Maßzahlen vor der Einheitenänderung sind $x_a = F(\mu_a)$, $x_b = F(\mu_b)$ und wegen (2.21) nach der Einheitenänderung $\widetilde{x}_a = ax_a$, $\widetilde{x}_b = ax_b$, $a > 0$. Somit gilt:

$$x_a/x_b = \widetilde{x}_a/\widetilde{x}_b.$$

Satz: Das Verhältnis der Maßzahlen zweier gleichartiger physikalischer Größen ist invariant gegenüber Einheitenänderungen.

Damit ist die Aussage des Bridgmanschen Axioms bewiesen und somit die in Abschnitt 2.1. gestellte Aufgabe gelöst.

Die Terminologie der Physik macht eine weitere Sprachregelung erforderlich. Die Umkehrfunktion $F^{-1}$ ist die Abbildung der Maßzahlen $x \in I_R$ auf die physikalischen Größen $\mu \in \mathfrak{M}$, es ist also $\mu = F^{-1}(x)$ die Größe, deren Maßzahl $x$ ist.

Definition: Ist $F(\mu_1) = 1$, $F(\mu) = x$, $\mu_1, \mu \in \mathfrak{M}$, so nennt man die physikalische Größe $\mu$ das x-fache der Einheitsgröße $\mu_1$ dieser Größenart.

Beispiel: $\mathfrak{M}$ = Größenart elektrische Spannung, Einheitsgröße $\mu_1$ ein Volt. Ist die einer Spannung $\mu$ zugeordnete Maßzahl $x = 3$, so sagt man $\mu$ sei das 3-fache von einem Volt und schreibt dafür auch $\mu = 3\mu_1$ oder

$$\mu = 3 \text{ Volt}.$$

3 Volt, allgemein $x\mu_1$, ist der sogenannte "Größenwert" der Größe $\mu$. Das ist eine naheliegende und die in der Physik geübte Sprechweise, die sich daraus ergibt, daß die Maßzahl $x$ der Größe $\mu$ das 3-fache der Maßzahl 1 der Einheitsgröße $\mu_1$ ist.

Will man jedoch mehr als diese sinnvolle Sprechweise, die einen Sachverhalt, der für die Maßzahlen gilt, auch für die realen physikalischen Größen ("Intensitäten", "Stärken", "Grade", ...) verwendet, will man "physikalische Merkmale mit reellen Zahlen multiplizieren", so ist die Begründung einer eigenen Algebra für die physikalischen Größen $\mu = F^{-1}(x)$ erforderlich. Eine solche "Größenalgebra" ist für den Gegenstand dieses Buches entbehrlich, für den es allein auf die Bewertung physikalischer Größenarten und auf das Verhalten der zugeordneten Maßzahlen bei Einheitenänderungen ankommt.

Die (fast ausschließlich von einem kleinen Kreis deutscher Wissenschaftler energisch geförderte) Begründung einer "Größenalgebra" ist an sich durchaus erwünscht. Allein schon die sehr wesentlich in die Physik der höheren und Hochschulen eingedrungene Klärung der Begriffe, die von diesen Bestrebungen erwirkt worden ist, rechtfertigt ihre Bemühungen. Ein voller Erfolg steht noch aus. Einen bedeutsamen Beitrag hat W. Quade geliefert (W. Quade, "Über die algebraische Struktur des Größenkalküls der Physik", Abh. d. Braunschweigischen Wiss. Ges., Bd. XIII, 24-65 (1961); H.W. Alten u. W. Quade, "Analysis im Größenkalkül der Physik", Abh. d. Braunschweigischen Wiss. Ges., Bd. XXIII, 311-341 (1971/72). Auch auf die dort zitierten Arbeiten von R. Fleischmann sei hingewiesen. Mathematisch ist die Theorie Quades befriedigend, aber physikalisch ist sie das nicht. Sie führt zur Konsequenz, daß die Dimensionsformeln physikalischer Größen Potenzprodukte mit ganzzahligen Exponenten sein müssen. (Die elektrische Ladung, die im elektrostatischen Maßsystem die Dimensionsformel $M^{1/2}L^{3/2}T^{-1}$ hat - um nur ein Beispiel zu nennen - , wäre somit keine zulässige physikalische Größe.)

Zu nennen wären viele weitere Beiträge, so von L. Kienle: Grundlegung des Größenkalküls. Physikunterricht 2, 62-82 (1968) und H. Griesel: Algebra und Analysis der Größensysteme. Math.-Phys. Semesterberichte XVI, 56-93 u. 189-224. Verwiesen sei schließlich auf H. Whitney: The Mathematics of Physical Quantities. Amer. Math. Monthly 75, 115-138 u. 227-256 (1968).

Für die Zwecke der Dimensionsanalyse benötigt man zwei Angaben über eine physikalische Größe $\mu$:

$x$ ihre Maßzahl in dem zugrundegelegten Maßsystem,

$[x]$ die Dimensionsformel der Größe, deren Maßzahl $x$ ist, in dem zugrundeliegenden Grundgrößensystem.

Da eine Größenalgebra für die Theorie der physikalischen Dimensionen entbehrlich ist, schließen wir uns der Auffassung von H. Diesselhorst an: "Die physikalischen Formeln drücken ... Beziehungen zwischen Größen aus und stellen Gleichungen zwischen Maßzahlen dar." (H. Diesselhorst in "Starkstromtechnik, Taschenbuch für Elektrotechniker", Bd. 1, 7. Aufl., S. 59. Berlin: Ernst u. Sohn 1930.) Das wird noch zu präzisieren sein (Begriff der Dimensionshomogenität).

# 3. Dimensionsformeln, dimensionshomogene Funktionen und Gleichungen

## 3.1. Dimensionsformeln

### 3.1.1. Grundgrößenarten, Grundgrößensysteme

Für die physikalischen Größen $\mu$ einer physikalischen Größenart $\mathfrak{M}$ sei eine Meßvorschrift gegeben, die es erlaubt, die Maßzahlbewertung F durch Vergleich mit einem Prototyp $\mu_s$ ("Grundmaß", "standard", "étalon") zu ermitteln. Es kann ein realer Träger dieses Prototypmerkmals $\mu_s$ für den vorgeschriebenen Vergleich deponiert werden (das "Urmeter" in Paris etwa) oder es kann definiert werden, wie man bei Bedarf diesen Prototyp jeweils realisieren kann. Eine physikalische Größenart $\mathfrak{M}$, deren Maßzahlbewertung F durch realen Vergleich mit einem Prototyp dieser Größenart festgelegt wird, nennt man bekanntlich eine G r u n d g r ö ß e n a r t (auch B a s i s g r ö ß e n a r t), und die Größen dieser Art nennt man entsprechend G r u n d g r ö ß e n (B a s i s g r ö ß e n).

Die durch die Bewertung F gelieferten Maßzahlen der Grundgrößen werden im folgenden mit großen lateinischen Buchstaben bezeichnet. (In den Anwendungen wird es sich nicht vermeiden lassen, auch andere Maßzahlen dem Brauche folgend gelegentlich mit großen, Maßzahlen von Grundgrößen gelegentlich mit kleinen Buchstaben zu bezeichnen.)

Die Einheitsgröße $\mu_1$ einer Grundgrößenart unter ihrer Bewertung F nennt man eine "G r u n d e i n h e i t" ("B a s i s e i n h e i t").

Es seien $\mathfrak{M}_1, \ldots, \mathfrak{M}_m$ m verschiedene Grundgrößenarten, ihre Bewertungen $F_1, \ldots, F_m$. In der Mechanik etwa verwendet die Physik die drei Grundgrößenarten $\mathfrak{M}_1$ = Masse, $\mathfrak{M}_2$ = Länge, $\mathfrak{M}_3$ = Zeit, wobei heute im Meßwesen den Grundeinheiten $F_1^{-1}(1)$ = kg (Kilogramm), $F_2^{-1}(1)$ = m (Meter), $F_3^{-1}(1)$ = s (Sekunde) der Vorzug gegeben wird.

Definition: Die Menge

$$\{(\mathfrak{M}_1, F_1^{-1}(1)), \ldots, (\mathfrak{M}_m, F_m^{-1}(1))\} \tag{3.1}$$

nennt man das auf diese Grundgrößenarten und ihren Grundeinheiten basierende Maßsystem.

Im Beispiel des physikalischen Maßsystems der Mechanik haben wir

$$\{(\text{Masse}, \text{kg}), (\text{Länge}, \text{m}), (\text{Zeit}, \text{s})\}.$$

Definition: Wird bei einem Maßsystem die spezielle Wahl der Grundeinheiten, da ohne Interesse, nicht näher angegeben, da nur die Grundgrößenarten wesentlich sind, so sprechen wir von einem Grundgrößensystem.

Gedacht ist dabei, daß zwar die Grundeinheiten irgendwie festgelegt sind - also ein Maßsystem vorliegt - , daß diese Grundeinheiten aber unwesentlich und daher nicht explizit genannt sind. Nicht die speziellen Grundeinheiten, sondern die Änderung der irgendwie gewählt gedachten Einheiten durch Übergang zu neuen Einheiten führt zu den Schlußweisen der Methoden der Dimensionsanalyse, wie schon im propädeutischen Kapitel 1 demonstriert wurde.

Es seien $M_i$ $(i = 1,\ldots,m)$ die Maßzahlen von je einer beliebigen Grundgröße aus den $m$ zugrundegelegten Grundgrößenarten ($M_i = F_i(\mu)$ und $\mu \in \mathfrak{M}_i$) bei irgendwie festgelegt gedachten Grundeinheiten.

Definition: Das Grundgrößensystem bezeichnen wir mit dem Symbol

$$\{M_1, \ldots, M_m\}. \tag{3.2}$$

Wir sprechen auch von einem "$\{M_1, \ldots, M_m\}$-System".

Sind z.B. $M, L, T$ Maßzahlen von beliebigen Grundgrößen der Arten Masse, Länge, Zeit, so kennzeichnen wir das physikalische Grundgrößensystem der Mechanik mit $\{M, L, T\}$ und sprechen auch vom $\{M, L, T\}$-System.

### 3.1.2. Abgeleitete Größenarten

Die Geschwindigkeit eines geradlinig-gleichförmig bewegten Massenpunktes wird bei Zugrundelegung eines $\{M, L, T\}$-Systems ermittelt, indem man die Zeitspanne $T$ s (s = Grundeinheit der Zeit = Sekunde) mißt, die der Massenpunkt zum Durchlaufen des Weges $L$ m (m = Grundeinheit der Länge = Meter) benötigt. Man definiert die Geschwindigkeit (physikalische Größenart) dann durch die definierende Rechenvorschrift für die Zuordnung der Maßzahlen $v$ zu den Größen der Größenart Geschwindigkeit:

$$v := L/T. \tag{3.3}$$

Diese definierende Rechenvorschrift soll gelten unabhängig von der Wahl der Grundeinheiten des $\{M, L, T\}$-Systems (wobei entsprechend die Maßzahlen $v$ der Geschwindigkeit sich ändern, wenn die Grundeinheit der Länge oder der Zeit geändert wird).

Es ist also eine definierende Rechenvorschrift gegeben, welche erlaubt, aus beobachteten Maßzahlen von Grundgrößen des zugrundegelegten $\{M, L, T\}$-Systems die Maßzahl der Geschwindigkeit zu berechnen.

Allgemein spricht man bekanntlich von einer *primären abgeleiteten Größenart*, wenn für diese physikalische Größenart eine definierende Rechenvorschrift vorliegt, welche erlaubt, die Maßzahlen der Größen dieser Art aus beobachteten Maßzahlen von Grundgrößen zu berechnen. Diese definierende Rechenvorschrift soll bei jeder Wahl der Grundeinheiten gelten.

Eine *abgeleitete Größenart* schlechthin ist eine physikalische Größenart, deren Maßzahlen vermöge einer (für alle Wahlen der Grundeinheiten geltenden) definierenden Rechenvorschrift aus den Maßzahlen von Grundgrößen und/oder aus den Maßzahlen von anderen bereits definierten abgeleiteten Größen (und somit letztlich wieder aus den Maßzahlen von primären abgeleiteten Größen und damit aus den Maßzahlen von Grundgrößen) berechnet werden. (Beispiel: Größenart Kraft im $\{M, L, T\}$-System, deren Maßzahlen als Produkt einer Maßzahl einer

Größe der Grundgrößenart Masse und der Maßzahl einer Größe der primären abgeleiteten Größenart Beschleunigung berechnet werden.)

Ist das zugrundegelegte $\{M, L, T\}$-System speziell das Maßsystem mit den Grundeinheiten g = Gramm, cm = Zentimeter, s = Sekunde, und geht man dann zu den neuen Grundeinheiten m = Meter und h = Stunde über, so gilt, wenn $L$ cm = $\bar{L}$ m und $T$s = $\bar{T}$ h ist,

$$\bar{L} = L/100, \quad \bar{T} = T/3600.$$

Die Maßzahl der Geschwindigkeit eines Massenpunkts nach der definierenden Rechenvorschrift (3.3), die für jede Wahl der Grundeinheiten definitionsgemäß gelten soll, ist in den neuen Einheiten

$$\bar{v} = \bar{L}/\bar{T}, \tag{3.4}$$

somit $\bar{v} = a\,v$ mit dem Umrechnungsfaktor $a = 36$. Die neue Einheit der abgeleiteten Größenart Geschwindigkeit ist also (in der von uns in 2.4. vereinbarten Sprechweise) das 1/36-fache der alten Einheit.

Die Forderung der Gültigkeit der eine abgeleitete Größenart definierenden Rechenvorschrift für alle Wahlen der Grundeinheiten (d.h. der Invarianz der definierenden Rechenvorschrift gegenüber Änderungen der Einheiten der Grundgrößen) ist sehr weittragend. (Sie wird später durch den Begriff der "Dimensionshomogenität" präzisiert werden.)

Da nach Wahl der Grundgrößenarten $\mathfrak{M}_1, \ldots, \mathfrak{M}_m$ des zugrundezulegenden Grundgrößensystems die Definitionen der abgeleiteten Größenarten in einem systematischen Aufbau nacheinander erfolgen, sind letztlich (durch Substitution vorangegangener Definitionen) die Maßzahlen aller abgeleiteten Größen auf die Maßzahlen von Grundgrößen zurückführbar und aus solchen zu berechnen. Es genügt daher im folgenden, sich mit definierenden Rechenvorschriften für "primäre" abgeleitete Größen zu befassen.

Die definierende Rechenvorschrift für die Maßzahlen $x$ der Größen einer primären abgeleiteten Größenart in einem Grundgrößensystem

$\{M_1,\ldots,M_m\}$ ist eine Gleichung

$$x := f(M_1,\ldots,M_m), \tag{3.5}$$

wo f eine reellwertige Funktion der reellen Zahlen $M_1,\ldots,M_m$ ist, welche definierend vorschreibt, wie man aus beobachteten Maßzahlen $M_1,\ldots,M_m$ von Grundgrößen die Maßzahlen x der abgeleiteten Größen (bei den jeweils zugrundegelegten Grundeinheiten eines Maßsystems) berechnet. Zur Definition gehört, daß (3.5) gelten soll, wie auch die Grundeinheiten gewählt werden.

### 3.1.3. Änderung der Grundeinheiten

Wählt man anstelle der bisherigen Einheit der Grundgrößenart $\mathfrak{M}_k$ $(k = 1,\ldots,m)$ die $1/\alpha_k$-fache Einheit $(\alpha_k > 0)$ als neue Einheit (in der in 2.4. vereinbarten Sprechweise), so gehen die bisherigen Maßzahlen $M_k$ der k-ten Grundgrößenart über in die neuen Maßzahlen

$$\overline{M}_k = \alpha_k M_k \qquad (k = 1,\ldots,m).$$

Die neue Maßzahl $\bar{x}$ der durch (3.5) definierten abgeleiteten Größenart ist dann

$$\bar{x} = f(\overline{M}_1,\ldots,\overline{M}_m).$$

Die neue Einheit der abgeleiteten Größenart muß dabei (vgl. (2.21)) so beschaffen sein, daß sich alle neuen Maßzahlen $\bar{x}$ vermöge eines Umrechnungsgesetzes der Gestalt

$$\bar{x} = a\,x \quad \text{mit einem festen} \quad a > 0$$

aus den alten Maßzahlen ergeben. (Die neue Einheit ist dann das 1/a-fache der alten Einheit.) Daraus - und damit als Konsequenz der geforderten Einheiteninvarianz der definierenden Rechenvorschrift (3.5) - ergibt sich die folgende Forderung an definierende Funktionen f für abgeleitete physikalische Größen:

Zu jedem reellen m-tupel $(\alpha_1, \ldots, \alpha_m)$, $\alpha_k > 0$ $(k = 1, \ldots, m)$ muß eine reelle Zahl $a > 0$ existieren derart, daß

$$af(M_1, \ldots, M_m) = f(\alpha_1 M_1, \ldots, \alpha_m M_m) \tag{3.6}$$

gilt, sofern $\alpha_k M_k \in F_k(\mathfrak{M}_k)$, $k = 1, \ldots, m$.

Die Abhängigkeit der Zahl $a$ von den $\alpha_k$ (d.h. die Abhängigkeit der Wahl der neuen Einheit der abgeleiteten Größenart von der Wahl der neuen Einheiten der Grundgrößenarten) ergibt sich, wenn man in (3.6) speziell $M_1 = M_2 = \ldots = M_m = 1$ setzt:

$$a = f(\alpha_1, \ldots, \alpha_m)/f(1, \ldots, 1). \tag{3.7}$$

Die Forderung (3.6) kann man nun auch in die Form kleiden, daß

$$f(1, \ldots, 1)\, f(\alpha_1 M_1, \ldots, \alpha_m M_m) = f(\alpha_1, \ldots, \alpha_m)\, f(M_1, \ldots, M_m) \tag{3.8}$$

$$\text{für alle} \quad \alpha_k > 0, \quad k = 1, \ldots, m$$

gelten muß.

Nebenbei die (für uns freilich nicht wesentliche)

Definition: Man nennt die Einheit der abgeleiteten Größenart "auf die Einheiten der Grundgrößenarten abgestimmt", wenn in der definierenden Rechenvorschrift (3.5) aus $M_1 = M_2 = \ldots = M_m = 1$ die Maßzahl $x = 1$ für die zugehörige abgeleitete Größe resultiert, d.h. wenn

$$f(1, \ldots, 1) = 1$$

ist. (Man spricht auch von "kohärenten" Einheiten.)

Die Eigenschaft der Einheit einer abgeleiteten Größenart, auf die Einheiten der Grundgrößenarten abgestimmt zu sein, ist invariant gegenüber Einheitenänderungen der Grundgrößenarten, denn war

$$x = f(M_1, \ldots, M_m) = 1 \quad \text{für} \quad M_1 = M_2 = \ldots = M_m = 1,$$

so ist trivialerweise

$$\overline{x} = f(\overline{M}_1, \ldots, \overline{M}_m) = 1 \quad \text{für} \quad \overline{M}_1 = \overline{M}_2 = \ldots = \overline{M}_m = 1.$$

Ist die definierende Rechenvorschrift (3.5) so beschaffen, daß die Einheit der abgeleiteten Größenart nicht auf die Einheiten der Grundgrößenarten abgestimmt ist ($f(1, \ldots, 1) \neq 1$), so kann man die Abstimmung stets durch Übergang zu der neuen definierenden Rechenvorschrift

$$x := g(M_1, \ldots, M_m) \text{ mit } g(M_1, \ldots, M_m) := \frac{f(M_1, \ldots, M_m)}{f(1, \ldots, 1)}$$

erreichen, denn es ist $g(1, \ldots, 1) = 1$.

### 3.1.4. Gestalt der eine abgeleitete Größenart definierenden Funktion

Was zunächst den Definitionsbereich der Funktion f betrifft, so wird es nötig sein, bei der Herleitung der allgemeinen Gestalt dieser Funktion vorsichtshalber die Werte $M_k = 0$ ihrer Argumente auszuschließen: $M_k \neq 0$, $k = 1, \ldots, m$. (Beispiel: $v = L/T$, $T \neq 0$.)

Wie aus allen Beispielen des propädeutischen ersten Kapitels ersichtlich wird, werden bei Anwendung der Methode der Dimensionsanalyse "charakteristische Maßzahlen" der physikalischen Größen des Problems benutzt, das sind stets positive Maßzahlen. Für die praktischen Anwendungen (in Dimensionsanalyse und Modellphysik) bedeutet es daher keinerlei Einschränkung, sich auf $M_k > 0$, $k = 1, \ldots, m$ zu beschränken. Da dies die nachfolgenden Herleitungen wesentlich vereinfacht, soll hier vereinbart werden:

Im weiteren soll stets

$$M_k > 0 \quad \text{für alle} \quad k = 1, \ldots, m$$

vorausgesetzt werden, wenn nicht ausdrücklich etwas anderes gesagt wird.

Zwar kann man der Allgemeinheit zuliebe die Maßzahlen $M_k > 0$ auf Intervallen $I_k \subseteq \mathbb{R}$ variabel gegeben denken, da jedoch mit $f(M_1, \ldots, M_m)$ wegen der Zulässigkeit beliebiger Einheitenveränderungen der Grundgrößen auch $f(\alpha_1 M_1, \ldots, \alpha_m M_m)$ für alle $\alpha_k > 0$, $k = 1, \ldots, m$, definiert sein muß, wird der Definitionsbereich von f in der Regel der gesamte

$$R_m^+ := \{(M_1, \ldots, M_m) \mid M_k > 0 \text{ beliebig}\} \tag{3.9}$$

sein. (Vgl. jedoch (3.28) weiter unten.)

Die definierende reellwertige Funktion f einer abgeleiteten physikalischen Größe kann aus physikalischen Gründen unbedenklich als stetig in ihrem Definitionsbereich vorausgesetzt werden. Statt dessen würde es für das Folgende auch genügen, sie als monoton abhängig von jedem ihrer Argumente vorauszusetzen. (Das bedeutet physikalisch: Zu zwei verschiedenen Werten der k-ten Maßzahl $M_k$ bei festgehaltenen übrigen Argumenten sind auch die zugehörigen Maßzahlen x der abgeleiteten Größe stets verschieden.) Im folgenden sei entweder die Stetigkeit oder die Monotonie von f für alle $(M_1, \ldots, M_m) \in R_m^+$ vorausgesetzt. An der entscheidenden Stelle der nachfolgenden Beweisführung dieses Abschnitts, wo allein die eine oder die andere dieser Voraussetzungen als äquivalent herangezogen wird, soll jedoch darauf hingewiesen werden, daß man mit einer noch wesentlich schwächeren Voraussetzung auskommen könnte. Uns auf diese bei der Beweisführung zurückzuziehen, erscheint jedoch physikalisch nicht gerechtfertigt.

Eine definierende Funktion f einer abgeleiteten physikalischen Größenart muß, wie oben gezeigt wurde, die Eigenschaft (3.6) mit (3.7) besitzen, wobei jetzt präzisiert werden kann: für alle $(\alpha_1, \ldots, \alpha_m) \in R_m^+$ und alle $(M_1, \ldots, M_m) \in R_m^+$. Die zu fordernde Existenz eines Umrechnungsfaktors $a > 0$ impliziert somit

$$f(1, \ldots, 1) \neq 0$$

und

$$\operatorname{sgn} f(\alpha_1, \ldots, \alpha_m) = \operatorname{sgn} f(1, \ldots, 1)$$

$$\text{für alle} \quad (\alpha_1, \ldots, \alpha_m) \in R_m^+.$$

Bei "abgestimmten Einheiten" ist $f(1,\dots,1) = 1$, also positiv, allgemeiner: Die Einheit der abgeleiteten Größenart hat die positive Maßzahl 1. Es gilt also, wenn wir jetzt $(\alpha_1,\dots,\alpha_m)$ durch $(M_1,\dots,M_m)$ ersetzen,

$$x := f(M_1,\dots,M_m) > 0 \qquad (3.10)$$

$$\text{für alle } (M_1,\dots,M_m) \in R_m^+ .$$

Daß die Eigenschaft (3.6) der definierenden Funktion f einer abgeleiteten Größenart sehr einschränkend ist, soll nun gezeigt werden. Wir beweisen den für die Theorie der physikalischen Dimensionen fundamentalen

Satz: Für die in ihrem Definitionsbereich $R_m^+$ stetige (oder monotone) Funktion f gilt wegen (3.6):

$$f(M_1,M_2,\dots,M_m) = M_1^{a_1} \cdot M_2^{a_2} \cdot \dots \cdot M_m^{a_m} f(1,1,\dots,1) \qquad (3.11)$$

$$\text{für alle } (M_1,\dots,M_m) \in R_m^+ ,$$

wo $a_1, a_2,\dots,a_m$ feste reelle Zahlen sind.

Beweis: Der Beweis soll durch Zurückführung auf die bereits an einer früheren, ebenso entscheidenden Stelle behandelte Funktionalgleichung (2.16) erfolgen.

In $f(\alpha_1 M_1,\dots,\alpha_m M_m)$ setzen wir speziell $\alpha_2 = \alpha_3 = \dots = \alpha_m = 1$, während $\alpha_1 > 0$ beliebig bleiben soll. Wir schreiben bei fest gedachten $M_2, M_3,\dots,M_m$

$$F(\alpha_1 M_1) := f(\alpha_1 M_1, M_2,\dots,M_m). \qquad (3.12)$$

$M_1^{(1)}$ und $M_1^{(2)}$ seien zwei verschiedene Werte der variablen Maßzahl $M_1 > 0$. Aus den Maßzahlen der zugehörigen abgleiteten Größen

$$x_1 := F\left(M_1^{(1)}\right)$$

$$x_2 := F\left(M_1^{(2)}\right)$$

ergeben sich nach Übergang zu der $1/\alpha_1$-fachen Einheit der ersten Grundgröße die neuen Maßzahlen

$$\bar{x}_1 = F\left(\alpha_1 M_1^{(1)}\right)$$
$$\bar{x}_2 = F\left(\alpha_1 M_1^{(2)}\right).$$

Die zu fordernde Eigenschaft (3.6) von f kleiden wir in die äquivalente Gestalt der Bridgmanschen Forderung

$$\frac{\bar{x}_1}{\bar{x}_2} = \frac{x_1}{x_2} \quad \text{oder} \quad \frac{F\left(\alpha_1 M_1^{(1)}\right)}{F\left(\alpha_1 M_1^{(2)}\right)} = \frac{F\left(M_1^{(1)}\right)}{F\left(M_1^{(2)}\right)} . \tag{3.13}$$

Durch Übergang zu den folgenden reellwertigen Logarithmen:

$$u_1 := \log M_1^{(1)}, \quad u_2 := \log M_1^{(2)}, \quad s := \log \alpha_1$$

und

$$\Phi(u_1) := \log F\left(M_1^{(1)}\right), \quad \Phi(u_2) := \log F\left(M_1^{(2)}\right)$$

geht (3.13) über in die folgende Funktionalgleichung für die Funktion $\Phi$:

$$\Phi(u_1 + s) - \Phi(u_2 + s) = \Phi(u_1) - \Phi(u_2) \tag{3.14}$$

für alle reellen $u_1, u_2, s$.

Diese Funktionalgleichung (3.14) stimmt aber mit (2.16) überein (bei der wir uns ohne Einschränkung auf $u_2 = u_1 + s$ beschränkten).

Wegen der Stetigkeit (oder Monotonie) von f als Funktion von $M_1$ bei festen $M_2, \ldots, M_m$ ($M_k > 0$, $k = 1, \ldots, m$) und also der gleichen Eigenschaft von $\Phi$ als Funktion ihrer einen Variablen folgt wie bei der Behandlung von (2.16):

$$\Phi(u) = a_1 u + b_1 \quad \text{mit reellen } a_1,\ b_1, \tag{3.15}$$

d.h. $\Phi$ muß eine lineare Funktion ihres Arguments sein.

Hier sei nun, wie oben angekündigt, bemerkt: An dieser entscheidenden Stelle allein wird die Stetigkeits- bzw. Monotonieeigenschaft von f in Anspruch genommen. Man käme (umständlicher) aber auch mit der Voraussetzung aus, daß f in einer hinreichend kleinen Umgebung eines jeden Punktes aus $R_m^+$ beschränkt ist. (Unter Aussparung eines beliebig kleinen Wertebereichs um den Nullwert von $f: f(M_1, \ldots, M_m) \geq \varepsilon > 0$ ist dann auch $\Phi$ im gleichen Sinne beschränkt.) Man kann dann zeigen: Außer (3.15) gibt es keine Lösung der Funktionalgleichung (3.14), die in irgendeinem Intervall beschränkt ist.

Somit ist für alle $M_1 > 0$ bei festen positiven $M_2, \ldots, M_m$

$$\log f(M_1, M_2, \ldots, M_m) = a_1 \log M_1 + b_1.$$

Wegen

$$b_1 = \log f(1, M_2, \ldots, M_m)$$

ist also

$$f(M_1, M_2, \ldots, M_m) = M_1^{a_1} f(1, M_2, \ldots, M_m)$$

für alle $M_1 > 0$ bei beliebigen festen $M_2, \ldots, M_m > 0$.

Da die Auszeichnung der Maßzahl $M_1$ der ersten Grundgröße nur eine Angelegenheit der Numerierung ist, kann auch geschrieben werden:

$$f(M_1, \ldots, M_m) = M_k^{a_k} f(M_1, \ldots, M_{k-1}, 1, M_{k+1}, \ldots, M_m) \tag{3.16}$$

$$\text{für jedes } k = 1, 2, \ldots, m, \quad (M_1, \ldots, M_m) \in R_m^+.$$

Um nun die Behauptung (3.11) zu beweisen, stellen wir fest: Die weitergehende Behauptung

$$f(M_1, \ldots, M_m) = M_1^{a_1} \cdot \ldots \cdot M_k^{a_k} f(1, \ldots, 1, M_{k+1}, \ldots, M_m) \tag{3.17}$$

gilt für $k = 1$. Unter der Annahme, daß

$$f(M_1,\ldots,M_m) = M_1^{a_1} \cdot \ldots \cdot M_{k-1}^{a_{k-1}} f(1,\ldots,1,M_k,\ldots,M_m) \tag{3.18}$$

gilt, folgt durch Gleichsetzung der rechten Seiten von (3.16) und (3.18)

$$M_k^{a_k} f(1,\ldots,1,1,M_{k+1},\ldots,M_m)$$
$$= f(1,\ldots,1,M_k,M_{k+1},\ldots,M_m).$$

Setzt man dies in (3.18) ein, so ist (3.17) durch vollständige Induktion bewiesen. Mit $k = m$ ist dann auch die Behauptung (3.11) bewiesen, wobei die rechte Seite die vorausgesetzte Stetigkeit bzw. Monotonieeigenschaft besitzt. q.e.d.

Somit sind die Maßzahlen einer abgeleiteten Größenart in einem Grundgrößensystem $\{M_1,\ldots,M_m\}$ stets bis auf einen Zahlenfaktor (durch dessen Festlegung die Einheit der abgeleiteten Größenart festgelegt wird) darstellbar als Produkt von Potenzen der Maßzahlen der Grundgrößen. (Das heißt nicht, daß die definierende Funktion f immer unmittelbar in dieser Form gegeben sein muß.)

Die definierende Funktion f ist eine eindeutige Zuordnung von Maßzahlen x der abgeleiteten Größenart zu jedem m-Tupel $(M_1,\ldots,M_m) \in R_m^+$. Mit der definierenden Funktion f sind somit die Exponenten $a_1,\ldots,a_m$ eindeutig festgelegt.

### 3.1.5. Definition der Dimensionsformeln

Ändert man die Einheiten der Grundgrößenarten, indem man bei der k-ten Grundgrößenart von der ursprünglichen Einheit zur $1/\alpha_k$-fachen Einheit übergeht, $k = 1,\ldots,m$, so berechnet sich die neue Maßzahl $\bar{x} = f(\alpha_1 M_1,\ldots,\alpha_m M_m)$ der abgeleiteten Größe aus der alten Maßzahl $x = f(M_1,\ldots,M_m)$ wegen (3.11) gemäß

$$f(\alpha_1 M_1,\ldots,\alpha_m M_m) = \alpha_1^{a_1} \cdot \ldots \cdot \alpha_m^{a_m} M_1^{a_1} \cdot \ldots \cdot M_m^{a_m} f(1,\ldots,1)$$
$$= \alpha_1^{a_1} \cdot \ldots \cdot \alpha_m^{a_m} f(M_1,\ldots,M_m)$$

d.h.

$$\bar{x} = \alpha_1^{a_1} \cdot \ldots \cdot \alpha_m^{a_m} x . \qquad (3.19)$$

Umgekehrt folgt aus (3.19) die Beziehung (3.11), wenn man $M_1 = M_2 = \ldots = M_m = 1$ setzt:

$$f(\alpha_1,\ldots,\alpha_m) = \alpha_1^{a_1} \cdot \ldots \cdot \alpha_m^{a_m} f(1,\ldots,1).$$

(Statt $(M_1,\ldots,M_m)$ in (3.11) steht hier $(\alpha_1,\ldots,\alpha_m)$, aber da sowohl $(M_1,\ldots,M_m) \in R_m^+$ beliebig als auch $(\alpha_1,\ldots,\alpha_m) \in R_m^+$ beliebig ist, besteht in der Aussage kein Unterschied.)

(3.11) und (3.19) sind somit äquivalente Aussagen.

(3.19) gibt an, wie sich die Maßzahlen einer abgeleiteten Größenart bei Einheitenänderungen der Grundgrößen umrechnen. Sie ist die für das Folgende wesentliche Aussage.

Mit der definierenden Gleichung $x = f(M_1,\ldots,M_m)$ einer abgeleiteten Größenart in einem Grundgrößensystem $\{M_1,\ldots,M_m\}$ sind die Exponenten $a_1,\ldots,a_m$ des Umrechnungsgesetzes (3.19) eindeutig gegeben. (Umgekehrt kann jedoch zwei verschiedenen Größenarten das gleiche geordnete m-tupel $(a_1,\ldots,a_m)$ von Exponenten zukommen.)

Kennt man die Maßzahl $x$ einer abgeleiteten physikalischen Größe für eine spezielle Wahl der Einheiten des Grundgrößensystems $\{M_1,\ldots,M_m\}$ und kennt man das der betreffenden physikalischen Größenart eindeutig zugeordnete Zahlen-m-tupel $(a_1,\ldots,a_m)$ geordneter reeller Exponenten, so besitzt man also die volle Information über diese physikalische Größe, um ihre Maßzahl $\bar{x}$ bei jeder anderen Wahl der Grundeinheiten angeben zu können.

Da es auf die Ordnung der Zahlen $a_1,\ldots,a_m$ ankommt, die Indizes $1,\ldots,m$ jedoch nicht erkennen lassen, in welcher Reihenfolge die Grundgrößenarten durchnumeriert wurden (z.B.: $\{M, L, T\}$- oder

$\{L, M, T\}$-System?), ist es zweckmäßiger, das in (3.11) auftretende Potenzprodukt $M_1^{a_1} \dots M_m^{a_m}$ selbst zu verwenden (z.B.: $MLT^{-2}$).

Definition: Bezüglich eines Grundgrößensystems $\{M_1, M_2, \dots, M_m\}$ sei eine abgeleitete Größenart $\mathfrak{M}$ durch die ihre Maßzahlen definierende Gleichung

$$\begin{aligned} x &= f(M_1, M_2, \dots, M_m) \\ &= M_1^{a_1} M_2^{a_2} \dots M_m^{a_m} f(1, 1, \dots, 1) \end{aligned}$$

gegeben. Dann heißt das für alle $(M_1, M_2, \dots, M_m) \in R_m^+$ existierende Potenzprodukt

$$M_1^{a_1} M_2^{a_2} \cdot \dots \cdot M_m^{a_m} \quad ((a_1, a_2, \dots, a_m) \in R_m^+ \text{ fest})$$

die "Dimension" oder die "Dimensionsformel" der physikalischen Größen der Größenart $\mathfrak{M}$ in dem zugrundeliegenden Grundgrößensystem $\{M_1, M_2, \dots, M_m\}$. Das Symbol $[x]$ soll bedeuten "die Dimension der physikalischen Größe aus $\mathfrak{M}$, deren Maßzahl $x$ ist", somit

$$[x] := M_1^{a_1} M_2^{a_2} \cdot \dots \cdot M_m^{a_m} .$$

Statt zu sagen "die Dimension der physikalischen Größe, deren Maßzahl $x$ ist", werden wir uns auch die in der Physik übliche, wenn auch nicht präzise Sprechweise für $[x]$ erlauben: "die Dimension von $x$".

Sonderfälle:

1. Trivialerweise gilt die Darstellung
$x = M_1^{a_1} \cdot \dots \cdot M_m^{a_m} f(1, \dots, 1)$ auch für die Maßzahlen $x = M_k$ der Grundgrößen selbst. Mit der Gleichung $x = M_k$ ist daher die zugehörige Dimensionsformel zu schreiben:
$[x] = M_1^0 \cdot \dots \cdot M_{k-1}^0 M_k^1 M_{k+1}^0 \cdot \dots \cdot M_m^0$, wofür wir, wie bei Potenzprodukten üblich, auch $[x] = M_k$ schreiben.

2. Allgemeiner, kommen Exponenten $a_k$ vor, die gleich Null sind, so lassen wir die betreffenden Potenzen in der Dimensionsformel weg, z.B. $[x] = M^0 L^1 T^{-2}$ schreiben wir $[x] = L^1 T^{-2}$.

Definition: Hat eine abgeleitete physikalische Größe im zugrundeliegenden $\{M_1, \dots, M_m\}$-System die Dimension

$$[x] = M_1^0 M_2^0 \cdot \dots \cdot M_m^0 = 1,$$

so nennt man sie "dimensionslos" (in diesem Grundgrößensystem). Im Falle der Dimension 1 von Dimensionslosigkeit zu sprechen, hat sich leider eingebürgert. Man nennt solche Größen aber auch "unbenannte" Größen in dem zugrundeliegenden $\{M_1, \dots, M_m\}$-System.

Eine dimensionslose Größe hat die Eigenschaft, daß ihre Maßzahl unverändert bleibt, wenn man die Einheiten des zugrundeliegenden Grundgrößensystems beliebig ändert. Trivialerweise gilt auch die Umkehrung.

Jede Größe, die in einem physikalischen Grundgrößensystem $\{M_1, \dots, M_m\}$ eine Dimensionsformel $[x] = M_1^{a_1} \cdot \dots \cdot M_m^{a_m}$ mit reellen $a_1, \dots, a_m$ besitzt, nennen wir eine physikalische Größe. Es besteht kein Anlaß, im Rahmen unserer allgemeinen Theorie z.B. statt $a_1, \dots, a_m \in \mathbb{R}$ spezieller zu fordern: $a_1, \dots, a_m \in \mathbb{Q}$. Zugegeben, für eine Größe, die im $\{M, L, T\}$-System die Dimension $[x] = L^\pi T^{\sqrt{2}}$ besitzt, dürfte kein Interesse bestehen, und eine Beschränkung auf rationale $a_1, \dots, a_m$ würde jedem praktischen Bedürfnis in der Physik genügen. Gar jedoch die Ganzzahligkeit $a_1, \dots, a_m \in \mathbb{Z}$ zu fordern, wie dies geschehen ist, ginge zu weit (vgl. hierzu 2.4.).

## 3.2. Dimensionshomogene Funktionen und Gleichungen. Rechnen mit Maßzahlen

### 3.2.1. Dimensionshomogene Funktionen

Bezogen auf ein Grundgrößensystem $\{M_1, \dots, M_m\}$ seien $x_1, x_2, \dots, x_n$ die positiven Maßzahlen von n physikalischen Größen mit den damit existierenden Dimensionen

$$[x_i] = M_1^{a_{i1}} M_2^{a_{i2}} \dots M_m^{a_{im}}, \quad i = 1, \dots, n. \qquad (3.20)$$

Definition: Die Matrix

$$\mathbf{A} := (a_{ik}) \begin{cases} i = 1,\dots,n \\ k = 1,\dots,m \end{cases} \tag{3.21}$$

heißt die "Dimensionsmatrix" der n physikalischen Größen mit den Maßzahlen $x_i$, $i = 1,\dots,n$, bezogen auf das $\{M_1,\dots,M_m\}$-System.

Die Zahlen der Matrix **A** werden wir oft durch das Schema einer "Dimensionstafel"

| **A** | $M_1$ | $M_2$ | ... | $M_m$ |
|---|---|---|---|---|
| $x_1$ | $a_{11}$ | $a_{12}$ | ... | $a_{1m}$ |
| $x_2$ | $a_{21}$ | $a_{22}$ | ... | $a_{2m}$ |
| ⋮ | . . . . | . . . . | . . . . | . . . . |
| $x_n$ | $a_{n1}$ | $a_{n2}$ | ... | $a_{nm}$ |

ausführlicher anschreiben, in welchem am oberen Rand durch $M_1,\dots,M_m$ vermerkt ist, zu welchen Grundgrößen die Zahlen der einzelnen Spalten gehören, während am linken Rande die Maßzahlen $x_1,\dots,x_n$ derjenigen physikalischen Größen angegeben sind, denen die Zahlen der Zeilen (als Exponenten von deren Dimensionsformeln) zugeordnet sind.

Es sei $y > 0$ Maßzahl einer weiteren physikalischen Größe der Dimension

$$[y] = M_1^{b_1} M_2^{b_2} \dots M_m^{b_m} . \tag{3.22}$$

Die Maßzahlen y dieser Größenart mögen mit den Maßzahlen $x_i$, $i = 1,\dots,n$ vermöge der Gleichung

$$y = f(x_1,\dots,x_n) \tag{3.23}$$

zusammenhängen. Bei dieser Gleichung kann es sich um die definierende Gleichung für eine abgeleitete Größenart mit den Maßzahlen y oder aber auch um eine naturgesetzliche Beziehung zwischen der Größenart mit den Maßzahlen y und den n Größenarten mit den Maßzahlen $x_1,\ldots,x_n$ handeln.

Bei Einheitenänderungen der Grundgrößenarten durch Übergang zur $1/\alpha_k$-fachen Grundeinheit der k-ten Grundgrößenart, $k = 1,\ldots,m$, existieren für die Maßzahlen $x_i > 0$ entsprechend den Dimensionsformeln (3.20) die Umrechnungsgesetze

$$\bar{x}_i = \alpha_1^{a_{i1}} \ldots \alpha_m^{a_{im}} x_i, \quad i = 1,\ldots,n, \tag{3.24}$$

und für die Maßzahlen $y > 0$ gilt nach (3.22) das Umrechnungsgesetz

$$\bar{y} = \alpha_1^{b_1} \ldots \alpha_m^{b_m} y. \tag{3.25}$$

Dabei sind die reellen Zahlen $\alpha_k > 0$, $k = 1,\ldots,m$.

Damit diese Umrechnungsgesetze gelten können und dabei die Gleichung (3.23) unabhängig von der Wahl der Grundeinheiten ihre Gültigkeit behält, also für alle $(\alpha_1,\ldots,\alpha_m) \in R_m^+$ stets auch

$$\bar{y} = f(\bar{x}_1,\ldots,\bar{x}_n) \tag{3.26}$$

gilt, muß die Funktion f die im folgenden als "Dimensionshomogenität" definierte Eigenschaft besitzen.

Definition: Eine reellwertige Funktion f heißt dimensionshomogene Funktion in den reellen Variablen $x_i > 0$, $i = 1,\ldots,n$, wenn reelle Zahlen $a_{ik}$, $b_k$ existieren, so daß die Gleichung

$$\begin{aligned} &f\left(\alpha_1^{a_{11}} \ldots \alpha_m^{a_{1m}} x_1,\ldots,\alpha_1^{a_{n1}} \ldots \alpha_m^{a_{nm}} x_n\right) \\ &= \alpha_1^{b_1} \ldots \alpha_m^{b_m} f(x_1,\ldots,x_n) \end{aligned} \tag{3.27}$$

für alle $\alpha_k > 0$, $k = 1,\dots,m$ und für die $x_i > 0$, $i = 1,\dots,n$ des Definitionsbereichs der Funktion $f$ erfüllt ist. Der Definitionsbereich $D \subseteq R_n^+$ einer dimensionshomogenen Funktion ist so beschaffen, daß mit $(x_1,\dots,x_n)$ stets auch

$$(\bar{x}_1,\dots,\bar{x}_n) \text{ mit } \bar{x}_i = \prod_{k=1}^{m} \alpha_k^{a_{ik}} x_i \text{ für alle } \alpha_k > 0,\ k = 1,\dots,m$$

zu $D$ gehört.

In der Regel wird $D = R_n^+$ sein. Dies muß aber nicht der Fall sein, wie das einfache Beispiel

$$f(x_1,x_2) = \sqrt{x_1^2 - x_2^2} = x_1 \sqrt{1 - (x_2/x_1)^2} \qquad (3.28)$$

(mit $[x_1] = [x_2]$) zeigt. Hier ist $D = \{(x_1,x_2) \mid 0 < x_2 \leqslant x_1\}$ für die reellwertige Funktion $f$.

In einem späteren Abschnitt - 4.3. - werden die Punktmengen im $R_n^+$ geometrisch behandelt, die aus einem Punkte $(x_1,\dots,x_n) \in R_n^+$ bei beliebiger Änderung der Grundeinheiten entstehen. Dort, insbesondere auch bei den Beispielen, wird klar erkennbar, wie verschieden die Definitionsbereiche $D$ von dimensionshomogenen Funktionen beschaffen sein können.

Zu der physikalischen Gleichung (3.23) zurückkehrend, können wir nun feststellen: Die Gleichung (3.23) zwischen den Maßzahlen $x_j > 0$, $j = 1,\dots,n$, von $n$ physikalischen Größenarten und den Maßzahlen $y > 0$ einer weiteren physikalischen Größenart gilt genau dann bei jeder Wahl der Grundeinheiten des zugrundegelegten $\{M_1,\dots,M_m\}$-Systems, wenn die Funktion $f$ dimensionshomogen ist und damit bei Änderung der Grundeinheiten für ihre Funktionswerte ein Umrechnungsfaktor der Gestalt des Potenzprodukts $\alpha_1^{b_1} \dots \alpha_m^{b_m}$ existiert - und wenn dieser Faktor mit dem Umrechnungsfaktor der Maßzahlen y übereinstimmt. Dafür können wir auch schreiben[1]:

$$[y] = [f(x_1,\ldots,x_n)].$$

Die Forderung der Existenz eines Umrechnungsfaktors $\alpha_1^{b_1} \ldots \alpha_m^{b_m}$ für alle $\alpha_k > 0$, $k = 1,\ldots,m$, in (3.26) impliziert

$$\operatorname{sgn} f\left(\prod_{k=1}^{m} \alpha_k^{a_{1k}} x_1,\ldots,\prod_{k=1}^{m} \alpha_k^{a_{nk}} x_n\right) = \operatorname{sgn} f(x_1,\ldots,x_n)$$

und $f(x_1,\ldots,x_n) \neq 0$, also

$$y = f(x_1,\ldots,x_n) > 0 \text{ für alle } (x_1,\ldots,x_n) \in D \subseteq R_n^+. \qquad (3.29)$$

<u>Definition:</u> Sind $f$ und $g$ zwei reellwertige Funktionen der reellen Variablen $x_i > 0$, $i = 1,\ldots,n$, für alle $(x_1,\ldots,x_n) \in D \subseteq R_n^+$, so heißt die Gleichung

$$f(x_1,\ldots,x_n) = g(x_1,\ldots,x_n) \qquad (3.30)$$

eine *dimensionshomogene* Gleichung, wenn $f$ und $g$ dimensionshomogene Funktionen auf ihrem gemeinsamen Definitionsbereich $D \subseteq R_n^+$ sind *und* wenn

$$[f(x_1,\ldots,x_n)] = [g(x_1,\ldots,x_n)] \qquad (3.31)$$

ist.

(3.31) bedeutet, daß der in der Definitionsgleichung (3.27) der Dimensionshomogenität heraustretende Umrechnungsfaktor $\alpha_1^{b_1} \ldots \alpha_m^{b_m}$ bei den Funktionen $f$ und $g$ übereinstimmt, oder physikalisch, daß die Funktionswerte $f(x_1,\ldots,x_n)$ und $g(x_1,\ldots,x_n)$ Maßzahlen von

---

[1] Warnung: Die Schreibweise $[f]$ ist zu vermeiden und wurde von uns auch nicht definiert. $[f(x_1,\ldots,x_n)]$ ist "die Dimension der physikalischen Größenart, deren Maßzahlen die Funktionswerte $f(x_1,\ldots,x_n)$ sind".

physikalischen Größen gleicher Dimension im zugrundeliegenden $\{M_1,\ldots,M_m\}$-System sind.

Zur Definition dimensionshomogener Funktionen und Gleichungen ist folgende Warnung am Platze. Wenn man nur fordert, daß die Funktionen f und g so beschaffen sind, daß mit

$$f(x_1,\ldots,x_n) = g(x_1,\ldots,x_n)$$

auch stets

$$f(\bar{x}_1,\ldots,\bar{x}_n) = g(\bar{x}_1,\ldots,\bar{x}_n)$$

unabhängig von der Wahl der Grundeinheiten (d.h. für alle $(\alpha_1,\ldots,\alpha_m) \in R_m^+$) gelten soll, so braucht die Gleichung nicht dimensionshomogen zu sein, d.h. es braucht nicht für $f(\bar{x}_1,\ldots,\bar{x}_n)$ oder für $g(\bar{x}_1,\ldots,\bar{x}_n)$ ein Umrechnungsfaktor $\alpha_1^{b_1} \ldots \alpha_m^{b_m}$ zu existieren und sogar für beide Funktionen übereinzustimmen. Hierzu ein Gegenbeispiel:

In einem $\{M, L, T\}$-System schreiben wir an:

1. Gesetz des freien Falles:

$$s = \frac{1}{2} g\, t^2 \quad \text{mit} \quad [s] = L, \ [g] = LT^{-2}, \ [t] = T; \tag{3.32}$$

2. Schwingungsdauer eines mathematischen Pendels:

$$\tau = 2\pi \sqrt{l/g} \quad \text{mit} \quad [\tau] = T, \ [l] = L, \ [g] = LT^{-2}. \tag{3.33}$$

Offenbar gilt bei Änderung der Grundeinheiten

$$\bar{s} = \frac{1}{2} \bar{g}\, \bar{t}^2 \tag{3.34}$$

und

$$\bar{\tau} = 2\pi \sqrt{\bar{l}/\bar{g}}\ . \tag{3.35}$$

Beide Gleichungen sind dimensionshomogene Gleichungen.

Wir bilden nun die nach (3.32) und (3.33) gültige Gleichung

$$s + \tau = \frac{1}{2} g\, t^2 + 2\pi \sqrt{l/g}. \tag{3.36}$$

Diese Gleichung ist nicht dimensionshomogen, rechte und linke Seite sind nicht einmal dimensionshomogene Funktionen, denn es existiert weder für die rechte noch für die linke Seite der geforderte Umrechnungsfaktor $\alpha_1^{b_1} \alpha_2^{b_2} \alpha_3^{b_3}$. Weder die Werte der rechten noch jene der linken Seite sind somit Maßzahlen einer physikalischen Größenart. Es existiert keine Dimension $[s + \tau]$ im $\{M, L, T\}$-System.

Trotzdem gilt trivialerweise nach (3.34) und (3.35) auch

$$\bar{s} + \bar{\tau} = \frac{1}{2} \bar{g}\, \bar{t}^2 + 2\pi \sqrt{\bar{l}/\bar{g}} \tag{3.37}$$

für alle Grundeinheiten des $\{M, L, T\}$-Systems.

Die Masse kommt in den hier auftretenden Dimensionsformeln nicht vor. Geht man zur $1/\alpha_2$-fachen Einheit der Länge und zur $1/\alpha_3$-fachen Einheit der Zeit als neue Grundeinheiten über, so gilt

$$\alpha_2 s + \alpha_3 \tau = \alpha_2 g\, t^2 + \alpha_3\, 2\pi \sqrt{l/g}$$

für alle $\alpha_2 > 0$, $\alpha_3 > 0$. Das zeigt selbstverständlich nur, daß diese Gleichung in die beiden unabhängig voneinander bestehenden Ausgangsgleichungen (3.32) und (3.33) zerfällt.

Wir kehren zur allgemeinen Theorie zurück:
Faßt man die Gleichung (3.23) $y = f(x_1, \ldots, x_n)$ als definierende Gleichung einer neuen physikalischen Größenart mit den Maßzahlen $y$ und der Dimension $[y] = M_1^{b_1} \ldots M_m^{b_m}$ auf, so stellt dies die Verallgemeinerung der "primären" definierenden Gleichung einer abgeleiteten Größenart dar, bei der die Maßzahlen der abgeleiteten Größenart speziell auf solche der Grundgrößen selbst zurückgeführt werden: $y = f(M_1, \ldots, M_m)$. Auf diese konnten wir uns in 3.1. beschränken. Hier sind die Funktionswerte $f(M_1, \ldots, M_m) = M_1^{b_1} \ldots M_m^{b_m} f(1, \ldots, 1)$, als dimensionshomogene Funktionen liegen speziell Potenzprodukte der Maßzahlen der Grundgrößen vor.

Die Dimensionshomogenität physikalischer Gleichungen benutzt in ihrer Definition die Eigenschaft physikalischer Größenarten, daß für die Maßzahlen einer solchen Merkmalmenge ein Umrechnungsgesetz $\bar{y} = \alpha_1^{b_1} \dots \alpha_m^{b_m} y$ existiert, d.h. daß nach Definition eine Dimensionsformel y existiert. Die Eigenschaft der Dimensionshomogenität ist eine Eigenschaft der Zahlenwerte einer Funktion, sollen diese die Maßzahlen einer physikalischen Größenart sein, bzw. einer Gleichung, soll diese eine für alle Wahlen der Grundeinheiten gültige Gleichung zwischen Maßzahlen physikalischer Größenarten oder, wie wir sagen, eine "physikalische Gleichung" sein. (Das ist das Äquivalent der "Größengleichung" der Vertreter des physikalischen Größenkalküls, vgl. Schluß von Abschnitt 2.4., und eine eigene Größenalgebra bleibt daher für unsere Darstellung entbehrlich, so verdienstvoll die Bemühungen um einen Kalkül der physikalischen Größen auch sind. Selbst wenn dieser Kalkül heute schon einwandfrei existierte, würde er für die Leser dieses Buches eine Hürde darstellen, die der Verfasser dieser Darstellung im Interesse seines eigentlichen Gegenstandes vermeiden würde.)

Die Dimensionshomogenität physikalischer Gleichungen bietet unmittelbar den Vorteil der "Dimensionsprobe". In der Gleichung für das Gesetz des freien Falls $s = gt^2/2$ ist im $\{M, L, T\}$-System $[s] = L$, $[g] = LT^{-2}$, $[t^2] = T^2$, d.h., bei Änderung der Einheiten von Länge und Zeit tritt auf der linken und der rechten Seite derselbe Umrechnungsfaktor heraus, die Gleichung ist dimensionshomogen, ist eine "physikalische Gleichung" jedenfalls hinsichtlich der Probe $[s] = [gt^2/2]$. Beim Rechnen mit physikalischen Gleichungen sollte man daher nicht eine Maßzahl - etwa die der Erdbeschleunigung g - durch ihren Zahlenwert für bestimmte Einheiten der Grundgrößen ersetzen - etwa $g = 9{,}81$ - , denn die resultierende Gleichung - $s = 9{,}81\, t^2/2$ - ist keine physikalische, keine dimensionshomogene Gleichung, sondern nur eine "Zahlenwertgleichung", die man ergänzen muß durch Angabe der Grundeinheiten, für die sie gelten soll.

Eine Gleichung

$$m(r + 1) = l/\omega,$$

für die im $\{M, L, T\}$-System $[m] = M$, $[r] = [l] = L$, $[\omega] = T^{-1}$ ist, ist keine physikalische Gleichung. Selbst wenn darin "r + 1" ein Druckfehler für "r + l" ist, also auch links nun $[m(r + l)]$ existiert, ist die Gleichung nicht dimensionshomogen, $[m(r + l)] \neq [l/\omega]$. Sollte die Gleichung also den Anspruch erheben, rechnerische Konsequenz aus anderen physikalischen Gleichungen zu sein, so müßte ihr Urheber bekennen, daß er einen Rechenfehler (mindestens einen) gemacht hat.

### 3.2.2. Das Rechnen mit Maßzahlen physikalischer Größen

Das Rechnen mit den Maßzahlen physikalischer Größen ist nach den bisherigen Ergebnissen das Rechnen mit den Werten dimensionshomogener Funktionen - insbesondere bei den Maßzahlen $M_k$ von Grundgrößen sind dies die Funktionswerte $f(M_k) \equiv M_k$ - und mit den zugehörigen Dimensionsformeln dieser Größenarten.

Satz 1: Sind $f_1, f_2, \ldots, f_N$ dimensionshomogene Funktionen der Maßzahlen $x_1, \ldots, x_n$ von n physikalischen Größenarten, $(x_1, \ldots, x_n) \in D \subseteq R_n^+$ bezüglich eines Grundgrößensystems $\{M_1, \ldots, M_m\}$, so ist auch die Produktfunktion $f = f_1 \cdot \ldots \cdot f_N$ dimensionshomogen in $x_1, \ldots, x_n$. Sind $y_j := f_j(x_1, \ldots, x_n)$, $j = 1, \ldots, N$, die Maßzahlen der durch die $f_j$ definierten physikalischen Größenarten, so ist die Dimension der durch $y := f(x_1, \ldots, x_n) = \prod_{j=1}^{N} f_j(x_1, \ldots, x_n)$ definierten physikalischen Größenart

$$[y] = [y_1 \cdot y_2 \cdot \ldots \cdot y_N] = [y_1] \cdot [y_2] \cdot \ldots \cdot [y_N]. \qquad (3.38)$$

Der Beweis ergibt sich unmittelbar aus den Definitionen der Dimensionsformeln und der dimensionshomogenen Funktionen. Dasselbe gilt für

Satz 2: Ist f eine dimensionshomogene Funktion der Maßzahlen $x_1, \ldots, x_n$ $((x_1, \ldots, x_n) \in D \subseteq R_n^+)$ von n physikalischen Größen bezüglich eines Grundgrößensystems und a eine beliebige reelle Zahl, so ist auch $f^a$ eine dimensionshomogene Funktion, und es gilt

$$[f^a(x_1,\dots,x_n)] = [f(x_1,\dots,x_n)]^a$$

oder mit $y = f(x_1,\dots,x_n)$

$$[y^a] = [y]^a . \qquad (3.39)$$

Satz 3: Sind $f_1, f_2, \dots, f_N$ dimensionshomogene Funktionen der Maßzahlen $x_1,\dots,x_n$ von n physikalischen Größenarten, $(x_1,\dots,x_n) \in R_n^+$, so ist die Funktion $\sum_{j=1}^{N} f_j$ genau dann auch dimensionshomogen in $x_1,\dots,x_n$, wenn

$$[f_1(x_1,\dots,x_n)] = [f_2(x_1,\dots,x_n)] = \dots = [f_N(x_1,\dots,x_n)]$$

gilt, und dann ist

$$\left[\sum_{j=1}^{N} f_j(x_1,\dots,x_n)\right] = [f_k(x_1,\dots,x_n)], \quad k = 1,\dots,N.$$

Mit $y_j := f_j(x_1,\dots,x_n)$, $y := \sum_{j=1}^{N} y_j$ sind dann die Werte y Maßzahlen einer physikalischen Größenart der Dimension

$$[y] := \left[\sum_{j=1}^{N} y_j\right] = [y_1] = [y_2] = \dots = [y_N]. \qquad (3.40)$$

Beweis: Sei

$$[f_j(x_1,\dots,x_n)] = M_1^{b_{j1}} \dots M_m^{b_{jm}}, \quad j = 1,\dots,N$$

und

$$\left[\sum_{j=1}^{N} f_j(x_1,\dots,x_n)\right] = M_1^{c_1} \dots M_m^{c_m} .$$

Bei Übergang zu den $1/\alpha_k$-fachen Grundeinheiten $(k = 1,\dots,m)$ als neue Einheiten des Grundgrößensystems $\{M_1,\dots,M_m\}$ folgt:

$$\sum_{j=1}^{N} \alpha_1^{b_{j1}} \cdots \alpha_m^{b_{jm}} f_j(x_1,\ldots,x_n) = \alpha_1^{c_1} \cdots \alpha_m^{c_m} \sum_{j=1}^{N} f_j(x_1,\ldots,x_n)$$

identisch für alle $(\alpha_1,\ldots,\alpha_m) \in R_m^+$. Wegen $f(x_1,\ldots,x_n) \neq 0$, $f_j(x_1,\ldots,x_n) \neq 0$, $j = 1,\ldots,N$, für $(x_1,\ldots,x_n) \in D \subseteq R_n^+$ (vgl. (3.29)) folgt durch Variation von $(\alpha_1,\ldots,\alpha_m)$, daß

$$c_k = b_{jk} \quad \text{für alle} \quad k = 1,\ldots,m \quad \text{und alle} \quad j = 1,\ldots,N$$

sein muß. Umgekehrt ist in diesem Falle die Funktion $\sum_{j=1}^{N} f_j$ dimensionshomogen. q.e.d.

<u>Satz 4:</u> Es sei $f$ eine dimensionshomogene Funktion in $x_1,\ldots,x_n$, die nach $x_i$ differenzierbar ist. Dann ist die Ableitungsfunktion $\partial f/\partial x_i$ ebenfalls dimensionshomogen in $x_1,\ldots,x_n$. Die physikalische Größenart, deren Maßzahlen durch die Funktionswerte dieser Ableitungsfunktion gegeben sind, hat die Dimension

$$\left[\frac{\partial f}{\partial x_i}(x_1,\ldots,x_n)\right] = \frac{[f(x_1,\ldots,x_n)]}{[x_i]} . \tag{3.41}$$

<u>Beweis:</u> Sei

$$[x_i] = M_1^{a_1} \cdots M_m^{a_m}$$

$$[f(x_1,\ldots,x_n)] = M_1^{b_1} \cdots M_m^{b_m} .$$

Hier folgt bei Einheitenänderungen der Grundgrößenarten für zwei n-tupel $(x_1,\ldots,x_i^*,\ldots,x_n)$ und $(x_1,\ldots,x_i,\ldots,x_n)$ und ihren mit Querstrichen versehenen Entsprechungen nach Einheitenänderung

$$\frac{f(\bar{x}_1,\ldots,\bar{x}_i^*,\ldots,\bar{x}_n) - f(\bar{x}_1,\ldots,\bar{x}_i,\ldots,\bar{x}_n)}{\bar{x}_i^* - \bar{x}_i}$$

$$= \frac{\prod_{k=1}^{m} \alpha_k^{b_k}}{\prod_{k=1}^{m} \alpha_k^{a_k}} \cdot \frac{f(x_1,\ldots,x_i^*,\ldots,x_n) - f(x_1,\ldots,x_i,\ldots,x_n)}{x_i^* - x_i} .$$

Der Grenzübergang $x_i^* \to x_i$ liefert somit

$$\partial f/\partial x_i(\bar{x}_1,\ldots,\bar{x}_n) = \prod_{k=1}^{m} \alpha_k^{b_k - a_k}\, \partial f/\partial x_i(x_1,\ldots,x_n). \qquad \text{q.e.d.}$$

Satz 5: Es sei $f$ eine dimensionshomogene Funktion in $x_1,\ldots,x_n$, die in $x_i$ integrierbar ist. Dann ist auch die Funktion $F$ mit

$$F(x_1,\ldots,x_i,\ldots,x_n) := \int_{x_i^0}^{x_i} f(x_1,\ldots,x_{i-1},t,x_{i+1},\ldots,x_n)\,dt \tag{3.42}$$

eine dimensionshomogene Funktion, und für die physikalische Größenart, deren Maßzahlen die Werte von $F$ sind, gilt

$$[F(x_1,\ldots,x_n)] = [f(x_1,\ldots,x_n)]\cdot[x_i]. \tag{3.43}$$

Beweis: Der einfache Beweis verläuft analog zu jenem von Satz 4 und kann hier übergangen werden.

Zum Abschluß dieser Satzfolge erscheint die folgende Bemerkung am Platze. Nach Satz 3 ist nur die Summe dimensionsgleicher dimensionshomogener Funktionen wieder eine dimensionshomogene Funktion. Sieht man in einem physikalischen Zusammenhang die Definitionsgleichung

$$y(t) := \sin t$$

für die Werte einer Funktion $y$, und ist - etwa in einem $\{M, L, T\}$-System -

$$[t] = T,$$

so kann diese Definitionsgleichung nur eine Zahlenwertgleichung sein, denn die unendliche Summe

$$y(t) = \sum_{n=0}^{\infty} \frac{(-1)^n}{n!}\, t^{2n+1}$$

geht beim Übergang zur $1/\alpha$-fachen Zeiteinheit wegen $\bar{t} = \alpha t$ über in

$$y(\bar{t}) = \sum_{n=0}^{\infty} \frac{(-1)^n}{n!} \alpha^{2n+1} t^{2n+1}.$$

Es existiert also keine Zahl b derart, daß $y(\bar{t}) = \alpha^b y(t)$ für alle $\alpha > 0$ wäre. Es ist also y keine dimensionshomogene Funktion.

Schreibt man dagegen

$$y(t) = \sin \omega t \quad \text{mit } [\omega] = T^{-1}$$

$$\text{oder } = \sin t/t_0 \quad \text{mit } [t_0] = T,$$

so liegt wegen $[\omega t] = [t/t_0] = 1$ (dimensionslos) eine dimensionshomogene Funktion vor. $y(t) = \sin t$ ist die Zahlenwertgleichung, die speziell für jene Einheit der Zeit gilt, für die $\omega = 1/t_0 = 1$ wird (also wenn $t_0$ als Zeiteinheit gewählt wird).

## 3.3. Matrizen und lineare Gleichungen im Reellen

In diesem Abschnitt werden die Gesetze der Matrizenrechnung und die Theorie der linearen Gleichungen kurz dargestellt. Sie werden im nächsten Kapitel beim Beweis des $\Pi$-Theorems benötigt. Die Determinantenrechnung wird als bekannt vorausgesetzt.

### 3.3.1. Matrizenrechnung

Definition 1: Eine reelle Matrix $\mathbf{A}$ ist eine reellwertige Funktion, definiert auf dem cartesischen Produkt D zweier endlicher Mengen.

Normalerweise wird als Definitionsbereich D die Menge der Zahlenpaare (i,k) benutzt, wobei i die Zahlen 1,2,...,n durchläuft und k die Zahlen 1,2,...,m. Die Funktionswerte $a_{ik}$ werden in einem rechteckigen Schema zusammengefaßt,

$$\mathbf{A} = \begin{pmatrix} a_{11} & a_{12} & \cdots & a_{1m} \\ a_{21} & a_{22} & & a_{2m} \\ \vdots & \vdots & & \vdots \\ a_{n1} & a_{n2} & & a_{nm} \end{pmatrix},$$

oder kürzer durch

$$\mathbf{A} = (a_{ik}) \begin{cases} i = 1,\ldots,n \\ k = 1,\ldots,m \end{cases}$$

beschrieben. Die Zahlen $a_{ik}$ heißen Elemente von **A**, der erste Index i wird Zeilenindex genannt und der zweite k Spaltenindex. n heißt die Zeilenzahl und m die Spaltenzahl von **A**. Man nennt eine Matrix mit der Zeilenzahl n und der Spaltenzahl m eine (n, m)-Matrix.

Ein Beispiel ist die bereits in Gleichung (3.21) definierte "Dimensionsmatrix", die freilich dort vorerst nur als Zahlentafel auftrat.

Eine (1,m)-Matrix heißt m-spaltige Zeilenmatrix oder m-dimensionaler Zeilenvektor, eine (n,1)-Matrix dagegen n-zeilige Spaltenmatrix oder n-dimensionaler Spaltenvektor.

Bei einer Matrix $\mathbf{A} = (a_{ik}) \begin{cases} i = 1,\ldots,n \\ k = 1,\ldots,m \end{cases}$ nennen wir

$$\mathbf{a}^i = (a_{i1}, a_{i2}, \ldots, a_{in})$$

die i-te Zeile oder den i-ten Zeilenvektor und

$$\mathbf{a}_k = \begin{pmatrix} a_{1k} \\ \vdots \\ a_{nk} \end{pmatrix}$$

die k-te Spalte oder den k-ten Spaltenvektor.

Zwei Matrizen

$$\mathbf{A} = (a_{ik}) \begin{cases} i = 1,\ldots,n \\ k = 1,\ldots,m \end{cases}, \quad \mathbf{B} = (b_{ik}) \begin{cases} i = 1,\ldots,\bar{n} \\ k = 1,\ldots,\bar{m} \end{cases}$$

sind genau dann gleich,

$$\mathbf{A} = \mathbf{B},$$

wenn $n = \bar{n}$, $m = \bar{m}$ und $a_{ik} = b_{ik}$ für alle $i = 1,\ldots,n$ und alle $k = 1,\ldots,m$ erfüllt ist.

<u>Definition 2:</u> Addition, Subtraktion. Sind

$$\mathbf{A} = (a_{ik}) \begin{cases} i = 1,\ldots,n \\ k = 1,\ldots,m \end{cases} \quad \mathbf{B} = (b_{ik}) \begin{cases} i = 1,\ldots,n \\ k = 1,\ldots,m \end{cases}$$

zwei (n,m)-Matrizen, so ist ihre Summe die Matrix

$$\mathbf{A} + \mathbf{B} := (a_{ik} + b_{ik}) \begin{cases} i = 1,\dots,n \\ k = 1,\dots,m \end{cases}$$

und ihre Differenz die Matrix

$$\mathbf{A} - \mathbf{B} := (a_{ik} - b_{ik}) \begin{cases} i = 1,\dots,n \\ k = 1,\dots,m \end{cases}.$$

Mit $-\mathbf{A}$ bezeichnet man die Matrix

$$-\mathbf{A} := (-a_{ik}) \begin{cases} i = 1,\dots,n \\ k = 1,\dots,m \end{cases}.$$

Eine Matrix, deren Elemente alle Null sind, wird Nullmatrix genannt und mit 0 bezeichnet.

Es folgt: Die (n,m)-Matrizen zu festen n und m bilden bezüglich der Addition eine Abelsche Gruppe.

Definition 3: Multiplikation mit einem Skalar. Ist q eine beliebige Zahl (ein Skalar) und $\mathbf{A} = (a_{ik})\begin{cases} i = 1,\dots,n \\ k=1,\dots,m \end{cases}$, so bezeichnet $q\mathbf{A}$ die Matrix

$$\begin{aligned} q\mathbf{A} &:= (q a_{ik}) \begin{cases} i = 1,\dots,n \\ k = 1,\dots,m \end{cases} \\ &=: \mathbf{A} q . \end{aligned}$$

Folgerung 1: Für beliebige (n,m)-Matrizen $\mathbf{A}$, $\mathbf{B}$ und beliebige Zahlen p, q gilt

$$p(q\mathbf{A}) = (pq)\mathbf{A}, \qquad \text{Assoziativgesetz,}$$

$$\left.\begin{aligned} q(\mathbf{A} + \mathbf{B}) &= q\mathbf{A} + q\mathbf{B}, \\ (q + p)\mathbf{A} &= q\mathbf{A} + p\mathbf{A}. \end{aligned}\right\} \quad \text{Distributivgesetze.}$$

Definition 4: Transposition. Die transponierte Matrix $\mathbf{A}'$ von $\mathbf{A} = (a_{ik})\begin{cases} i = 1,\dots,n \\ k= 1,\dots,m \end{cases}$ ist durch

$$\mathbf{A}' := (a'_{ki}) \begin{cases} k = 1,\dots,m \\ i = 1,\dots,n \end{cases}, \quad a'_{ki} = a_{ik},$$

definiert.

Folgerung 2: $\mathbf{A}'' := (\mathbf{A}')' = \mathbf{A}$.

Definition 5: Ist $\mathbf{A} = \mathbf{A}'$, so heißt $\mathbf{A}$ symmetrisch.

Definition 6: Eine Matrix $\mathbf{A}$ heißt quadratisch, wenn Zeilenzahl und Spaltenzahl von $\mathbf{A}$ gleich sind. Sind Zeilenzahl und Spaltenzahl möglicherweise verschieden, so sprechen wir von einer rechteckigen Matrix.

Bei einer quadratischen Matrix $\mathbf{A}$ wird mit

$$\det(\mathbf{A}) := \begin{vmatrix} a_{11} & \cdots & a_{1n} \\ \vdots & & \vdots \\ a_{n1} & \cdots & a_{nn} \end{vmatrix}$$

die Determinante von $\mathbf{A}$ bezeichnet. Ist $\det(\mathbf{A}) = 0$, so heißt $\mathbf{A}$ singulär, ist $\det(\mathbf{A}) \neq 0$, so nennt man $\mathbf{A}$ regulär.

Definition 7: Streicht man aus einer Matrix $\mathbf{A} = (a_{ik}) \begin{cases} i = 1,\ldots,n \\ k = 1,\ldots,m \end{cases}$ einige Zeilen und (oder) einige Spalten heraus, so bilden die verbleibenden Elemente eine Teilmatrix von $\mathbf{A}$. Genauer: Entnimmt man der Menge $\{1,\ldots,n\}$ eine Teilmenge $I$ und der Menge $\{1,\ldots,m\}$ eine Teilmenge $K$, so ist die Einschränkung von $\mathbf{A}$ auf $I \times K$ eine Teilmatrix von $\mathbf{A}$.

Die Determinante einer quadratischen Teilmatrix von $\mathbf{A}$ heißt Unterdeterminante von $\mathbf{A}$.

Definition 8: Als Rang einer Matrix $\mathbf{A}$, kurz Rang $\mathbf{A}$, bezeichnet man die größte Zahl $r$, zu der eine nichtverschwindende Unterdeterminante von $\mathbf{A}$ mit der Zeilenzahl $r$ existiert.

Folgerung 3: Ist $\mathbf{A}$ eine quadratische $(n,n)$-Matrix, so folgt aus

Rang $\mathbf{A} = n$ : $\mathbf{A}$ ist regulär

und aus

Rang $\mathbf{A} < n$ : $\mathbf{A}$ ist singulär.

Definition 9: Matrizenmultiplikation. Sind

$$\mathbf{A} = (a_{ik}) \begin{cases} i = 1,\ldots,n \\ k = 1,\ldots,p \end{cases}, \qquad \mathbf{B} = (b_{ik}) \begin{cases} i = 1,\ldots,p \\ k = 1,\ldots,m \end{cases}$$

zwei Matrizen, wobei die Spaltenzahl von $\mathbf{A}$ gleich der Zeilenzahl von $\mathbf{B}$ ist, so wird als Produkt $\mathbf{AB}$ die Matrix

$$\mathbf{AB} := \left( \sum_{l=1}^{p} a_{il} b_{lk} \right) \begin{cases} i = 1,\ldots,n \\ k = 1,\ldots,m \end{cases}$$

bezeichnet. Ist die Spaltenzahl von $\mathbf{A}$ nicht gleich der Zeilenzahl von $\mathbf{B}$, so ist $\mathbf{AB}$ nicht erklärt.

Folgerung 4: Es gilt

$$\left.\begin{aligned} \mathbf{A}(\mathbf{BC}) &= (\mathbf{AB})\mathbf{C} =: \mathbf{ABC}, \\ (p\mathbf{A})\mathbf{B} &= p(\mathbf{AB}) =: p\mathbf{AB}, \end{aligned}\right\} \quad \text{Assoziativgesetze,}$$

$$\left.\begin{aligned} (\mathbf{A}+\mathbf{B})\mathbf{C} &= \mathbf{AC}+\mathbf{BC}, \\ \mathbf{C}(\mathbf{A}+\mathbf{B}) &= \mathbf{CA}+\mathbf{CB}, \end{aligned}\right\} \quad \text{Distributivgesetze,}$$

für alle reellen $p$ und alle Matrizen $\mathbf{A}$, $\mathbf{B}$, $\mathbf{C}$, für die die oben auftretenden Produkte und Summen erklärt sind.

Definition 10: Eine Matrix der Form

$$\mathbf{E} = \begin{pmatrix} 1 & 0 & 0 & . & . & 0 \\ 0 & 1 & 0 & . & . & 0 \\ 0 & 0 & 1 & . & . & 0 \\ . & . & . & . & . & . \\ . & . & . & . & . & . \\ 0 & 0 & 0 & . & . & 1 \end{pmatrix},$$

d.h.

$$\mathbf{E} = (\delta_{ik}) \begin{cases} i = 1,\dots,n \\ k = 1,\dots,n \end{cases} \quad \text{mit} \quad \delta_{ik} = \begin{cases} 1, & \text{wenn } i = k \\ 0, & \text{wenn } i \neq k \end{cases}$$

wird n-reihige *Einheitsmatrix* genannt.

Ist $\mathbf{A}$ eine Matrix mit $n$ Zeilen, so folgt

$$\mathbf{EA} = \mathbf{A},$$

hat $\mathbf{A}$ $n$ Spalten, so gilt

$$\mathbf{AE} = \mathbf{A}.$$

Wir fragen uns nun: Zu welchen Matrizen $\mathbf{A}$ gibt es Matrizen $\mathbf{X}$ mit $\mathbf{AX} = \mathbf{E}$ oder $\mathbf{XA} = \mathbf{E}$? Es gilt

Satz 1: Zu jeder quadratischen regulären Matrix $\mathbf{A}$ existiert genau eine Matrix $\mathbf{A}^{-1}$ mit

$$\mathbf{AA}^{-1} = \mathbf{A}^{-1}\mathbf{A} = \mathbf{E}.$$

$\mathbf{A}^{-1}$ heißt die inverse Matrix oder kurz Inverse von $\mathbf{A}$.

Beweis: Wir definieren

$$\mathbf{X} := (b_{ik}) \begin{cases} i = 1,\dots,n \\ k = 1,\dots,n \end{cases} \quad \text{mit}$$

$$b_{ik} := (-1)^{i+k} \frac{\det(\mathbf{A}_{ki})}{\det(\mathbf{A})}, \quad i = 1,\dots,n; \quad k = 1,\dots,n.$$

Dabei ist $\mathbf{A}_{ki}$ die Teilmatrix von $\mathbf{A}$, die durch Weglassen der k-ten Zeile und der i-ten Spalte aus $\mathbf{A}$ entsteht. Mit dem Determinantenentwicklungssatz erhält man daraus nach kurzer Rechnung

$$\mathbf{A}\mathbf{X} = \mathbf{X}\mathbf{A} = \mathbf{E}.$$

Wir setzen $\mathbf{X} =: \mathbf{A}^{-1}$.

Die Eindeutigkeit von $\mathbf{A}^{-1}$ folgt so: Sind $\mathbf{Y}$ und $\mathbf{Z}$ zwei Matrizen mit

$$\mathbf{A}\mathbf{Y} = \mathbf{A}\mathbf{Z} = \mathbf{E},$$

so gilt nach Multiplikation von links mit $\mathbf{A}^{-1}$

$$\mathbf{Y} = \mathbf{Z} = \mathbf{A}^{-1}.$$

Das gleiche folgt aus $\mathbf{Y}\mathbf{A} = \mathbf{Z}\mathbf{A} = \mathbf{E}$ durch Rechtsmultiplikation mit $\mathbf{A}^{-1}$. q.e.d.

Ohne Beweis sei angegeben:

> Satz 2: (Multiplikationssatz für Determinanten): Für n-reihige quadratische Matrizen $\mathbf{A}$, $\mathbf{B}$ gilt stets
>
> $$\det(\mathbf{A})\det(\mathbf{B}) = \det(\mathbf{A}\mathbf{B}).$$

Aus dem Multiplikationssatz für Determinanten erhält man

$$\det(\mathbf{A}) \cdot \det(\mathbf{A}^{-1}) = \det(\mathbf{E}) = 1,$$

also

$$\det(\mathbf{A}^{-1}) = \frac{1}{\det(\mathbf{A})} \neq 0.$$

$\mathbf{A}^{-1}$ ist also regulär. Ferner gilt: Das Produkt zweier regulärer (n,n)-Matrizen ist wieder regulär, da $\det(\mathbf{A}\mathbf{B}) = \det(\mathbf{A}) \cdot \det(\mathbf{B}) \neq 0$ ist.

Somit gilt: Die regulären (n,n)-Matrizen, n-fest, bilden bezüglich der Multiplikation eine Gruppe.

3.3.2. Lineare Transformationen und lineare Abhängigkeit

Definition 11: Mit $\mathbf{A}$, $\mathbf{x}$, $\mathbf{y}$ bezeichnen wir Matrizen der Form

$$\mathbf{A} = (a_{ik}) \begin{cases} i = 1,\ldots,p \\ k = 1,\ldots,n \end{cases}, \quad \mathbf{x} = \begin{pmatrix} x_1 \\ \cdot \\ \cdot \\ \cdot \\ x_n \end{pmatrix}, \quad \mathbf{y} = \begin{pmatrix} y_1 \\ \cdot \\ \cdot \\ \cdot \\ y_p \end{pmatrix}.$$

Durch

$$\mathbf{y} = \mathbf{A}\mathbf{x},$$

ausgeschrieben

$$\begin{aligned} y_1 &= a_{11}x_1 + \ldots + a_{1n}x_n \\ &\cdot \\ &\cdot \\ &\cdot \\ y_p &= a_{p1}x_1 + \ldots + a_{pn}x_n , \end{aligned}$$

wird jedem Vektor $\mathbf{x} \in R_n$ ein Vektor $\mathbf{y} \in R_p$ zugeordnet. Die so erklärte Abbildung heißt eine l i n e a r e  T r a n s f o r m a t i o n von $R_n$ in $R_p$.

Die Frage, wann eine lineare Transformation eineindeutig ist, wird in dem folgenden Satz behandelt:

Satz 3: Ist $\mathbf{A}$ eine reguläre $(n,n)$-Matrix und sind $\mathbf{x}$, $\mathbf{y}$ n-dimensionale Spaltenvektoren, so beschreibt

$$\mathbf{y} = \mathbf{A}\mathbf{x} \tag{3.44}$$

eine eineindeutige Abbildung der Vektoren $\mathbf{x} \in R_n$ auf die Vektoren $\mathbf{y} \in R_n$. D.h. jede Gleichung $\mathbf{y} = \mathbf{A}\mathbf{x}$ mit gegebenem $\mathbf{A}$ und $\mathbf{y}$ besitzt eine eindeutige Lösung $\mathbf{x}$.

Beweis: Offenbar ist $\mathbf{x} = \mathbf{A}^{-1}\mathbf{y}$ eine Lösung von (3.44). Sind andererseits $\mathbf{x}_1$, $\mathbf{x}_2$ Lösung von (3.44), so folgt durch Multiplikation der Gleichung (3.44) mit $\mathbf{A}^{-1}$ von links: $\mathbf{A}^{-1}\mathbf{y} = \mathbf{x}_1 = \mathbf{x}_2$, also die Eindeutigkeit der Lösung. q.e.d.

Definition 12: Die n-dimensionalen Vektoren $\mathbf{a}_1,\ldots,\mathbf{a}_\rho$ heißen l i n e a r  a b h ä n g i g, wenn es reelle Zahlen $c_1,\ldots,c_\rho$ gibt, die nicht alle Null sind, so daß

$$c_1\mathbf{a}_1 + \ldots + c_\rho\mathbf{a}_\rho = 0$$

erfüllt ist. Andernfalls heißen die Vektoren $\mathbf{a}_1,\ldots,\mathbf{a}_\rho$ l i n e a r  u n a b h ä n g i g.

<u>Folgerung 5:</u> Sind die Vektoren $\mathbf{a}_1,\dots,\mathbf{a}_\rho,\mathbf{a}_{\rho+1}$ linear abhängig, während $\mathbf{a}_1,\dots,\mathbf{a}_\rho$ linear unabhängig sind, so gibt es reelle Zahlen $d_1,\dots,d_\rho$ mit

$$\mathbf{a}_{\rho+1} = \sum_{i=1}^{\rho} d_i\,\mathbf{a}_i,$$

d.h. $\mathbf{a}_{\rho+1}$ läßt sich aus den $\mathbf{a}_1,\dots,\mathbf{a}_\rho$ linear kombinieren.

<u>Beweis:</u> Es existieren reelle $c_1,\dots,c_{\rho+1}$ mit

$$\sum_{i=1}^{\rho+1} c_i\mathbf{a}_i = 0, \tag{3.45}$$

wobei nicht alle $c_i$ verschwinden. Dann ist $c_{\rho+1} \neq 0$, da aus $c_{\rho+1} = 0$ und (3.45) die lineare Abhängigkeit der $\mathbf{a}_1,\dots,\mathbf{a}_\rho$ folgen würde. Mit $d_i := -c_i/c_{\rho+1}$ folgt aus (3.45) die Behauptung. -

Der Begriff der linearen Unabhängigkeit hängt mit dem Rang-Begriff folgendermaßen zusammen.

<u>Satz 4:</u> Der Rang einer Matrix $\mathbf{A}$ ist gleich der maximalen Anzahl linear unabhängiger Zeilenvektoren von $\mathbf{A}$ und ebenso gleich der maximalen Anzahl linear unabhängiger Spaltenvektoren von $\mathbf{A}$.

<u>Beweis:</u> Es sei $r$ die maximale Anzahl linear unabhängiger Zeilen von $\mathbf{A}$. Für jede Unterdeterminante $U$ von $\mathbf{A}$ mit mehr als $r$ Zeilen folgt daher, daß ihre Zeilen linear abhängig sind. Daher läßt sich mindestens eine Zeile von $U$ aus den anderen linear kombinieren. Subtrahiert man nun diese Linearkombination von besagter Zeile, so entsteht in der Determinante eine Zeile aus lauter Nullen. Da sich der Wert der Determinante bei dieser Umformung nicht ändert, ist ihr Wert gleich Null. Somit folgt: Rang $\mathbf{A} \leqslant r$.

Es bleibt zu zeigen: Rang $\mathbf{A} \geqslant r$. Wir benutzen dazu den G a u ß s c h e n A l g o r i t h m u s . Es seien

$$\begin{array}{l} \mathbf{a}^1 = (a_{11}, a_{12}, \dots, a_{1n}) \\ \vdots \\ \mathbf{a}^r = (a_{r1}, a_{r2}, \dots, a_{rn}) \end{array} \tag{3.46}$$

$r$ linear unabhängige Zeilenvektoren von $\mathbf{A}$. Daraus folgt, daß alle $\mathbf{a}^i \neq 0$ sind. Durch Umordnen der Spalten läßt sich erreichen, daß $a_{11} \neq 0$ ist. Wir bilden nun die Vektoren

$$\begin{aligned}
\mathbf{a}_2^1 &= \mathbf{a}^1 &&=: \left(a_{11}^{(2)}, a_{12}^{(2)}, \ldots, a_{1n}^{(2)}\right)\\
\mathbf{a}_2^2 &= \mathbf{a}^2 - \frac{a_{21}}{a_{11}}\mathbf{a}^1 &&=: \left(0 \quad, a_{22}^{(2)}, \ldots, a_{2n}^{(2)}\right)\\
&\vdots && \quad\vdots\\
\mathbf{a}_2^r &= \mathbf{a}^r - \frac{a_{r1}}{a_{11}}\mathbf{a}^1 &&=: \left(0 \quad, a_{r2}^{(2)}, \ldots, a_{rn}^{(2)}\right),
\end{aligned}$$

die wiederum von Null verschieden sind. Durch Umordnen der Spalten können wir $a_{22}^{(2)} \neq 0$ erreichen und damit die Vektoren

$$\begin{aligned}
\mathbf{a}_3^1 &= \mathbf{a}^1\\
\mathbf{a}_3^2 &= \mathbf{a}^2 - \frac{a_{21}}{a_{11}}\mathbf{a}^1\\
\mathbf{a}_3^3 &= \mathbf{a}^3 - \frac{a_{31}}{a_{11}}\mathbf{a}^1 - \frac{a_{32}^{(2)}}{a_{22}^{(2)}}\mathbf{a}_2^2\\
&\vdots\\
\mathbf{a}_3^r &= \mathbf{a}^r - \frac{a_{r1}}{a_{11}}\mathbf{a}^1 - \frac{a_{r2}^{(2)}}{a_{22}^{(2)}}\mathbf{a}_2^2
\end{aligned}$$

bilden. Fährt man auf diese Weise fort, so erhält man schließlich

$$\begin{aligned}
\mathbf{a}_r^1 &= \mathbf{a}_1^1 &&= \left(a_{11}^{(1)}, \qquad\qquad \ldots, a_{1n}^{(1)}\right)\\
\mathbf{a}_r^2 &= -\frac{a_{21}}{a_{11}}\mathbf{a}_1^1 + \mathbf{a}_1^2 &&= \left(0 \quad, a_{22}^{(2)} \qquad \ldots, a_{2n}^{(2)}\right)\\
\mathbf{a}_r^3 &= -\frac{a_{31}}{a_{11}}\mathbf{a}_1^1 - \frac{a_{32}^{(2)}}{a_{22}^{(2)}}\mathbf{a}_2^2 + \mathbf{a}_1^3 &&= \left(0 \quad, 0 \quad, a_{33}^{(3)} \quad \ldots, a_{3n}^{(3)}\right)\\
&\vdots && \quad\vdots\\
\mathbf{a}_r^r &= -\left(\sum_{i=1}^{r-1} \frac{a_{ri}^{(i)}}{a_{ii}^{(i)}}\mathbf{a}_i^i\right) + \mathbf{a}_1^r &&= \left(0 \quad, 0, \ldots, 0, a_{rr}^{(r)}, \ldots, a_{rn}^{(r)}\right),
\end{aligned}$$

wobei $a_{ii}^{(i)} \neq 0$ ist für alle $i = 1, \ldots, r$. Dabei sei $\mathbf{a}_1^i = \mathbf{a}^i$ und $a_{ik}^{(1)} = a_{ik}$. Die Matrix aus den Zeilen $\mathbf{a}_r^i$, $i = 1, \ldots, r$ besitzt also eine nichtverschwindende Unterdeterminante, die aus den ersten $r$ Spalten gebildet wird. Diese Determinante ist über den beschriebenen Algorithmus aus einer $r$-spaltigen Unterdeterminante des Ausgangsschemas (3.46) entstanden, wobei nur Operationen verwendet wurden, bei denen der Wert dieser Determinante unverändert bleibt. Somit besitzt $\mathbf{A}$ eine $r$-reihige nicht verschwindende Unterdeterminante, und es folgt Rang $\mathbf{A} \geq r$.

Also gilt $r = \text{Rang } \mathbf{A}$.

Wendet man die gleichen Schlüsse auf $\mathbf{A}'$ an, so erhält man, daß Rang $\mathbf{A}$ auch gleich der maximalen Anzahl linear unabhängiger Spalten ist. q.e.d

Spezialfälle:

1. Ist $\mathbf{A}$ eine $(n,m)$-Matrix mit $n < m$, so ist der Rang höchstens $n$, also sind nach Satz 3 die Spaltenvektoren linear abhängig. Allgemeiner folgt daraus: Je $m$ Vektoren eines $n$-dimensionalen Raums sind linear abhängig, wenn $m > n$ ist.

2. Eine quadratische Matrix ist genau dann singulär, wenn ihre Zeilenvektoren (bzw. Spaltenvektoren) linear abhängig sind.

### 3.3.3. Homogene lineare Gleichungen

Ein Gleichungssystem der Form

$$\begin{array}{c} a_{11}x_1 + \dots + a_{1m}x_m = 0 \\ a_{21}x_1 + \dots + a_{2m}x_m = 0 \\ \vdots \\ a_{n1}x_1 + \dots + a_{nm}x_m = 0 \end{array}$$

mit gegebenen $a_{ik}$ und gesuchten $x_k$ heißt ein homogenes lineares Gleichungssystem oder, aufgefaßt als Matrizengleichung

$$\mathbf{A}\mathbf{x} = 0 \quad \text{mit} \quad \mathbf{A} = (a_{ik}) \left\{ \begin{array}{l} i = 1,\dots,n \\ k = 1,\dots,m \end{array} \right., \quad \mathbf{x} = \begin{pmatrix} x_1 \\ x_2 \\ \vdots \\ x_m \end{pmatrix},$$

eine homogene lineare Gleichung.

Eine solche Gleichung hat stets die triviale Lösung $\mathbf{x} = 0$. Wir interessieren uns im folgenden für nichttriviale Lösungen $\mathbf{x} \neq 0$.

Besitzt $\mathbf{A}\mathbf{x} = 0$ die Lösungen $\mathbf{x}_1, \mathbf{x}_2, \dots, \mathbf{x}_p$, so ist auch $\sum_{i=1}^{p} c_i \mathbf{x}_i$ eine Lösung, wobei die $c_i$ beliebig reell sind. Ferner gilt

Folgerung 6: Die Gleichung $\mathbf{A}\mathbf{x} = 0$ hat genau dann nichttriviale Lösungen, wenn die Spalten von $\mathbf{A}$ linear abhängig sind.

Der Beweis ist einfach. Sind $\mathbf{a}_1,\dots,\mathbf{a}_m$ die Spaltenvektoren, so bedeutet die Lösbarkeit von $\mathbf{A}\mathbf{x} = 0$ mit einem $\mathbf{x} \neq 0$ gerade, daß

$$\mathbf{a}_1 x_1 + \dots + \mathbf{a}_m x_m = 0$$

ist, daß also die $\mathbf{a}_m$, $k = 1,\dots,m$ linear abhängig sind. q.e.d.

Definition 13: Ist $r$ der Rang einer $(n,m)$-Matrix $\mathbf{A}$, so heißt

$$d := m - r$$

der Defekt von $\mathbf{A}$.

Wir beweisen nun den Hauptsatz über homogene lineare Gleichungen.

Satz 5: Es sei $\mathbf{A}$ eine $(n,m)$-Matrix mit dem Defekt $d$. Dann bilden die Lösungen $\mathbf{x}$ von $\mathbf{A}\mathbf{x} = 0$ einen $d$-dimensionalen Raum. D.h.: Es gibt $d$ linear unabhängige $m$-dimensionale Spaltenvektoren $\mathbf{x}_1,\dots,\mathbf{x}_d$, so daß die Lösungsgesamtheit von den Vektoren

$$\mathbf{x} = \sum_{k=1}^{d} c_k \mathbf{x}_k, \quad c_k \text{ beliebig reell,} \tag{3.47}$$

gebildet wird.

Beweis: Der Rang von $\mathbf{A}$ ist $r = m - d$. Durch Umordnen der Zeilen und Spalten können wir erreichen, daß die Teilmatrix

$$\mathbf{A}_r = \begin{pmatrix} a_{11} & \dots & a_{1r} \\ \vdots & & \vdots \\ a_{r1} & \dots & a_{rr} \end{pmatrix}$$

regulär ist. Damit sind die ersten $r$ Spaltenvektoren $\mathbf{a}_1,\dots,\mathbf{a}_r$ von $\mathbf{A}$ linear unabhängig und jeder weitere Spaltenvektor $\mathbf{a}_{r+k}$, $k = 1,\dots,d$ läßt sich durch die ersten $r$ linear kombinieren (s. Folgerung 5). Es existieren also $(x_1^{(k)},\dots,x_r^{(k)}) \neq 0$, $k = 1,\dots,d$ mit

$$\sum_{i=1}^{r} x_i^{(k)} \mathbf{a}_k + \mathbf{a}_{r+k} = 0.$$

Also sind

$$\mathbf{x}_1 = \begin{pmatrix} x_1^{(1)} \\ \vdots \\ x_r^{(1)} \\ 1 \\ 0 \\ 0 \\ \vdots \\ 0 \end{pmatrix}, \quad \mathbf{x}_2 = \begin{pmatrix} x_1^{(2)} \\ \vdots \\ x_r^{(2)} \\ 0 \\ 1 \\ 0 \\ \vdots \\ 0 \end{pmatrix}, \ldots, \mathbf{x}_d = \begin{pmatrix} x_1^{(d)} \\ \vdots \\ x_r^{(d)} \\ 0 \\ 0 \\ \vdots \\ 0 \\ 1 \end{pmatrix}$$

Lösungen von $\mathbf{A}\,\mathbf{x} = 0$. Somit ist auch jedes

$$\mathbf{x} = \sum_{k=1}^{d} c_k \mathbf{x}_k, \quad c_k \text{ reell},$$

eine Lösung.

Wir zeigen nun, daß dies alle Lösungen sind. Es sei

$$\mathbf{x} = \begin{pmatrix} x_1 \\ \cdot \\ \cdot \\ \cdot \\ x_m \end{pmatrix}$$

eine beliebige Lösung von $\mathbf{A}\,\mathbf{x} = 0$. Dann ist auch

$$\bar{\mathbf{x}} = \sum_{k=1}^{d} x_{r+k} \mathbf{x}_k$$

eine Lösung. Wir beweisen, daß $\mathbf{x} = \bar{\mathbf{x}}$ ist. Dazu bilden wir $\mathbf{x}^* := \mathbf{x} - \bar{\mathbf{x}}$ mit

$$x^* = \begin{pmatrix} x_1^* \\ \cdot \\ \cdot \\ \cdot \\ x_r^* \\ 0 \\ \cdot \\ \cdot \\ \cdot \\ 0 \end{pmatrix}.$$

Aus $\mathbf{A}\mathbf{x}^* = 0$ folgt

$$\mathbf{A}_r \begin{pmatrix} x_1^* \\ \cdot \\ \cdot \\ \cdot \\ x_r^* \end{pmatrix} = 0,$$

wegen der Regularität von $\mathbf{A}_r$ also $x_k^* = 0$, $k = 1,\ldots,r$. Somit erhält man $\mathbf{x}^* = 0$ und $\mathbf{x} = \bar{\mathbf{x}}$. q.e.d.

<u>Bemerkung:</u> Die Vektoren $\mathbf{x}_1,\ldots,\mathbf{x}_d$ im Satz 5, aus denen die allgemeine Lösung (3.47) gebildet wird, sind keinesfalls eindeutig bestimmt. Jede andere Menge $\{\mathbf{y}_1,\ldots,\mathbf{y}_d\}$ linear unabhängiger Vektoren, die durch

$$\mathbf{y}_i = \sum_{k=1}^{d} b_{ik}\mathbf{x}_k, \quad b_{ik} \text{ reell}, \quad \mathbf{B} = (b_{ik}) \begin{cases} i = 1,\ldots,d \\ k = 1,\ldots,d \end{cases} \text{ regulär} \tag{3.48}$$

aus den $\mathbf{x}_k$ hervorgeht, hat die Eigenschaft, daß

$$\left\{ \mathbf{x} = \sum_{k=1}^{d} c_i \mathbf{y}_i \,\middle|\, c_i \text{ beliebig reell} \right\} \tag{3.49}$$

die Lösungsgesamtheit von $\mathbf{A}\mathbf{x} = 0$ darstellt.

Man sieht dies so: Die Menge (3.49) ist in der Lösungsgesamtheit enthalten; man hat nur (3.48) in (3.49) einzusetzen.

Doch auch das Umgekehrte gilt:

Dazu ist zu zeigen, daß die $\mathbf{y}_1,\ldots,\mathbf{y}_d$ genau dann linear unabhängig sind, wenn $\mathbf{B} = (b_{ik}) \begin{cases} i = 1,\ldots,d \\ k = 1,\ldots,d \end{cases}$ regulär ist. Wären nämlich die $\mathbf{y}_1,\ldots,\mathbf{y}_d$ linear abhängig, so existierte ein $(c_1,\ldots,c_d) \neq 0$ mit

$$0 = \sum_{i=1}^{d} c_i \mathbf{y}_i = \sum_{k=1}^{d} \mathbf{x}_k \sum_{i=1}^{d} c_i b_{ik} . \tag{3.50}$$

Da die $\mathbf{x}_k$ linear unabhängig sind, so folgte $\sum_{i=1}^{d} c_i b_{ik} = 0$, also die lineare Abhängigkeit der Zeilen von $\mathbf{B}$, also die Singularität von $\mathbf{B}$. Wäre umgekehrt $\mathbf{B}$ singulär, so wäre mit geeignetem $(c_1,\ldots,c_d) \neq 0$ $\sum_{i=1}^{d} c_i b_{ik} = 0$ erfüllt, also gälte (3.50), d.h. die $\mathbf{y}_i$ wären linear abhängig.

Mit $\mathbf{B}^{-1} = (c_{ki}) \begin{cases} k = 1,\ldots,d \\ i = 1,\ldots,d \end{cases}$ folgt somit

$$\mathbf{x}_k = \sum_{i=1}^{d} c_{ki}\mathbf{y}_i .$$

Jeder Vektor

$$\mathbf{x} = \sum_{k=1}^{d} c_k \mathbf{x}_k = \sum_{i=1}^{d} \mathbf{y}_i \sum_{k=1}^{d} c_k c_{ki}$$

wobei

$$\mathbf{A} = (a_{ik}) \begin{cases} i = 1,\dots,n \\ k = 1,\dots,m \end{cases}, \quad \mathbf{x} = \begin{pmatrix} x_1 \\ \cdot \\ \cdot \\ \cdot \\ x_m \end{pmatrix}, \quad \mathbf{b} = \begin{pmatrix} b_1 \\ \cdot \\ \cdot \\ \cdot \\ b_n \end{pmatrix}$$

der Lösungsgesamtheit ist daher in (3.49) enthalten. -

Aus Satz 5 erhalten wir schließlich die

Folgerung 7: Ist $\mathbf{A}$ eine $(n,m)$-Matrix, deren Rang gleich $m$ ist, so hat $\mathbf{A}\mathbf{x} = 0$ nur die triviale Lösung $\mathbf{x} = 0$.

### 3.3.4. Inhomogene lineare Gleichungen

Ein Gleichungssystem der Form

$$\begin{matrix} a_{11} x_1 + \dots + a_{1m} x_m = b_1 \\ \vdots \\ a_{n1} x_1 + \dots + a_{nm} x_m = b_n \end{matrix} \tag{3.51}$$

mit gegebenen $a_{ik}$, $b_i$ und gesuchten $x_k$ heißt ein inhomogenes lineares Gleichungssystem, wenn nicht alle $b_i = 0$ sind. In Matrizenschreibweise lautet (3.51)

$$\mathbf{A}\mathbf{x} = \mathbf{b}, \tag{3.52}$$

ist.

Zunächst erhalten wir die einfache

Folgerung 8: Ist $\mathbf{x}_o$ eine Lösung von (3.52), so bilden die Vektoren

$$\bar{\mathbf{x}} = \mathbf{x}_o + \mathbf{x},$$

wobei $\mathbf{x}$ eine beliebige Lösung von $\mathbf{A}\mathbf{x} = 0$, ist, die Lösungsgesamtheit von (3.52).

Beweis: Ist $\bar{\mathbf{x}}$ irgend eine Lösung von (3.52), so folgt mit der Lösung $\mathbf{x}_o$:

$$\mathbf{A}(\bar{\mathbf{x}} - \mathbf{x}_o) = 0.$$

Also ist $\mathbf{x} = \bar{\mathbf{x}} - \mathbf{x}_o$ eine Lösung der homogenen Gleichung $\mathbf{A}\mathbf{x} = 0$. Andererseits ist $\bar{\mathbf{x}} = \mathbf{x}_o + \mathbf{x}$ mit $\mathbf{A}\mathbf{x} = 0$ stets eine Lösung von (3.52), womit die Behauptung bewiesen ist. q.e.d.

Es genügt also eine Lösung der inhomogenen Gleichung (3.52) zu finden und die Lösungen der homogenen Gleichung $\mathbf{A}\mathbf{x} = 0$ zu kennen, um jede Lösung des inhomogenen Systems konstruieren zu können.

Berechnungsverfahren sollen hier nicht behandelt werden. Wir wollen dagegen die Frage beantworten: Wann existieren Lösungen eines inhomogenen linearen Gleichungssystems. Antwort gibt der folgende wichtige Satz, in dem die Theorie der linearen Gleichungen gipfelt.

Satz 6: Rangkriterium. Ein inhomogenes Gleichungssystem

$$\mathbf{A}\mathbf{x} = \mathbf{b} \tag{3.53}$$

ist genau dann lösbar, wenn der Rang von $\mathbf{A}$ gleich dem Rang der erweiterten Matrix $(\mathbf{A}, \mathbf{b})$ ist.

Mit $(\mathbf{A}, \mathbf{b})$ bezeichnen wir dabei die Matrix

$$(\mathbf{A}, \mathbf{b}) := \begin{pmatrix} a_{11} & \cdots & a_{1m} & b_1 \\ \vdots & & \vdots & \vdots \\ a_{n1} & & a_{nm} & b_n \end{pmatrix}.$$

Beweis: Es sei Rang $\mathbf{A} = r$ und es seien $\mathbf{a}_1, \ldots, \mathbf{a}_r$ linear unabhängige Spaltenvektoren von $\mathbf{A}$. Ist $\mathrm{Rang}(\mathbf{A}, \mathbf{b}) = \mathrm{Rang}\,\mathbf{A} = r$, so müssen die Vektoren $\mathbf{b}, \mathbf{a}_1, \ldots, \mathbf{a}_r$ linear abhängig sein, andernfalls wäre die Maximalzahl linear unabhängiger Spalten von $(\mathbf{A}, \mathbf{b})$ gleich $r + 1$.

Nach Folgerung 5 gibt es also reelle Zahlen $x_1, \ldots, x_m$ mit

$$\sum_{k=1}^{r} \mathbf{a}_k x_k = \mathbf{b}, \tag{3.54}$$

d.h. das inhomogene Gleichungssystem (3.53) hat eine Lösung.

Ist aber $\mathrm{Rang}(\mathbf{A}, \mathbf{b}) = r + 1$, so gibt es Spaltenvektoren $\mathbf{a}_1, \ldots, \mathbf{a}_r$ von $\mathbf{A}$, so daß die $\mathbf{b}, \mathbf{a}_1, \ldots, \mathbf{a}_r$ linear unabhängig sind. Also läßt sich $\mathbf{b}$ nicht aus den $\mathbf{a}_1, \ldots, \mathbf{a}_r$ linear kombinieren. Damit läßt sich $\mathbf{b}$ auch nicht aus allen Spalten $\mathbf{a}_1, \ldots, \mathbf{a}_m$ von $\mathbf{A}$ linear kombinieren. Da nämlich die $\mathbf{a}_{r+1}, \ldots, \mathbf{a}_m$ als Linearkombinationen der $\mathbf{a}_1, \ldots, \mathbf{a}_r$ darstellbar sind, würde sich $\mathbf{b}$ letztlich doch als Linearkombination der $\mathbf{a}_1, \ldots, \mathbf{a}_r$ ergeben, was nicht sein kann. Also gibt es keine $x_1, \ldots, x_m$, die (3.54) erfüllen, d.h. $\mathbf{A}\mathbf{x} = \mathbf{b}$ ist nicht lösbar.

Damit ist der Satz bewiesen.

Es sei noch bemerkt: Ist Rang $\mathbf{A} = n$ (gleich der Anzahl der Gleichungen), wozu $n \leq m$ notwendig ist, so ist $\mathrm{Rang}\,\mathbf{A} = \mathrm{Rang}\,(\mathbf{A}, \mathbf{b})$ für *jeden* Vektor $\mathbf{b}$.

Genau dann, wenn $\mathrm{Rang}\,\mathbf{A} = \mathrm{Rang}(\mathbf{A}, \mathbf{b}) = m (\leq n)$ ist, ist das inhomogene Gleichungssystem $\mathbf{A}\mathbf{x} = \mathbf{b}$ *eindeutig* lösbar.

## 3.4. Übergang von einem Grundgrößensystem zu einem anderen

### 3.4.1. Übergang von einem $\{M_1,\ldots,M_m\}$-System zu einem $\{P_1,\ldots,P_p\}$-System

Bei dem in diesem Abschnitt 3.4. betrachteten Übergang von einem Grundgrößensystem zu einem anderen soll die formale Umrechnung von Dimensionsformeln als erste Anwendung der im Abschnitt 3.3. zusammengefaßten Theorie der Matrizen und linearen Gleichungen im Vordergrund stehen. Da die physikalische Problematik im Hintergrund bleiben wird, sollen vorweg hierzu wenigstens einige Hinweise gegeben werden.

Eine Grundgrößenart des $\{M_1,\ldots,M_m\}$-Systems, etwa die k-te mit den Maßzahlen $M_k$, kann im neuen $\{P_1,\ldots,P_p\}$-System wieder Grundgrößenart sein, etwa mit den Maßzahlen $P_l$, je nach neuer Wahl der Grundeinheit dieser Größenart. Wird dagegen eine Grundgrößenart des ersten Systems zu einer abgeleiteten Größenart im zweiten System, so wird also der Vergleich der Größen dieser Art mit einer Urgröße (standard, étalon) aufgegeben. Dafür wird ein naturgesetzlicher Zusammenhang als definierende Gleichung für diese Größenart im neuen System gewählt. Dabei geht eine dimensionsbehaftete universelle Konstante - die Proportionalitätskonstante des Naturgesetzes - über in eine dimensionslose Konstante im neuen System. Man denke etwa an den im Abschnitt 1.3. behandelten Übergang von einem $\{M, L, T\}$-System zu einem $\{L, T\}$-System, bei dem das Gravitationsgesetz die Definitionsgleichung für die abgeleitete Größe "Masse" liefert und die Gravitationskonstante zu einer dimensionslosen Konstanten wird.

Eine abgeleitete Größenart im ersten System kann im neuen System abgeleitete Größenart bleiben. In der Regel wird dann auch ihre definierende Gleichung beibehalten werden, das muß aber nicht der Fall sein. Auf jeden Fall müssen die definierenden Gleichungen überprüft werden. Man denke etwa an den Übergang von einem $\{L, T\}$-System, in welchem alle Größenarten Dimensionsformeln der Gestalt $L^\alpha T^\beta$, $\alpha, \beta$ reell, haben, zu einem $\{M, L, T\}$-System, in welchem durch Überprüfung der definierenden Gleichung der Größenart Kraft diese die Dimension $MLT^{-2}$ erhalten soll. Wird umgekehrt eine abgeleitete Größenart des ersten Systems zu einer Grundgröße im neuen System - wie etwa die Masse im eben erwähnten Beispiel - , so wird für sie eine Urgröße zum realen Vergleich der Größen dieser Art festgelegt, und die bisherige definierende Gleichung wird zu einer naturgesetzlichen Beziehung mit dimensionsbehafteter Proportionalitätskonstante.

Eine allgemeine Theorie des Übergangs von einem Grundgrößensystem $\{M_1,\ldots,M_m\}$ zu einem anderen Grundgrößensystem $\{P_1,\ldots,P_p\}$ muß somit kompliziert werden, während sie in praktischen Einzelfällen in der Regel einfach ist.

Es wird im folgenden zur Vereinfachung angenommen, daß abgeleitete Größenarten, die nicht beim Übergang vom ersten System zum zweiten System Grundgrößenarten werden, unverändert ihre definierende Gleichung beibehalten und ihre Dimension sich einfach dadurch berechnet, daß man in der Dimensionsformel im ersten System die Dimensionen der alten Grundgrößenarten im neuen System einzusetzen hat. Mit dieser Einschränkung läßt sich die formale Umrechnung von Dimensionsformeln im folgenden leicht darstellen.

Dimensionsformeln bezüglich des $\{M_1,\ldots,M_m\}$-Systems werden nachfolgend mit $[\ldots]_M$, solche bezüglich des $\{P_1,\ldots,P_p\}$-Systems mit $[\ldots]_P$ bezeichnet.

Zu beachten ist noch, daß beim Wechsel des Grundgrößensystems auch die Einheiten der jeweils betrachteten Größenarten geändert werden können. Die Maßzahl einer und derselben physikalischen Größe im gewählten Maßsystem des Grundgrößensystems $\{M_1,\ldots,M_m\}$ wird dann eine andere sein als in dem Maßsystem des neuen Grundgrößensystems $\{P_1,\ldots,P_p\}$. Da wir uns im folgenden nur für Dimensionsformeln interessieren, können wir davon absehen, daß die Maßzahlen x der Größen einer physikalischen Größenart im $\{M_1,\ldots,M_m\}$-System allgemein in neue Maßzahlen $x^* = ax$ (a feste reelle Zahl) im neuen $\{P_1,\ldots,P_p\}$-System übergehen (insbesondere auch $M_k$ in $M_k^*$) und unverändert in den Dimensionsformeln $[x]_M$ und $[x]_p$ schreiben.

Beim Übergang zum neuen System mögen die alten Grundgrößenarten die Dimensionsformeln

$$[M_k]_P = P_1^{p_{k1}} \cdot \ldots \cdot P_p^{p_{kp}}, \quad k = 1,\ldots,m \tag{3.55}$$

erhalten. (Ist speziell $[M_k]_P = P_l$, so ist die k-te Grundgrößenart des alten Systems nach wie vor Grundgrößenart, die l-te im neuen System.) Die Exponenten $p_{kl}$ fassen wir zur Dimensionsmatrix

$$\mathbf{P} = (p_{kl}) \begin{cases} k = 1,\ldots,m \\ l = 1,\ldots,p \end{cases} \tag{3.56}$$

zusammen. Sie ist die "Übergangsmatrix" für die Umrechnung von Dimensionsformeln.

Werden mit $x$ die Maßzahlen einer physikalischen Größenart bezeichnet, die im $\{M_1,\ldots,M_m\}$-System die Dimension

$$[x]_M = M_1^{a_1} \cdot \ldots \cdot M_m^{a_m} \tag{3.57}$$

besitzt, so ist - wohl gemerkt mit dem oben gemachten einschränkenden Vorbehalt - ihre Dimension im $\{P_1,\ldots,P_p\}$-System

$$[x]_P = P_1^{b_1} \cdot \ldots \cdot P_p^{b_p}$$
$$\text{mit} \quad b_l = \sum_{k=1}^{m} a_k p_{kl}, \quad l = 1,\ldots,p \tag{3.58}$$

oder

$$(b_1,\ldots,b_p) = (a_1,\ldots,a_m)\mathbf{P}. \tag{3.59}$$

Aus (3.59) folgt (mit obigem Vorbehalt) unmittelbar für $(a_1,\ldots,a_m) = (0,\ldots,0)$:

<u>Satz:</u> Eine dimensionslose Größe im $\{M_1,\ldots,M_m\}$-System ist auch im $\{P_1,\ldots,P_p\}$-System eine dimensionslose Größe. Das Umgekehrte braucht nicht zu gelten. Dabei sind $\{M_1,\ldots,M_m\}$- und $\{P_1,\ldots,P_p\}$-System durch (3.55) verknüpft.

Ob auch die Umkehrung gilt - wieder innerhalb des oben gemachten einschränkenden Vorbehalts - , ob also aus $(b_1, \ldots, b_p) = 0$ auch $(a_1, \ldots, a_m) = 0$ folgt, ob also das homogene Gleichungssystem $\sum_{k=1}^{m} a_k p_{kl} = 0$, $l = 1, \ldots, p$, nur die triviale Lösung besitzt, das hängt von der Übergangsmatrix **P** ab.

Sind $x_1, \ldots, x_n$ die Maßzahlen der Größen von n physikalischen Größenarten mit den Dimensionsformeln

$$[x_i]_M = M_1^{a_{i1}} \cdot \ldots \cdot M_m^{a_{im}}, \quad i = 1, \ldots, n \tag{3.60}$$

im $\{M_1, \ldots, M_m\}$-System, also mit der Dimensionsmatrix

$$\mathbf{A} = (a_{ik}) \begin{cases} i = 1, \ldots, n \\ k = 1, \ldots, m \end{cases},$$

so ergeben sich entsprechend ihre Dimensionsformeln im $\{P_1, \ldots, P_p\}$-System zu

$$[x_i]_P = P_1^{b_{i1}} \cdot \ldots \cdot P_p^{b_{ip}}, \quad i = 1, \ldots, n \tag{3.61}$$

$$\text{mit} \quad b_{il} = \sum_{k=1}^{m} a_{ik} p_{kl}, \quad i = 1, \ldots, n, \quad l = 1, \ldots, p.$$

Mit der Dimensionsmatrix

$$\mathbf{B} = (b_{il}) \begin{cases} i = 1, \ldots, n \\ l = 1, \ldots, p \end{cases} \tag{3.62}$$

kann man auch kurz schreiben:

$$\mathbf{B} = \mathbf{A}\mathbf{P}. \tag{3.63}$$

Es läßt sich zeigen, daß eine im $\{M_1, \ldots, M_m\}$-System dimensionshomogene Funktion von $x_1, \ldots, x_n$ auch eine dimensionshomogene

Funktion ihrer Variablen im $\{P_1,\ldots,P_p\}$-System ist. Offenbar braucht auch hier die Umkehrung nicht zu gelten.

### 3.4.2. Übergang vom physikalischen $\{M, L, T\}$-System der Mechanik zum astronomischen $\{L, T\}$-System als Beispiel

Dieser Übergang wurde bereits im propädeutischen ersten Kapitel in Abschnitt 1.3. betrachtet. Auf die dortigen Erläuterungen wird hier verwiesen.

Wir setzen

$$\begin{aligned} &M_1 = M, \quad M_2 = L, \quad M_3 = T, \\ &\text{und} \qquad P_1 = L, \quad P_2 = T. \end{aligned} \tag{3.64}$$

Es sollen alle abgeleiteten Größen im $\{M, L, T\}$-System unverändert ihre definierenden Gleichungen im $\{L, T\}$-System beibehalten. Beim Übergang wird - vgl. 1.3. - die Dimension der Gravitationskonstanten G

$$[G]_M = M^{-1} L^3 T^{-2}$$

zu

$$[G]_P = L^0 T^0 = 1, \tag{3.65}$$

und damit erhält die Masse als abgeleitete Größe im $\{L, T\}$-System die Dimension

$$[M]_P = L^3 T^{-2}. \tag{3.66}$$

Als Übergangsmatrix $\mathbf{P}$ bzw. Übergangstafel hat man also

$$\mathbf{P} = \begin{pmatrix} 3 & -2 \\ 1 & 0 \\ 0 & 1 \end{pmatrix}, \qquad \begin{array}{c|cc} \mathbf{P} & L & T \\ \hline M & 3 & -2 \\ L & 1 & 0 \\ T & 0 & 1 \end{array} . \tag{3.67}$$

Es mögen nun die Dimensionen einiger abgeleiteter Größen der Mechanik im $\{L, T\}$-System zur Übung berechnet werden.

Zur Kontrolle stellen wir zunächst fest:

a) Dimension der Masse:

$$[M]_M = M^1 L^0 T^0, \qquad \text{also} \quad \mathbf{A} = (1, 0, 0).$$

Somit

$$\mathbf{B} = (1, 0, 0) \begin{pmatrix} 3 & -2 \\ 1 & 0 \\ 0 & 1 \end{pmatrix} = (3, -2)$$

und

$$[M]_P = L^3 T^{-2}.$$

b) Dimension der Gravitationskonstante:

$$[G]_M = M^{-1} L^3 T^{-2}, \quad \text{also} \quad \mathbf{A} = (-1, 3, -2),$$

somit

$$\mathbf{B} = (-1, 3, -2) \begin{pmatrix} 3 & -2 \\ 1 & 0 \\ 0 & 1 \end{pmatrix} = (0, 0)$$

und

$$[G]_P = L^0 T^0 = 1.$$

Weitere Beispiele:

1. Kraft: Die Maßzahlen der Kraft mögen mit $F$ bezeichnet werden. Es ist

$$[F]_M = M L T^{-2} \quad \text{oder} \quad \mathbf{A} = (1, 1, -2).$$

Somit ist

$$\mathbf{B} = (1, 1, -2) \begin{pmatrix} 3 & -2 \\ 1 & 0 \\ 0 & 1 \end{pmatrix} = (4, -4)$$

und also

$$[F]_P = (L\,T^{-1})^4.$$

2. <u>Arbeit:</u> Die Maßzahlen der Arbeit seien mit A bezeichnet. Es ist

$$[A]_M = M\,L^2\,T^{-2} \quad \text{oder} \quad \mathbf{A} = (1, 2, -2),$$

somit

$$\mathbf{B} = (1, 2, -2) \begin{pmatrix} 3 & -2 \\ 1 & 0 \\ 0 & 1 \end{pmatrix} = (5, -4)$$

und

$$[A]_P = L^5\,T^{-4}.$$

Da Energie und Drehmoment im $\{M, L, T\}$-System dieselbe Dimensionsformel haben wie die Arbeit, gilt dies auch im $\{L, T\}$-System.

3. <u>Leistung:</u> Mit P als Bezeichnung der Maßzahlen der Leistung ist

$$[P]_M = M\,L^2\,T^{-3} \quad \text{oder} \quad \mathbf{A} = (1, 2, -3),$$

also

$$\mathbf{B} = (1, 2, -3) \begin{pmatrix} 3 & -2 \\ 1 & 0 \\ 0 & 1 \end{pmatrix} = (5, -5)$$

und

$$[P]_P = (L\,T^{-1})^5.$$

4. Geschwindigkeit: Mit v als Maßzahl der Geschwindigkeit ist

$$[v]_M = [v]_P = L\,T^{-1}$$

und

$$[F]_P = [v^4]_P, \quad [P]_P = [v^5]_P.$$

5. Räumliche Massendichte: Mit $\rho$ als Maßzahl der Massendichte ist

$$[\rho]_M = M\,L^{-3} \quad \text{und} \quad \mathbf{A} = (1, -3, 0),$$

also

$$\mathbf{B} = (1, -3, 0) \begin{pmatrix} 3 & -2 \\ 1 & 0 \\ 0 & 1 \end{pmatrix} = (0, -2)$$

und

$$[\rho]_P = T^{-2}\,.$$

6. Lineare Massendichte: Ist $\rho_1$ die Maßzahl der Massendichte einer mit Masse belegten Kurve ("Masse pro Längeneinheit"), so ist

$$[\rho_1]_M = M\,L^{-1}$$

und, wie man sofort nachrechnet,

$$[\rho_1]_P = [v^2]_P = (L\,T^{-1})^2.$$

7. Massentransport pro Zeiteinheit: Ist dm/dt die Maßzahl der pro Zeiteinheit beförderten Masse (z.B. aus einer Quelle oder in eine Senke), so ist

$$[dm/dt]_M = M\,T^{-1}$$

und also, wie man sofort bestätigt,

$$[dm/dt]_P = [v^3]_P = (L\,T^{-1})^3.$$

8. Die Linearkombination (mit beliebigen $\lambda_1, \ldots, \lambda_5$)

$$f\left(v, P, F, \frac{dm}{dt}, \rho_1\right) = \lambda_1 P + \lambda_2 vF + \lambda_3 v^2 \frac{dm}{dt} + \lambda_4 v^3 \rho_1 + \lambda_5 v^5$$

ist eine im $\{L, T\}$-System dimensionshomogene Funktion. Sie ist im $\{M, L, T\}$-System genau dann dimensionshomogen, wenn $\lambda_5 = 0$ ist.

9. Dimensionslos im $\{L, T\}$-System sind alle physikalischen Größen, deren Dimensionsformel im $\{M, L, T\}$-System $(ML^{-3}T^2)^\lambda$ mit beliebigem $\lambda$ lautet.

### 3.4.3. Verringerung der Anzahl der Grundgrößen um eins

In Verallgemeinerung des Übergangs vom $\{M, L, T\}$-System zum $\{L, T\}$-System werde aus einem Grundgrößensystem $\{M_1, M_2, \ldots, M_m\}$ ein neues Grundgrößensystem gebildet, in welchem die alte Grundgröße mit der Maßzahl $M_1$ vermöge eines zur definierenden Gleichung benutzten bisherigen Naturgesetzes zur abgeleiteten Größe gemacht wird, während alle anderen Grundgrößen unverändert Grundgrößen bleiben. Ist dann

$$\left.\begin{array}{ll} & [M_1]_P = P_1^{p_1} \cdot \ldots \cdot P_{m-1}^{p_{m-1}} \\ \text{während} & \\ & [M_k]_P = P_{k-1} \quad \text{für alle } k = 2, \ldots, m \end{array}\right\} \qquad (3.68)$$

ist, so lautet die zugehörige Dimensionstafel bzw. Dimensionsmatrix (Übergangsmatrix):

| **P** | $P_1$ | $P_2$ | $\ldots$ | $P_{m-1}$ |
|---|---|---|---|---|
| $M_1$ | $p_1$ | $p_2$ | $\ldots$ | $p_{m-1}$ |
| $M_2$ | 1 | 0 | $\ldots$ | 0 |
| $M_3$ | 0 | 1 | $\ldots$ | 0 |
| . | . | . | | . |
| . | . | . | | . |
| . | . | . | | . |
| $M_m$ | 0 | 0 | | 1 |

$$\mathbf{P} = \begin{pmatrix} p_1 & p_2 & & p_{m-1} \\ 1 & 0 & \ldots & 0 \\ 0 & 1 & \ldots & 0 \\ \vdots & \vdots & & \vdots \\ 0 & 0 & & 1 \end{pmatrix}. \qquad (3.69)$$

Hat nun eine physikalische Größe mit der Maßzahl x die Dimension

$$[x]_M = M_1^{a_1} \dots M_m^{a_m}, \tag{3.70}$$

so ist

$$[x]_P = P_1^{b_1} \dots P_{m-1}^{b_{m-1}} \tag{3.71}$$

mit

$$(b_1, \dots, b_{m-1}) = (a_1, \dots, a_m)\mathbf{P},$$

also

$$b_l = a_1 p_l + a_{l+1}, \quad l = 1, \dots, m-1. \tag{3.72}$$

Folgerungen:

1. Mit $(a_1, \dots, a_m) = 0$ ist auch stets $(b_1, \dots, b_{m-1}) = 0$, d.h. jede im $\{M_1, \dots, M_m\}$-System dimensionslose Größe ist auch im $\{P_1, \dots, P_{m-1}\}$-System dimensionslos (was auch bereits aus dem allgemeinen Ergebnis in 3.4.1. folgt).

2. Mit $(b_1, \dots, b_{m-1}) = 0$ ist $(a_1, \dots, a_m)\mathbf{P}$ genau dann Nullvektor, wenn

$$(a_1, a_2, a_3, \dots, a_m) = a_1(1, -p_1, -p_2, \dots, -p_{m-1}) \tag{3.73}$$

d.h. in dem um eine Grundgröße verarmten $\{P_1, \dots, P_{m-1}\}$-System ist eine physikalische Größe mit der Maßzahl x genau dann dimensionslos: $[x]_P = 1$, wenn sie im $\{M_1, \dots, M_m\}$-System die Dimension

$$[x]_M = \left(M_1 \cdot M_2^{-p_1} \cdot M_3^{-p_2} \cdot \dots \cdot M_m^{-p_{m-1}}\right)^{a_1} \tag{3.74}$$

mit beliebigem $a_1$ hat.

Ist $f(x_1, \ldots, x_n)$ eine dimensionshomogene Funktion in ihrem Definitionsbereich D, wobei $x_1, \ldots, x_n$ Maßzahlen physikalischer Größen der Dimensionen

$$[x_i]_M = M_1^{a_{i1}} \cdot \ldots \cdot M_m^{a_{im}}, \quad i = 1, \ldots, n \tag{3.75}$$

im $\{M_1, \ldots, M_m\}$-System sind, so läßt sich leicht nachrechnen, daß sie stets auch im verarmten $\{P_1, \ldots, P_{m-1}\}$-System eine dimensionshomogene Funktion ihrer n Veränderlichen ist.

Ist

$$[f(x_1, \ldots, x_n]_M = M_1^{c_1} \ldots M_m^{c_m} \tag{3.76}$$

im $\{M_1, \ldots, M_m\}$-System, so gilt wegen der Dimensionshomogenität von f bei Grundeinheitenänderungen in diesem System

$$f\left(x_1 \prod_{k=1}^{m} \alpha_k^{a_{1k}}, \ldots, x_n \prod_{k=1}^{m} \alpha_k^{a_{nk}}\right) = \alpha_1^{c_1} \ldots \alpha_m^{c_m} f(x_1, \ldots, x_n) \tag{3.77}$$

für alle $\alpha_k > 0$, $k = 1, \ldots, m$.

Beim Übergang zum $\{P_1, \ldots, P_{m-1}\}$-System erhalten die Größen mit den Maßzahlen[2] $x_i$ die Dimension (vgl. (3.72))

$$[x_i]_P = P_1^{b_{i1}} \cdot \ldots \cdot P_{m-1}^{b_{i,m-1}}, \quad i = 1, \ldots, n$$

mit (3.78)

$$b_{il} = a_{i1} p_l + a_{i,l+1}, \quad l = 1, \ldots, m-1,$$

---

[2]. Wir nehmen dabei zur Vereinfachung der Schreibarbeit an, daß die Einheiten der Größenarten mit den Maßzahlen $x_i$ in beiden Systemen übereinstimmen.

und die Größe mit der Maßzahl $f(x_1,\dots,x_n)$ erhält anstelle von (3.76) die Dimension

$$[f(x_1,\dots,x_n]_P = P_1^{d_1} \cdot \dots \cdot P_{m-1}^{d_{m-1}} \quad \text{mit} \quad d_l = c_1 p_l + c_{l+1}, \quad l = 1,\dots,m-1. \tag{3.79}$$

Dimensionshomogenität von f im verarmten neuen System liegt nach Definition genau dann vor, wenn

$$f\left(x_1 \prod_{l=1}^{m-1} \alpha_{l+1}^{b_{1l}},\dots,x_n \prod_{l=1}^{m-1} \alpha_{l+1}^{b_{nl}}\right) = \alpha_2^{d_1} \cdot \dots \cdot \alpha_m^{d_{m-1}} f(x_1,\dots,x_n) \tag{3.80}$$

für alle $\alpha_k > 0$, $k = 2,\dots,m$ erfüllt ist. Ersetzt man hierin die $b_{il}$ nach (3.78) und die $d_l$ nach (3.79) und vergleicht man das Ergebnis mit der Voraussetzung (3.77), so ergibt sich Übereinstimmung, wenn man in (3.77) $\alpha_1$ vermöge

$$\alpha_1 = \alpha_2^{p_1} \cdot \dots \cdot \alpha_m^{p_{m-1}} \tag{3.81}$$

ersetzt. (Das ist natürlich gerade der Umrechnungsfaktor für die Maßzahlen $M_1$ der nunmehr abgeleiteten ersten Größenart bei Grundeinheitenänderungen der verbliebenen $m - 1$ Grundgrößenarten.) Da (3.77) nach Voraussetzung für jede Wahl von $\alpha_1 > 0$ erfüllt ist, so auch speziell bei dieser von $\alpha_2,\dots,\alpha_m$ abhängigen Wahl (3.81). Die Forderung (3.80) der Dimensionshomogenität im verarmten $\{P_1,\dots,P_{m-1}\}$-System ist schwächer als die entsprechende Forderung (3.77) im $\{M_1,\dots,M_m\}$-System, die für jede Wahl von $\alpha_1 > 0$ unabhängig von den Wahlen der übrigen $\alpha_k$, $k = 2,\dots,m$ gelten soll.

Wie die Menge der dimensionslosen Größenarten (und entsprechend die der Größenarten irgendeiner vorgegebenen Dimension), so wird auch die Menge der dimensionshomogenen Funktionen vermehrt, wenn man das Grundgrößensystem um eine Grundgröße verkleinert.

### 3.4.4. Äquivalente Grundgrößensysteme

Definition: Ist beim Übergang von einem $\{M_1,\dots,M_m\}$-System zu einem $\{P_1,\dots,P_p\}$-System mit der Übergangsmatrix (3.56)

$$\mathbf{P} = (p_{kl}) \begin{cases} k = 1,\dots,m \\ l = 1,\dots,p \end{cases}$$

die Anzahl der Grundgrößenarten unverändert $p = m$, und ist die $(m,m)$-Matrix $\mathbf{P}$ nicht singulär ($\det(\mathbf{P}) \neq 0$, d.h. Rang $\mathbf{P} = m$), so nennen wir die beiden Grundgrößensysteme $\{M_1,\dots,M_m\}$ und $\{P_1,\dots,P_p\}$ äquivalent.

Diese (dimensionsanalytische) Äquivalenz bedeutet: Hat eine beliebige physikalische Größe mit der Maßzahl $x$ die Dimension

$$[x]_M = M_1^{a_1} \cdot \dots \cdot M_m^{a_m}$$

im $\{M_1,\dots,M_m\}$-System, so ergibt sich ihre Dimension

$$[x]_P = P_1^{b_1} \cdot \dots \cdot P_p^{b_p}$$

nach (3.59) gemäß

$$(a_1,\dots,a_m)\mathbf{P} = (b_1,\dots,b_p).$$

Genau dann, wenn $p = m$ und $\det(\mathbf{P}) \neq 0$ ist, ist dieses Gleichungssystem für alle $(b_1,\dots,b_p)$ eindeutig nach $(a_1,\dots,a_m)$ auflösbar (Rang $\mathbf{P}$ = Rang $\binom{\mathbf{P}}{\mathbf{b}} = m$ für jeden Vektor $\mathbf{b} = (b_1,\dots,b_p)$). Der Übergang von einem System zum anderen ist für die Dimension jeder physikalischen Größe eindeutig umkehrbar. Insbesondere gilt

$$(a_1,\dots,a_m) = 0 \Leftrightarrow (b_1,\dots,b_p) = 0,$$

d.h. eine dimensionslose Größe ist auch dimensionslos in jedem äquivalenten System.

Entsprechend gilt: Eine dimensionshomogene Funktion ist auch dimensionshomogene Funktion ihrer Argumente in jedem äquivalenten System.

Diese spezielle Art des Übergangs von einem Grundgrößensystem zu einem anderen scheint erstmals von Alfred O'Rahilly (Electromagnetics, London-New York-Toronto, Longman, Green & Co. 1938, dort S. 710) für Systeme mit drei Grundgrößenarten herausgehoben worden zu sein. Ist $\{M_1, M_2, M_3\}$ ein solches Grundgrößensystem, etwa das physikalische Grundgrößensystem $\{M, L, T\}$ der Mechanik, so nennt O'Rahilly jedes daraus hervorgehende $\{P_1, P_2, P_3\}$-System mit regulärer (3,3)-Übergangsmatrix "pro-basic", d.h. als Grundgrößensystem in dem beschriebenen Sinne gleichwertig mit dem ersten Grundgrößensystem.

Ersetzt man etwa im physikalischen $\{M, L, T\}$-System die Grundgröße Masse durch die neue Grundgröße Kraft - Maßzahl F - , indem man in der bisherigen definierenden Gleichung $F = M \cdot a$ der Kraft (a Maßzahl einer Beschleunigung) die Rollen von Masse und Kraft als Grundgröße und abgeleitete Größe vertauscht, so erhält man das zum physikalischen Grundgrößensystem der Mechanik äquivalente technische Grundgrößensystem $\{F, L, T\}$. Wegen $[M]_P = F L^{-1} T^2$, $[L]_P = L$, $[T]_P = T$ ist die Übergangsmatrix

$$\mathbf{P} = \begin{pmatrix} 1 & -1 & 2 \\ 0 & 1 & 0 \\ 0 & 0 & 1 \end{pmatrix}.$$

Es ist $m = p = 3$ und $\det(\mathbf{P}) = 1 \neq 0$.

Wegen $[F]_M = M L T^{-2}$ ergibt sich - zur Kontrolle - aus

$$(1, 1, -2) \begin{pmatrix} 1 & -1 & 2 \\ 0 & 1 & 0 \\ 0 & 0 & 1 \end{pmatrix} = (1, 0, 0),$$

wie es sein muß, $[F]_P = F$. Für die räumliche Massendichte - als Beispiel - mit der Maßzahl $\rho$ und der Dimension $[\rho]_M = M L^{-3}$ ergibt sich vermöge

$$(1,-3,0)\begin{pmatrix} 1 & -1 & 2 \\ 0 & 1 & 0 \\ 0 & 0 & 1 \end{pmatrix} = (1,-4,2)$$

die neue Dimension zu $[\rho]_P = F\,L^{-4}\,T^2$.

Entsprechend erhält man beim Übergang vom $\{F, L, T\}$-System zu einem $\{F, L, V\}$-System, wo V die Maßzahl der neuen Grundgröße Geschwindigkeit ist, die vermöge der definierenden Gleichung $V = L\,T^{-1}$ für die Geschwindigkeit einer gleichförmigen Bewegung gegen die Zeit als neue Grundgröße ausgetauscht wird, wieder ein zum $\{F, L, T\}$- und damit zum $\{M, L, T\}$-System äquivalentes Grundgrößensystem mit der Übergangsmatrix vom $\{F, L, T\}$- zum $\{F, L, V\}$-System

$$\mathbf{P} = \begin{pmatrix} 1 & 0 & 0 \\ 0 & 1 & 0 \\ 0 & 1 & -1 \end{pmatrix}.$$

# 4. Das Π-Theorem

## 4.1. Fundamentalsysteme dimensionsloser Potenzprodukte

### 4.1.1. Systeme unabhängiger Potenzprodukte

Die physikalischen Größenarten sind im folgenden auf ein beliebiges, aber nach erfolgter Wahl unverändert beizubehaltendes Grundgrößensystem $\{M_1,\dots,M_m\}$ bezogen.

Es seien $x_1,\dots,x_n > 0$ die Maßzahlen von n physikalischen Größen mit den Dimensionen

$$[x_j] = M_1^{a_{j1}} \cdot \dots \cdot M_m^{a_{jm}}, \quad j = 1,\dots,n. \tag{4.1}$$

Die zugehörige Dimensionsmatrix ist

$$\mathbf{A} := (a_{jk}) \begin{cases} j = 1,\dots,n \\ k = 1,\dots,m \end{cases}. \tag{4.2}$$

$x_j$ kann auch eine Dimensionskonstante (z.B. die Gravitationskonstante) sein.

Ein Potenzprodukt der Maßzahlen $x_j$,

$$P := x_1^{k_1} \cdot \dots \cdot x_n^{k_n} \tag{4.3}$$

ist Maßzahl einer physikalischen Größe der Dimension

$$\left.\begin{aligned} &[P] = M_1^{p_1} \cdot \dots \cdot M_m^{p_m} \\ &\text{mit } p_k := \sum_{j=1}^{n} k_j a_{jk}, \quad k = 1,\dots,m \\ &\text{oder in Matrizenschreibweise:} \\ &(p_1,\dots,p_m) := (k_1,\dots,k_n)\mathbf{A}. \end{aligned}\right\} \tag{4.4}$$

Sind mehrere Potenzprodukte

$$P_i = x_1^{k_{i1}} \cdot \ldots \cdot x_n^{k_{in}}, \quad i = 1,\ldots,p$$

mit (4.5)

$$[P_i] = M_1^{p_{i1}} \cdot \ldots \cdot M_m^{p_{im}}, \quad \mathbf{P} = (p_{ik}) \begin{cases} i = 1,\ldots,p \\ k = 1,\ldots,m \end{cases}$$

gegeben, so folgt entsprechend für ihre Exponentenmatrix

$$\mathbf{K} := (k_{ij}) \begin{cases} i = 1,\ldots,p \\ j = 1,\ldots,n \end{cases} \tag{4.6}$$

die Gleichung

$$\mathbf{P} = \mathbf{KA} . \tag{4.7}$$

Definition: Wir nennen die Potenzprodukte $P_1,\ldots,P_p$ ein unabhängiges System von p Potenzprodukten, wenn sich kein $P_k$ als Potenzprodukt der übrigen $P_i$ $(i \neq k)$ identisch in den $x_j$, $(x_1,\ldots,x_n) \in R_n^+$, darstellen läßt.

Mit anderen Worten: Das System $P_1,\ldots,P_p$ ist genau dann ein unabhängiges System, wenn

$$P_1^{\lambda_1} P_2^{\lambda_2} \cdot \ldots \cdot P_p^{\lambda_p} = x_1^0 \cdot x_2^0 \cdot \ldots \cdot x_n^0 = 1, \; \lambda_i \text{ reell},$$

nur für

$$\lambda_1 = \lambda_2 = \ldots = \lambda_p = 0$$

möglich ist.

Folgerung: Die Potenzprodukte $P_1,\ldots,P_p$ bilden genau dann ein unabhängiges System, wenn die Zeilen der Exponentenmatrix $\mathbf{K}$ linear unabhängig sind.

Beweis: Es ist

$$\prod_{i=1}^{p} P_i^{\lambda_i} = \prod_{i=1}^{p} \prod_{j=1}^{n} x_j^{k_{ij}\lambda_i}$$

und $P_1^{\lambda_1} \cdot \ldots \cdot P_p^{\lambda_p} = 1$ für alle $x_j > 0$ bedeutet also

$$\sum_{i=1}^{p} \lambda_i k_{ij} = 0 \quad \text{für alle } j = 1,\ldots,n. \tag{4.8}$$

Die p Zeilenvektoren $(k_{i1},\ldots,k_{in})$ sind also genau dann linear unabhängig, wenn die $P_1,\ldots,P_p$ ein unabhängiges System bilden.

q.e.d.

Beispiel:

$$\begin{aligned} P_1 &= x_1\, x_2 \\ P_2 &= x_1^3\, x_3^2\, x_4^{-1} \\ P_3 &= x_1^2\, x_3^3\, x_5 \\ P_4 &= x_1^{-1}\, x_3\, x_6^2 \end{aligned} \qquad \text{mit } \mathbf{K} = \begin{array}{c} \begin{matrix} x_1 & x_2 & x_3 & x_4 & x_5 & x_6 \end{matrix} \\ \begin{pmatrix} 1 & 1 & 0 & 0 & 0 & 0 \\ 3 & 0 & 2 & -1 & 0 & 0 \\ 2 & 0 & 3 & 0 & 1 & 0 \\ -1 & 0 & 1 & 0 & 0 & 2 \end{pmatrix} \end{array} \begin{array}{l} P_1 \\ P_2 \\ P_3 \\ P_4 \end{array} .$$

Die aus der 2., 4., 5. und 6. Spalte von **K** gebildete Determinante ist offenbar ungleich Null. Also sind die Zeilen von **K** linear unabhängig, die $P_1,\ldots,P_4$ bilden somit ein unabhängiges System von 4 Potenzprodukten. Das ist auch nach der Definition eines unabhängigen Systems trivial, denn nur in $P_1$ kommt $x_2$, nur in $P_2$ kommt $x_4$, nur in $P_3$ kommt $x_5$ und nur in $P_4$ kommt $x_6$ vor. Es kann also ein $P_k$ nicht als Potenzprodukt der übrigen drei $P_i$ $(i \neq k)$ dargestellt werden.

### 4.1.2. Fundamentalsysteme $\Pi_1,\ldots,\Pi_p$ von dimensionslosen Potenzprodukten

"Dimensionslose" Potenzprodukte, für die wir zu deren Auszeichnung gegenüber beliebigen Potenzprodukten anstelle von P den Buchstaben $\Pi$ benutzen, sind wie folgt definiert:

Definition: Ein Potenzprodukt

$$\Pi := x_1^{k_1} \dots x_n^{k_n} \tag{4.9}$$

heißt dimensionsloses Potenzprodukt, wenn die physikalische Größe mit der Maßzahl Π dimensionslos ist, d.h. wenn

$$[\Pi] = M_1^0 \dots M_m^0 = 1. \tag{4.10}$$

Ein dimensionsloses Potenzprodukt liegt somit nach (4.4) genau dann vor, wenn gilt:

$$(k_1, \dots, k_n)\, \mathbf{A} = 0. \tag{4.11}$$

Damit ist die Frage nach der Existenz und nach der Mannigfaltigkeit dimensionsloser Potenzprodukte aus den Maßzahlen $x_1, \dots, x_n$ von n gegebenen physikalischen Größen mit der Dimensionsmatrix $\mathbf{A}$ bezüglich eines Grundgrößensystems $\{M_1, \dots, M_m\}$ zurückgeführt auf die Frage nach der Lösbarkeit bzw. nach der Gesamtheit von Lösungen des linearen homogenen Gleichungssystems (4.11), das, ausführlicher geschrieben, lautet:

$$\begin{aligned} a_{11}k_1 + a_{21}k_2 + \dots + a_{n1}k_n &= 0, \\ \dots\dots\dots\dots\dots\dots\dots\dots \\ a_{1m}k_1 + a_{2m}k_2 + \dots + a_{nm}k_n &= 0. \end{aligned}$$

Definition: Ein System $\Pi_1, \dots, \Pi_p$ von dimensionslosen Potenzprodukten der $x_1, \dots, x_n$ heißt Fundamentalsystem dimensionsloser Potenzprodukte, wenn es ein unabhängiges System von Potenzprodukten ist und wenn jedes beliebige dimensionslose Potenzprodukt Π der $x_1, \dots, x_n$ sich als Potenzprodukt der $\Pi_1, \dots, \Pi_p$ darstellen läßt.

Der Zusammenhang mit einem Fundamentalsystem von Lösungen des linearen homogenen Gleichungssystems (4.11) ist unmittelbar ersichtlich, nämlich:

Folgerung: Ein Fundamentalsystem dimensionsloser Potenzprodukte der $x_1,\ldots,x_n$ besteht aus $p = n - r$ Potenzprodukten

$$\Pi_i = x_1^{k_{i1}} \ldots x_n^{k_{in}}, \quad i = 1,\ldots,p,$$

wobei $r = \operatorname{Rang} \mathbf{A}$ ist. Die Exponentenvektoren $(k_{i1},\ldots,k_{in})$, $i = 1,\ldots,p$, bilden dabei ein Fundamentalsystem von Lösungsvektoren $(k_1,\ldots,k_n)$ des linearen homogenen Gleichungssystems $(k_1,\ldots,k_n)\mathbf{A} = 0$.

Jede beliebige Lösung $(k_1,\ldots,k_n)$ läßt sich dann als Linearkombination der $p$ Lösungen eines Fundamentalsystems mit geeigneten reellen Zahlen $\lambda_1,\ldots,\lambda_p$ darstellen:

$$(k_1,\ldots,k_n) = \sum_{i=1}^{p} \lambda_i(k_{i1},\ldots,k_{in}).$$

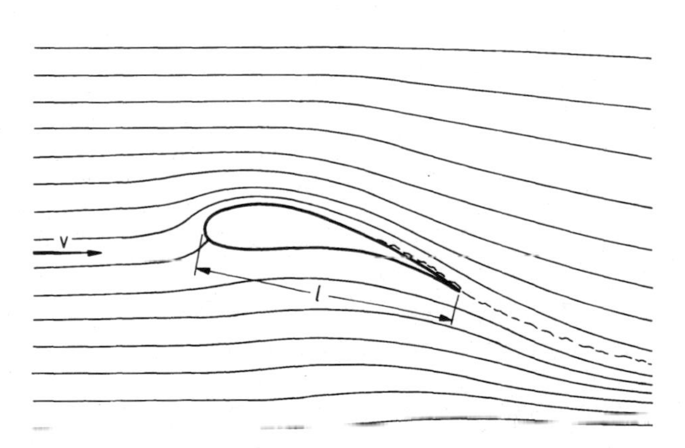


Abb. 11. Umströmung eines Tragflügels

Beispiel: Beim Problem des von einer zähen inkompressiblen Flüssigkeit angeströmten Tragflügels (Abb. 11) sind die folgenden Daten (Maßzahlen physikalischer Größen) gegeben, die wir in einer Tabelle mit der zugehörigen Dimensionsmatrix $\mathbf{A}$ in einem $\{M, L, T\}$-System angeben:

| Physikalische Größe | Maßzahl | Dimensionstafel | | |
|---|---|---|---|---|
| | | M | L | T |
| Anströmgeschwindigkeit | $v = x_1$ | 0 | 1 | -1 |
| Flügeltiefe | $l = x_2$ | 0 | 1 | 0 |
| Dichte des strömenden Mediums | $\rho = x_3$ | 1 | -3 | 0 |
| Kinematische Zähigkeit des Mediums | $\nu = x_4$ | 0 | 2 | -1 |
| Kraft (z.B. Auftrieb, Widerstand) | $F = x_5$ | 1 | 1 | -2 |

Es ist in diesem Beispiel

$$m = 3, \quad n = 5, \quad r = 3, \quad \text{also} \quad p = n - r = 2.$$

Ein Fundamentalsystem dimensionsloser Potenzprodukte besteht also aus zwei unabhängigen dimensionslosen Potenzprodukten. Ein solches System soll ermittelt werden.

a) Ohne formale Rechnung errät man sofort, daß

$$\Pi_1 = x_1 x_2 x_4^{-1}, \qquad \Pi_2 = x_1^2 x_2^2 x_3 x_5^{-1}$$

dimensionslose und unabhängige ($x_4$ nur in $\Pi_1$, $x_5$ nur in $\Pi_2$) Potenzprodukte, also ein Fundamentalsystem bilden. Das gilt trivialerweise auch für $\Pi_1$ und $\Pi_2^{-1}$. Es ist

$$\Pi_1 = Re = v\,l/\nu \qquad \text{die sog. Reynoldssche Zahl,}$$

$$\Pi_2^{-1} = C_F = F/\rho\, v^2 l^2 \qquad \text{ein sog. Kraftbeiwert}$$

(z.B. Auftriebsbeiwert, Widerstandsbeiwert).

b) Die formale Lösung des vorliegenden linearen homogenen Gleichungssystems

$$k_3 + k_5 = 0,$$
$$k_1 + k_2 - 3\,k_3 + 2\,k_4 + k_5 = 0,$$
$$-k_1 - k_4 - 2\,k_5 = 0$$

ist rasch durchgeführt. Da Rang $\mathbf{A} = 3$ ist, lassen wir $k_4$ und $k_5$ beliebig und erhalten

$$k_3 = -k_5,\ k_1 = -k_4 - 2\,k_5,\ k_2 = -k_4 - 2\,k_5\ (= k_1).$$

Wählt man $k_4 = -1$, $k_5 = 0$, so erhält man $(k_1, \ldots, k_5) = (1, 1, 0, -1, 0)$ und $\Pi_1 = \mathrm{Re}$. Mit $k_4 = 0$, $k_5 = +1$ wird $(k_1, \ldots, k_5) = (-2, -2, -1, 0, 1)$ und $\Pi_2 = C_F$. Es wird

$$\mathbf{K} = \begin{pmatrix} 1 & 1 & 0 & -1 & 0 \\ -2 & -2 & -1 & 0 & 1 \end{pmatrix}$$

mit zwei linear unabhängigen Zeilen.

Später wird das $\Pi$-Theorem erlauben, aus obiger Rechnung zu schließen, daß die Auftriebs- bzw. Widerstandskraft mit den übrigen Größen des Problems, von denen sie allein abhängen soll, durch die einfache Gleichung $C_F = f(\mathrm{Re})$ verknüpft sein muß, wo f eine Funktion ist, deren Werte in Abhängigkeit von Re für eine gegebene Profilform des Tragflügels allein noch - etwa experimentell - zu ermitteln bleiben. Das Problem, die Kraft **F** als Funktion von $v, l, \rho$ und $\nu$ zu ermitteln, wird also vermöge des $\Pi$-Theorems reduziert auf die Aufgabe, die Werte einer Funktion einer einzigen Veränderlichen zu bestimmen.

Oben wurde ein Fundamentalsystem dimensionsloser Potenzprodukte erraten bzw. errechnet, das praktisch besonders geeignet ist. Ein anderes - weniger praktisches - Fundamentalsystem ist z.B.

$$\Pi_1 = \mathrm{Re}\, C_F \quad (\text{mit der Wahl } k_4 = -1,\ k_5 = 1),$$
$$\Pi_2 = \mathrm{Re}^{-1} C_F \quad (\text{ " " " } k_4 = 1,\ k_5 = 1),$$

wofür

$$\mathbf{K} = \begin{pmatrix} -1 & -1 & -1 & -1 & 1 \\ -3 & -3 & -1 & 1 & 1 \end{pmatrix}$$

resultiert, wieder mit zwei linear unabhängigen Zeilen. (Es ließe sich also der Zusammenhang zwischen F und $v, l, \rho, \nu$ auch durch $Re\ C_F = f_1(Re^{-1} C_F)$ beschreiben.)

Alle möglichen dimensionslosen Potenzprodukte - allgemeine Lösung - haben die Gestalt

$$\Pi = Re^{\lambda_1} C_F^{\lambda_2}$$

mit beliebigen reellen Exponenten $\lambda_1, \lambda_2$.

## 4.2. Potenzprodukte vorgeschriebener Dimension und eine fundamentale Eigenschaft dimensionshomogener Funktionen

### 4.2.1. Potenzprodukte vorgeschriebener Dimension

Bezogen auf ein Grundgrößensystem $\{M_1,\dots,M_m\}$ seien wieder $x_1,\dots,x_n$ die Maßzahlen von n physikalischen Größen, darunter möglicherweise auch dimensionsbehaftete physikalische Konstanten, mit den Dimensionen

$$[x_j] = M_1^{a_{j1}} \cdot \ldots \cdot M_m^{a_{jm}}, \qquad j = 1,\dots,n . \qquad (4.12)$$

Die Dimensionsmatrix

$$\mathbf{A} = (a_{jk}) \begin{cases} j = 1,\dots,n \\ k = 1,\dots,m \end{cases}$$

habe den Rang

$$\text{Rang}\ \mathbf{A} = r.$$

Es werde nun nach Potenzprodukten

$$P = x_1^{k_1} \cdot \ldots \cdot x_n^{k_n} \tag{4.13}$$

gefragt, die Maßzahlen physikalischer Größen der Dimension

$$[P] = M_1^{p_1} \cdot \ldots \cdot M_m^{p_m} \tag{4.14}$$

mit fest vorgeschriebenen Exponenten $p_1, \ldots, p_m$ sind.

Die Frage ist identisch mit der Frage nach Lösungsvektoren $(k_1, \ldots, k_n)$ des linearen Gleichungssystems

$$(k_1, \ldots, k_n)\mathbf{A} = (p_1, \ldots, p_m) \tag{4.15}$$

mit vorgegebenen $\mathbf{A}$ und $(p_1, \ldots, p_m)$, vgl. (4.4), oder ausführlicher angeschrieben:

$$\begin{array}{l} a_{11}k_1 + a_{21}k_2 + \ldots + a_{n1}k_n = p_1, \\ \ldots\ldots\ldots\ldots\ldots\ldots\ldots\ldots\ldots\ldots \\ a_{1m}k_1 + a_{2m}k_2 + \ldots + a_{nm}k_n = p_m \; . \end{array}$$

Nach Satz 5 in Abschnitt 3.3.4. gilt der folgende

<u>Satz:</u> Zu vorgeschriebener Dimension $M_1^{p_1} \cdot \ldots \cdot M_m^{p_m}$ gibt es genau dann mindestens ein Potenzprodukt $P = x_1^{k_1} \cdot \ldots \cdot x_n^{k_n}$ mit $[x_j] = M_1^{a_{j1}} \cdot \ldots \cdot M_m^{a_{jm}}$, $j = 1, \ldots, n$, wenn

$$\text{Rang } \mathbf{A} = \text{Rang} \begin{pmatrix} \mathbf{A} \\ \mathbf{P} \end{pmatrix} \tag{4.16}$$

ist. (Hierin ist $\begin{pmatrix} \mathbf{A} \\ \mathbf{P} \end{pmatrix}$ die aus $\mathbf{A}$ durch Hinzufügen der Zeile $P := (p_1, \ldots, p_m)$ entstehende Matrix.)

Hat man eine spezielle Lösung $P_0$ von (4.13), so ist die a l l g e m e i n e Lösung - vgl. Folgerung 8 in Abschnitt 3.3.4. - durch

$$P = P_0 \Pi_1^{\lambda_1} \Pi_2^{\lambda_2} \dots \Pi_p^{\lambda_p} \tag{4.17}$$

mit beliebigen reellen Exponenten $\lambda_i$, $i = 1,\dots,p$ gegeben, wobei die $\Pi_1,\dots,\Pi_p$, $p = n - r$, ein Fundamentalsystem dimensionsloser Potenzprodukte der $x_1,\dots,x_n$ sind.

Beispiel 1: In einem $\{M, L, T\}$-System seien $x_1 = l$ und $x_2 = v$ die Maßzahlen einer Länge und einer Geschwindigkeit, also

$$[x_1] = L, \quad [x_2] = L\,T^{-1}, \quad \mathbf{A} = \begin{pmatrix} 0 & 1 & 0 \\ 0 & 1 & -1 \end{pmatrix}.$$

Gefragt wird nach Potenzprodukten $x_1^{k_1} \cdot x_2^{k_2}$ mit

$$\left[x_1^{k_1} \cdot x_2^{k_2}\right] = M^{p_1} \cdot L^{p_2} \cdot T^{p_3},$$

wobei $\mathbf{P} = (p_1, p_2, p_3)$ fest vorgegeben ist.

Der Rang $\mathbf{A}$ ist $r = 2$. Zu untersuchen bleibt der Rang von

$$\begin{pmatrix} \mathbf{A} \\ \mathbf{P} \end{pmatrix} = \begin{pmatrix} 0 & 1 & 0 \\ 0 & 1 & -1 \\ p_1 & p_2 & p_3 \end{pmatrix}.$$

a) Ist $p_1 \neq 0$, so ist

$$\text{Rang} \begin{pmatrix} \mathbf{A} \\ \mathbf{P} \end{pmatrix} = 3,$$

es gibt also keine Lösung. Das ist sofort klar, denn in den Dimensionsformeln $[x_1] = L$, $[x_2] = L\,T^{-1}$ kommt $M$ nur mit dem Exponenten Null vor, und man kann daher durch Potenzproduktbildung aus $x_1$ und $x_2$ nicht die Maßzahl einer physikalischen Größe erhalten, in deren Dimensionsformel die Masse vorkommt, d.h. $M$ einen von Null verschiedenen Exponenten hat.

b) Ist dagegen $p_1 = 0$, so ist

$$\text{Rang } \mathbf{A} = \text{Rang} \begin{pmatrix} \mathbf{A} \\ \mathbf{P} \end{pmatrix} = 2,$$

also ist

$$(k_1, k_2)\mathbf{A} = (0, p_2, p_3)$$

für alle $p_2$, $p_3$ lösbar. Die zu lösenden Gleichungen lauten

$$\begin{aligned} k_1 + k_2 &= p_2 \\ - k_2 &= p_3 \end{aligned}$$

und liefern

$$k_1 = p_2 + p_3, \quad k_2 = - p_3.$$

In der Tat ist hiermit

$$\left[ x_1^{k_1} \cdot x_2^{k_2} \right] = L^{p_2+p_3}(L\,T^{-1})^{-p_3} = M^0 L^{p_2} T^{p_3}.$$

<u>Beispiel 2:</u> Das im vorangehenden Abschnitt 4.1.2. behandelte Beispiel (Umströmung eines Tragflügels in einer inkompressiblen zähen Flüssigkeit) hatte es mit Maßzahlen $v, l, \rho, \nu, F$ von Größen zu tun mit folgender, die Dimensionsmatrix $\mathbf{A}$ bestimmenden Dimensionstafel:

| $\mathbf{A}$ | M | L | T |
|---|---|---|---|
| $x_1 = v$ | 0 | 1 | -1 |
| $x_2 = l$ | 0 | 1 | 0 |
| $x_3 = \rho$ | 1 | -3 | 0 |
| $x_4 = \nu$ | 0 | 2 | -1 |
| $x_5 = F$ | 1 | 1 | -2 |

Die Zeilenzahl von **A** ist $n = 5$, der Rang von **A** ist $r = 3$. Mit $p = n - r = 2$ ergab sich ein aus zwei Potenzprodukten bestehendes Fundamentalsystem dimensionsloser Potenzprodukte:

$$\Pi_1 = \mathrm{Re} = v\,l/\nu, \quad \Pi_2 = C_F = F/\rho\, v^2 l^2.$$

Das Problem, aus $x_1, \ldots, x_5$ ein Potenzprodukt zu bilden mit

$$[x_1^{k_1} \ldots x_5^{k_5}] = M^{p_1} \cdot L^{p_2} \cdot T^{p_3}$$

ist für alle $\mathbf{P} = (p_1, p_2, p_3)$ lösbar, denn es ist

$$\text{Rang } \mathbf{A} = \text{Rang} \begin{pmatrix} \mathbf{A} \\ \mathbf{P} \end{pmatrix} = 3.$$

Die $k_1, \ldots, k_5$ ergeben sich aus dem Gleichungssystem $(k_1, \ldots, k_5)\mathbf{A} = \mathbf{P}$ d.h.

$$\begin{aligned} k_3 + k_5 &= p_1 \\ k_1 + k_2 - 3\,k_3 + 2\,k_4 + k_5 &= p_2 \\ -k_1 - k_4 - 2\,k_5 &= p_3 . \end{aligned}$$

Da nur eine spezielle Lösung benötigt wird, wählen wir $k_4 = k_5 = 0$ und erhalten hierzu $k_1 = -p_3$, $k_2 = 3p_1 + p_2 + p_3$, $k_3 = p_1$, also als ein spezielles Produkt der geforderten Art

$$P_0 = v^{-p_3}\, l^{3p_1+p_2+p_3}\, \rho^{p_1} .$$

Die allgemeine Lösung lautet $P = P_0 \cdot \mathrm{Re}^{\lambda_1} C_F^{\lambda_2}$ mit beliebigen reellen $\lambda_1$, $\lambda_2$, d.h.

$$P = v^{-p_3}\, l^{3p_1+p_2+p_3}\, \rho^{p_1} (v\,l/\nu)^{\lambda_1} (F/\rho\, v^2 l^2)^{\lambda_2}.$$

Als spezielles Beispiel hierzu sei gefordert, aus den Maßzahlen $v, l, \rho, \nu, F$ alle Potenzprodukte $P = P_E$ zu bilden, die Maßzahlen einer Größe von der Dimension einer Energie im $\{M, L, T\}$-System sind. Wegen $(p_1, p_2, p_3) = (1, 2, -2)$ erhält man

$$P_E = v^2 l^3 \rho (vd/\nu)^{\lambda_1} (F/\rho v^2 l^2)^{\lambda_2}$$

mit beliebigen Exponenten $\lambda_1$, $\lambda_2$. Ein besonders einfaches spezielles Beispiel ist - man setze $\lambda_1 = 0$, $\lambda_2 = 1$ -

$$P_E = F\,l.$$

### 4.2.2. Eine fundamentale Eigenschaft dimensionshomogener Funktionen

In einem Grundgrößensystem $\{M_1, \ldots, M_m\}$ seien wiederum $x_1, \ldots, x_n$ die positiven Maßzahlen von n physikalischen Größen der Dimensionen (4.12) mit der Dimensionsmatrix $\mathbf{A} = (a_{jk})$, $j = 1, \ldots, n$, $k = 1, \ldots, m$.

Es seien

$$y = f(x_1, \ldots, x_n) \tag{4.18}$$

die Werte einer nicht identisch verschwindenden dimensionshomogenen Funktion der $x_1, \ldots, x_n$. Dann sind also die Werte y Maßzahlen einer physikalischen Größe und es existiert die Dimension $[y] = [f(x_1, \ldots, x_n)]$. Es sei

$$[y] = M_1^{b_1} \cdot M_2^{b_2} \cdot \ldots \cdot M_m^{b_m}. \tag{4.19}$$

Wir fragen: Gibt es ein Potenzprodukt $x_1^{k_1} \cdot \ldots \cdot x_n^{k_n}$ der Argumente $x_1, \ldots, x_n$ der Funktion f, welche Maßzahl einer physikalischen Größe von der gleichen Dimension wie $[f(x_1, \ldots, x_n)]$ ist?

Mit anderen Worten: Gibt es ein Potenzprodukt $x_1^{k_1} \cdot \ldots \cdot x_n^{k_n}$ derart, daß

$$\left[\frac{f(x_1,\ldots,x_n)}{x_1^{k_1}\ldots x_n^{k_n}}\right] = M_1^0 \cdot M_2^0 \cdot \ldots \cdot M_m^0 = 1 \tag{4.20}$$

ist? ("D i m e n s i o n s l o s m a c h e n" durch ein Potenzprodukt der Argumente von f.)

Dies ist tatsächlich stets möglich. Das liegt an der Beschaffenheit der dimensionshomogenen Funktionen, die allein unter allen Funktionen von Maßzahlen selbst Werte besitzen, die wiederum Maßzahlen einer physikalischen Größe sind.

Satz: Zu jeder dimensionshomogenen Funktion $f(\neq 0)$ in den Maßzahlen $x_1,\ldots,x_n$ von n physikalischen Größen gibt es mindestens ein Potenzprodukt $x_1^{k_1}\ldots x_n^{k_n}$ dieser Maßzahlen derart, daß gilt:

$$\left[x_1^{k_1}\ldots x_n^{k_n}\right] = [f(x_1,\ldots,x_n)].$$

Beweis: Nach dem vorangehenden Abschnitt genügt es zu zeigen, daß

$$\text{Rang } \mathbf{A} = \text{Rang}\begin{pmatrix}\mathbf{A}\\ \mathbf{b}\end{pmatrix} \tag{4.21}$$

ist mit $\mathbf{b} := (b_1,\ldots,b_m)$ gemäß (4.19).

Ist $\mathbf{A} = 0$, so muß wegen der Dimensionshomogenität von f auch $\mathbf{b} = 0$ sein, also ist (4.21) erfüllt. Es kann im folgenden daher $\mathbf{A} \neq 0$, also Rang $\mathbf{A} \geqslant 1$ vorausgesetzt werden. Ist dann der Rang $\begin{pmatrix}\mathbf{A}\\ \mathbf{b}\end{pmatrix} = 1$, so ist (4.21) wiederum erfüllt. Es kann daher im folgenden Rang $\begin{pmatrix}\mathbf{A}\\ \mathbf{b}\end{pmatrix} \geqslant 2$ angenommen werden.

Unter jenen Unterdeterminanten von $\begin{pmatrix}\mathbf{A}\\ \mathbf{b}\end{pmatrix}$, deren letzte Zeile aus Elementen von $\mathbf{b}$ besteht, suchen wir eine nichtverschwindende Determinante $\Delta$ mit maximaler Zeilenzahl s heraus. Wegen Rang $\begin{pmatrix}\mathbf{A}\\ \mathbf{b}\end{pmatrix} \geqslant 2$ ist $s \geqslant 2$. Ohne Einschränkung - es ist dies nur eine Frage der Numerierung der Zeilen und Spalten von $\mathbf{A}$ - kann geschrieben werden:

$$\Delta = \begin{vmatrix} a_{11} & \cdots & a_{1s} \\ \vdots & & \vdots \\ a_{s-1,1} & \cdots & a_{s-1,s} \\ b_1 & \cdots & b_s \end{vmatrix} \neq 0.$$

Nach der letzten Zeile entwickelt, erhält man

$$\Delta = \sum_{k=1}^{s} b_k \beta_k \quad \text{mit} \quad \beta_k = (-1)^{k+s} A_k, \quad k = 1,\ldots,s, \tag{4.22}$$

worin $A_k$ die Determinante ist, die aus $\Delta$ durch Streichen der k-ten Spalte und der letzten Zeile entsteht.

Es sei ferner:

$$\Delta_j = \begin{vmatrix} a_{11} & \cdots & a_{1s} \\ \vdots & & \vdots \\ a_{s-1,1} & \cdots & a_{s-1,s} \\ a_{j1} & \cdots & a_{js} \end{vmatrix}, \quad j = 1,\ldots,n.$$

Entsprechend (4.22) gilt

$$\Delta_j = \sum_{k=1}^{s} a_{jk} \beta_k, \quad j = 1,\ldots,n. \tag{4.23}$$

Mit einer beliebigen Zahl $C > 0$ bilden wir nun

$$\alpha_k = \begin{cases} C^{\beta_k} & \text{für} \quad k \leqslant s \\ 1 & \text{"} \quad k > s \end{cases}$$

und erhalten damit

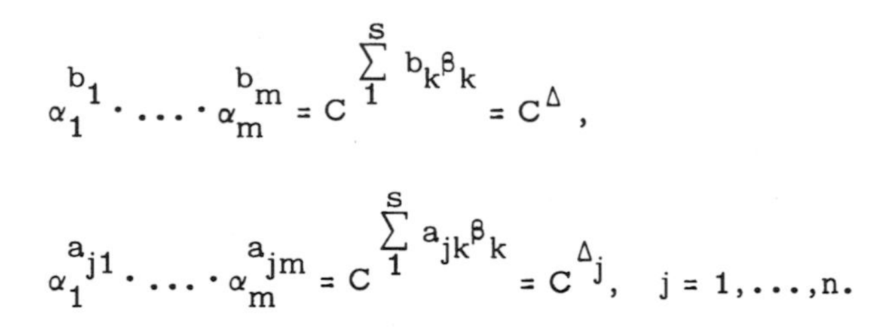

$$\alpha_1^{b_1} \cdot \ldots \cdot \alpha_m^{b_m} = C^{\sum_1^s b_k \beta_k} = C^{\Delta},$$

$$\alpha_1^{a_{j1}} \cdot \ldots \cdot \alpha_m^{a_{jm}} = C^{\sum_1^s a_{jk} \beta_k} = C^{\Delta_j}, \quad j = 1, \ldots, n.$$

Aus der Dimensionshomogenität der Funktion $f$ folgt

$$f\left(C^{\Delta_1} x_1, \ldots, C^{\Delta_n} x_n\right) = C^{\Delta} \cdot f(x_1, \ldots, x_n). \tag{4.24}$$

Nach Voraussetzung ist $f(x_1, \ldots, x_n) \neq 0$ für mindestens ein $(x_1, \ldots, x_n) \in R_n$. Damit hängt die rechte Seite von (4.24) wegen $\Delta \neq 0$ von $C$ ab. Also muß auch die linke Seite von (4.24) von $C$ abhängen. Somit muß wenigstens eine der s-reihigen Determinanten $\Delta_j \neq 0$ sein. Daraus folgt aber, daß der Rang von $\binom{\mathbf{A}}{\mathbf{b}}$ nicht größer sein kann als der Rang von $\mathbf{A}$. q.e.d.

## 4.3. Geometrie der Einheitenänderungen als Abbildungen im Maßzahlraum

Auf ein Grundgrößensystem $\{M_1, \ldots, M_m\}$ bezogen seien wieder $x_1, \ldots, x_n$ die Maßzahlen von $n$ physikalischen Größen der Dimensionen

$$[x_j] = M_1^{a_{j1}} \cdot \ldots \cdot M_m^{a_{jm}}, \quad j = 1, \ldots, n, \tag{4.25}$$

mit der Dimensionsmatrix

$$\mathbf{A} = (a_{jk}) \begin{cases} j = 1, \ldots, n \\ k = 1, \ldots, m \end{cases}. \tag{4.26}$$

Wie bisher beschränken wir uns auf $x_j > 0$, $j = 1, \ldots, n$. Wir nennen die Menge

$$R_n^+ = \{(x_1, \ldots, x_n) \in R_n \mid x_j > 0 \quad \text{für alle} \quad j = 1, \ldots, n\} \tag{4.27}$$

im folgenden den Maßzahlraum.

Wir betrachten nun Einheitenänderungen der m Grundgrößen. Es sei $(\alpha_1,\dots,\alpha_m)$ ein beliebiges m-tupel positiver Zahlen. Von der bisherigen Grundeinheit der k-ten Grundgrößenart gehen wir für jedes $k = 1,\dots,m$ über zur $1/\alpha_k$-ten Grundeinheit. (Sprechweise wie in 2.4. vereinbart.) Dann gehen die Maßzahlen $M_k$ der Grundgrößen über in

$$\overline{M}_k = \alpha_k M_k, \quad k = 1,\dots,m. \tag{4.28}$$

Ist

$$P^* = (x_1^*,\dots,x_n^*) \in R_n^+ \tag{4.29}$$

ein beliebiger Punkt des Maßzahlraums, so wird dieser bei den durchgeführten Grundeinheitenänderungen übergeführt in

$$P = (x_1,\dots,x_n) \in R_n^+ \quad \text{mit} \quad x_j = \alpha_1^{a_{j1}} \dots \alpha_m^{a_{jm}} x_j^*, \; j = 1,\dots,n, \tag{4.30}$$

wobei das Umrechnungsgesetz der $x_j^*$ in die $x_j$ sich gemäß den Dimensionsformeln (4.25) ergibt. Durch Variation der $(\alpha_1,\dots,\alpha_m)$ entsteht so aus einem beliebigen Punkt $P^*$ eine Punktmenge, die wir $S(P^*)$ nennen:

$$S(P^*) = \left\{ P = (x_1,\dots,x_n) \,\middle|\, x_j = x_j^* \prod_{k=1}^{m} \alpha_k^{a_{jk}}, \alpha_k > 0 \right\} \subseteq R_n^+ . \tag{4.31}$$

Diese Punktmengen im $R_n^+$ sollen nun zunächst in Beispielen ermittelt werden.

<u>Beispiel 1:</u> In einem $\{M, L, T\}$-System seien $x_1 = l$, $x_2 = g$, $x_3 = \tau$ Maßzahlen von Länge, Erdbeschleunigung und Schwingungsdauer (etwa eines mathematischen Pendels). Die Dimensionstabelle lautet

| **A** | M | L | T |
|---|---|---|---|
| $x_1$ | 0 | 1 | 0 |
| $x_2$ | 0 | 1 | -2 |
| $x_3$ | 0 | 0 | 1 |

. (4.32)

Die Dimensionsmatrix **A** hat also $n = 3$ Zeilen, und ihr Rang ist $r = 2$.

$S(P^*)$ mit $P^* = (x_1^*, x_2^*, x_3^*) \in R_3^+$ besteht aus den Punkten $P = (x_1, x_2, x_3) \in R_3^+$ mit

$$x_1 = \alpha_2\, x_1^*, \quad x_2 = \alpha_2\, \alpha_3^{-2}\, x_2^*, \quad x_3 = \alpha_3\, x_3^*. \tag{4.33}$$

Das ist die Parameterdarstellung einer zweidimensionalen Fläche $S(P^*)$ im $R_3^+$ mit den Parametern $\alpha_2 > 0$, $\alpha_3 > 0$. Es ist eine zweidimensionale Punktmenge, weil die erste Spalte von A aus lauter Nullen besteht, der Parameter $\alpha_1$ daher in der Darstellung (4.33) von $S(P^*)$ nicht eingeht. Allgemein ist $S(P^*)$ eine m'-dimensionale Punktmenge mit $0 \leqslant m' \leqslant m$.

Elimination der Parameter $\alpha_k$ in (4.33) liefert die Flächengleichung

$$x_1/x_2\, x_3^2 = x_1^*/x_2^*\, x_3^{*2}. \tag{4.34}$$

Umgekehrt, Punkte, die dieser Gleichung genügen, gehören auch zu den durch (4.33) bestimmten Punkten von $S(P^*)$. Sind nämlich $x_j$, $x_j^*$ $(j = 1, 2, 3)$ positive Zahlen, die (4.34) genügen, so erhält man mit $\alpha_2 = x_1/x_1^*$, $\alpha_3 = x_3/x_3^*$ aus (4.34) die Beziehung $\alpha_2 \alpha_3^{-2} = x_2/x_2^*$, es gilt also (4.33). (4.34) und (4.33) sind somit äquivalente Darstellungen der Punktmenge $S(P^*)$.

Da für die Dimensionsmatrix **A** nach (4.32) $n = 3$, $r = 2$, also $p = n - r = 1$ ist, besteht ein Fundamentalsystem dimensionsloser Potenzprodukte der $x_1, x_2, x_3$ aus einem einzigen Produkt $\Pi_1$. Dieses braucht nicht mehr berechnet zu werden, denn (4.34) liefert wegen der erfolgten Elimination der $\alpha_k$ ein von $\alpha_1, \alpha_2, \alpha_3$, also von Einheitenänderungen unabhängiges und somit dimensionsloses Potenzprodukt. Dieses (oder jede beliebgie Potenz hiervon mit nicht verschwindendem Exponenten) kann als $\Pi_1$ gewählt werden:

$$\Pi_1 = x_1\, x_2^{-1}\, x_3^{-2} = l\, g^{-1}\, \tau^{-2}. \tag{4.35}$$

Beispiel 2: Betrachtet werden in einem $\{M, L, T\}$-System eine Dichte mit der Maßzahl $x_1 = \rho$, eine Länge mit der Maßzahl $x_2 = l$ und eine Zeit mit der Maßzahl $x_3 = \tau$. Die zugehörige Dimensionstabelle ist

| **A** | M | L | T |
|---|---|---|---|
| $x_1$ | 1 | -3 | 0 |
| $x_2$ | 0 | 1 | 0 |
| $x_3$ | 0 | 0 | 1 . |

Die Dimensionsmatrix **A** hat die Zeilenzahl $n = 3$ und den Rang $r = 3$. Es gibt also keine dimensionslosen Potenzprodukte der $x_1, x_2, x_3$.

Mit $P^* = (x_1^*, x_2^*, x_3^*) \in R_3^+$ ist die Punktmenge $S(P^*)$ aller bei beliebigen Änderungen der Grundeinheiten entstehenden Bildpunkte $P = (x_1, x_2, x_3) \in R_3^+$ gegeben durch die Bestimmungsgleichungen

$$x_1 = \alpha_1 \alpha_2^{-3} x_1^*, \quad x_2 = \alpha_2 x_2^*, \quad x_3 = \alpha_3 x_3^* \tag{4.36}$$

mit beliebigen $\alpha_k > 0$, $k = 1,2,3$. Eine Elimination aller Parameter $\alpha_1, \alpha_2, \alpha_3$ dieser Parameterdarstellung von $S(P^*)$ ist nicht möglich. Das entspricht der Tatsache, daß es kein von der Einheitenwahl unabhängiges und damit dimensionsloses Potenzprodukt der $x_1, x_2, x_3$ gibt.

Ist $(x_1, x_2, x_3)$ ein beliebiger Punkt aus $R_3^+$, so lassen sich wegen Rang **A** = 3 die Gleichungen (4.36) mit den beliebigen positiven Zahlen $x_1, x_2, x_3$ stets nach $\alpha_1, \alpha_2, \alpha_3$ auflösen:

$$\begin{aligned} &\alpha_1 = x_1 x_2^3 / x_1^* x_2^{*3}, \quad \alpha_2 = x_2/x_2^*, \\ &\alpha_3 = x_3/x_3^*. \end{aligned} \tag{4.37}$$

Mit diesen positiven Zahlen $\alpha_1, \alpha_2, \alpha_3$ sind die Gleichungen (4.36) erfüllt. Also gehört jeder Punkt $(x_1, x_2, x_3) \in R_3^+$ zur Punktmenge $S(P^*)$. Somit ist hier

$$S(P^*) = R_3^+. \tag{4.38}$$

Beispiel 3: Maßzahlen $x_1 = m$, $x_2 = l$, $x_3 = g$, $x_4 = \tau$ von Masse, Länge, Erdbeschleunigung und Zeit führen in einem $\{M, L, T\}$-System zur Dimensionstabelle

| **A** | M | L | T |
|---|---|---|---|
| $x_1$ | 1 | 0 | 0 |
| $x_2$ | 0 | 1 | 0 |
| $x_3$ | 0 | 1 | -2 |
| $x_4$ | 0 | 0 | 1 |

Die Dimensionsmatrix **A** hat hier die Zeilenzahl $n = 4$, den Rang $r = 3$, also ist $p = n - r = 1$, und ein Fundamentalsystem dimensionsloser Potenzprodukte der $x_1, x_2, x_3, x_4$ besteht aus einem Potenzprodukt.

Die Punktmenge $S(P^*)$ der Bildpunkte $P = (x_1, x_2, x_3, x_4) \in R_4^+$ eines beliebigen Punktes $P^* = (x_1^*, x_2^*, x_3^*, x_4^*) \in R_4^+$ besitzt die Parameterdarstellung

$$x_1 = \alpha_1 x_1^*, \quad x_2 = \alpha_2 x_2^*, \quad x_3 = \alpha_2 \alpha_3^{-2} x_3^*, \quad x_4 = \alpha_3 x_4^* \tag{4.39}$$

mit beliebigen positiven $\alpha_k$, $k = 1,2,3$. Daraus kann man wegen $p = 1$ eine parameterfreie Eliminationsgleichung herleiten:

$$x_2/x_3\, x_4^2 = x_2^*/x_3^*\, x_4^{*2}. \tag{4.40}$$

Wie in Beispiel 1 zeigt man, daß (4.40) eine mit (4.39) äquivalente Darstellung von $S(P^*)$ ist. Die Maßzahl $x_1$ geht in diese Darstellung nicht ein. Geometrisch ist $S(P^*)$ eine dreidimensionale zylindrische Hyperfläche im $R_4^+$, deren Punkte $P$ eine beliebige erste Koordinate $x_1$ haben, während zu jedem $x_1$ der Hyperzylinderquerschnitt durch (4.40) gegeben ist.

Das wegen $p = n - r = 1$ einzige dimensionslose Potenzprodukt eines Fundamentalsystems kann nach (4.40) als

$$\Pi_1 = x_2\, x_3^{-1}\, x_4^{-2} = l\, g^{-1}\, \tau^{-2} \tag{4.41}$$

gewählt werden. Aus der Dimensionstabelle ist ersichtlich, warum es kein mit $x_1 = m$ gebildetes dimensionsloses Potenzprodukt der $x_1, x_2, x_3, x_4$ geben kann.

Beispiel 4: Als Gegenextrem zu Beispiel 2 ($S(P^*) = R_n^+$) folge nun ein Beispiel mit einer eindimensionalen Punktmenge $S(P^*)$, das freilich physikalisch ohne Interesse ist.

Für $x_1 = l$, $x_2 = l^2$, $x_3 = \sqrt{l}$, $l$ Maßzahl einer Länge, folgt in einem $\{M, L, T\}$-System aus der Dimensionstabelle

| A | M | L | T |
|---|---|---|---|
| $x_1$ | 0 | 1 | 0 |
| $x_2$ | 0 | 2 | 0 |
| $x_3$ | 0 | 1/2 | 0 |

,

daß hier die Dimensionsmatrix die Zeilenzahl $n = 3$ und den Rang $r = 1$ hat. Es bilden also $p = n - r = 2$ unabhängige dimensionslose Potenzprodukte ein Fundamentalsystem, etwa

$$\Pi_1 = x_1^2/x_2, \quad \Pi_2 = x_3^2/x_1. \tag{4.42}$$

Damit besteht die Punktmenge $S(P^*)$ aus den Bildpunkten $P = (x_1, x_2, x_3) \in R_3^+$ zu $P^* = (x_1^*, x_2^*, x_3^*) \in R_3^+$ mit den Bestimmungsgleichungen

$$x_1^2/x_2 = x_1^{*2}/x_2^*, \quad x_3^2/x_1 = x_3^{*2}/x_1^*. \tag{4.43}$$

$S(P^*)$ ist also die Menge der Punkte einer Kurve in $R_3^+$, nämlich der Schnittlinie zweier zylindrischer Flächen in $R_3^+$.

Wir kehren nun zurück zur allgemeinen Theorie mit dem Ziele, die in den Beispielen aufgetretenen Eigenschaften der Punktmengen $S(P^*)$ allgemein zu erfassen. Das soll in zwei Sätzen geschehen:

Satz 1: Die Punktmenge

$$S(P^*) := \left\{ P = (x_1, \ldots, x_n) \,\middle|\, x_j = x_j^* \prod_{k=1}^{m} \alpha_k^{a_{jk}}, \ \alpha_k > 0 \right\} \subseteq R_n^+ \tag{4.31}$$

besteht aus allen Punkten $P = (x_1,\dots,x_n) \in R_n^+$, deren Koordinaten die Gleichungen

$$\Pi_i(P) = \Pi_i(P^*), \quad i = 1,\dots,p, \qquad (4.44)$$

erfüllen, wobei die

$$\Pi_i(P) := x_1^{k_{i1}} \dots x_n^{k_{in}}, \quad i = 1,\dots,p,$$

ein beliebiges Fundamentalsystem dimensionsloser Potenzprodukte der Maßzahlen $x_1,\dots,x_n$, bezogen auf das zugrundeliegende Grundgrößensystem $\{M_1,\dots,M_m\}$, bilden. Es gilt also

$$S(P^*) = \{P \in R_n^+ | \Pi_i(P) = \Pi_i(P^*) \quad \text{für alle} \quad i = 1,\dots,p\}.$$

<u>Beweis:</u> a) Es ist klar, daß alle $P = (x_1,\dots,x_n) \in S(P^*)$ definiert nach (4.31) den Gleichungen (4.44) genügen. Denn ein dimensionsloses Potenzprodukt $\Pi$ der $x_1,\dots,x_n$ ist ein Potenzprodukt, das gegenüber Änderungen der Grundeinheiten invariant ist. Bildet man $\Pi(P^*)$, so ist also auch für jeden Bildpunkt $P$ von $P^*$ unverändert $\Pi(P) = \Pi(P^*)$.
Kurz: Punkte, die nach (4.31) definitionsgemäß zu $S(P^*)$ gehören, erfüllen für jedes dimensionslose Potenzprodukt $\Pi$ die Forderung $\Pi(P) = \Pi(P^*)$, insbesondere auch den $p$ Forderungen (4.44) für alle $\Pi_i$ eines Fundamentalsystems.

(Daß man die $\Pi_i$ im übrigen direkt durch Elimination der $\alpha_k$, $k = 1,\dots,m$, durch Potenzproduktbildung aus $x_j = x_j^* \prod_{k=1}^{m} \alpha_k^{a_{jk}}$, $j = 1,\dots,n$, gewinnen kann, wurde in obigen Beispielen demonstriert.)

b) Das Umgekehrte bleibt zu beweisen: Jeder Punkt $P \in R_n^+$, der (4.44) für alle $\Pi_i$ eines Fundamentalsystems genügt, gehört auch umgekehrt zu $S(P^*)$.

Nach Voraussetzung gilt also nun für $P = (x_1,\dots,x_n) \in R_n^+$ und $P^* = (x_1^*,\dots,x_n^*) \in R_n^+$ gemäß (4.44)

$$\Pi_i(P) = x_1^{k_{i1}} \dots x_n^{k_{in}} = x_1^{*\,k_{i1}} \dots x_n^{*\,k_{in}} = \Pi_i(P^*)$$

für alle $i = 1,\dots,p$. Mit

$$r_j := \log(x_j/x_j^*), \quad j = 1,\dots,n$$

folgt also

$$r_1 k_{i1} + r_2 k_{i2} + \dots + r_n k_{in} = 0$$

für alle $i = 1,\dots,p$.

Dabei bilden die Vektoren $(k_{i1},\dots,k_{in})$, $i = 1,\dots,p$, ein Fundamentalsystem von Lösungsvektoren des linearen homogenen Gleichungssystems (4.11)

$$(k_1, k_2,\dots,k_n)\mathbf{A} = 0$$

(vgl. Abschnitt 4.1.2.). Alle Vektoren dieses Fundamentalsystems genügen nun also auch der Gleichung

$$r_1 k_1 + r_2 k_2 + \dots + r_n k_n = 0.$$

Die Matrizen $\mathbf{A} = (a_{jk}) \begin{cases} j = 1,\dots,n \\ k = 1,\dots,m \end{cases}$ und $\mathbf{K} = (k_{ij}) \begin{cases} i = 1,\dots,p \\ j = 1,\dots,n \end{cases}$

erfüllen die Gleichung

$$\mathbf{KA} = 0.$$

Die Spalten $\mathbf{a}_k$ von $\mathbf{A}$ sind somit Lösungen von $\mathbf{Kx} = 0$. Da der Defekt $n - p$ von $\mathbf{K}$ gleich dem Rang $r$ von $\mathbf{A}$ ist, bilden $r$ linear unabhängige Spalten von $\mathbf{A}$ ein Fundamentalsystem von Lösungen von $\mathbf{Kx} = 0$. Da andererseits $\mathbf{K}(r_1,\dots,r_n)' = 0$ ist, läßt sich $(r_1,\dots,r_n)'$ linear durch die Spalten $\mathbf{a}_k$ von $\mathbf{A}$ kombinieren.

Es gibt also reelle Zahlen $\lambda_k$, $k = 1,\ldots,m$, so daß für jedes $j = 1,\ldots,n$ gilt:

$$\sum_{k=1}^{m} \lambda_k a_{jk} = r_j \quad \text{für alle} \quad j = 1,\ldots,n.$$

Daraus folgt

$$x_j = x_j^* \exp\left(\sum_{k=1}^{m} \lambda_k a_{jk}\right)$$

und mit $\alpha_k := e^{\lambda_k}$ also

$$x_j = x_j^* \prod_{k=1}^{m} \alpha_k^{a_{jk}}, \quad \alpha_k > 0$$

für alle $j = 1,\ldots,n$. Das bedeutet aber: $P \in S(P^*)$. q.e.d.

Satz 2: Jeder Punkt $P \in R_n^+$ gehört genau einer Menge $S(P^*)$ an.

Mit anderen Worten: Zwei Mengen $S(P^*)$, $S(P^{**})$ mit $P^*$, $P^{**} \in R_n^+$ sind entweder gleich oder elementefremd und die Vereinigungsmenge aller Punktmengen $S(P^*)$ ist der gesamte Maßzahlraum $R_n^+$:

$$\bigcup_{P^* \in R_n^+} S(P^*) = R_n^+. \tag{4.45}$$

Man spricht auch von einer Blätterung (schlichte und lückenlose Überdeckung) des Raumes $R_n^+$.

Beweis: a) Da für jeden Punkt $P \in R_n^+$ trivialerweise die Beziehung $P \in S(P)$ gilt, ist (4.45) erfüllt (lückenlose Überdeckung).

b) Zu zeigen bleibt (schlichte Überdeckung): $S(P^*)$ und $S(P^{**})$ sind entweder elementefremde oder gleiche Mengen.

Nehmen wir an, $S(P^*)$ und $S(P^{**})$ sind nicht elementefremd, so gibt es ein $P \in R_n^+$ mit $P \in S(P^*)$ und $P \in S(P^{**})$. Ist nun $Q$ ein beliebiger Punkt aus $S(P^*)$, so folgt nach Satz 1

$$\Pi_i(Q) = \Pi_i(P^*) = \Pi_i(P) = \Pi_i(P^{**})$$

für alle $i = 1,\dots,p$. Also gilt auch $Q \in S(P^{**})$, somit $S(P^*) \subseteq S(P^{**})$. Entsprechend erhält man $S(P^{**}) \subseteq S(P^*)$. Also ist $S(P^*) = S(P^{**})$.

q.e.d.

Mit diesen Überlegungen und Ergebnissen wird nun im nachfolgenden Abschnitt der Beweis des für die Anwendungen der Theorie der physikalischen Dimensionen fundamentalen, sogenannten "Π-Theorems" in Anlehnung an die Beweisführung von H.L. Langhaar sehr leicht zu erbringen sein.

Zum Schlusse dieses Abschnitts kommen wir kurz zurück zum Begriff des Definitionsbereichs $D$ einer dimensionshomogenen Funktion (vgl. Abschnitt 3.2.1., insbesondere Gleichung (3.27)). Es wurde erklärt: $D$ muß so beschaffen sein, daß mit $(x_1,\dots,x_n) \in R_n^+$ auch

$$\left(\prod_{k=1}^{m} \alpha_k^{a_{1k}} x_1, \dots, \prod_{k=1}^{m} \alpha_k^{a_{nk}} x_n\right) \text{ für alle } \alpha_k > 0,\ k = 1,\dots,m, \text{ zu}$$

$D$ gehört. Wir können jetzt auch sagen: *Der Definitionsbereich $D$ einer dimensionshomogenen Funktion $f$ in den Variablen $x_1,\dots,x_n$ ist eine Vereinigungsmenge von Punktmengen $S(P^*)$:*

$$D = \bigcup_{P^* \in B \subset R_n^+} S(P^*). \qquad (4.46)$$

## 4.4. Beweis des Π-Theorems in Anlehnung an H. L. Langhaar[1]

Wie bereits in den Beispielen des propädeutischen Kapitels 1 erkennbar wurde, ist das Π-Theorem eine Aussage, wonach jede physikalische Gleichung

$$y = f(x_1,\dots,x_n)$$

---

[1] Langhaar, H.L.: Dimensional Analysis and Theory of Models, 6. Aufl., New York: Wiley & Sons, London: Chapman & Hall 1964 (1. Aufl. 1951).

in eine äquivalente Gleichung

$$y = x_1^{k_1} \cdot \ldots \cdot x_n^{k_n} G(\Pi_1, \ldots, \Pi_p), \quad p \leqslant n$$

übergeführt werden kann, in der die Variablen $\Pi_1, \ldots, \Pi_p$ dimensionslose Potenzprodukte der $x_j$ sind. Sind nicht schon $x_1, \ldots, x_n$ Maßzahlen dimensionsloser physikalischer Größen, so ist $p < n$ und die gegebene Beziehung wird reduziert auf einen Ausdruck mit einer Funktion $G$ in weniger als $n$ Argumenten. Die optimal erreichbare Reduktion $p = 0$ wurde wiederholt in Beispielen des Kapitels 1 erzielt.

Nunmehr kann der Sachverhalt präzis formuliert und sehr kurz bewiesen werden.

<u>Π-Theorem:</u> Es seien $x_1, \ldots, x_n$ Maßzahlen von $n$ physikalischen Größen und $\mathbf{A} = (a_{jk}) \begin{cases} j = 1, \ldots, n \\ k = 1, \ldots, m \end{cases}$ deren Dimensionsmatrix in einem Grundgrößensystem $\{M_1, \ldots, M_m\}$. Mit $f$ bezeichnen wir eine beliebige dimensionshomogene Funktion in $x_1, \ldots, x_n$ auf ihrem Definitionsbereich $D \subseteq R_n^+$ (vgl. (4.46)). Schließlich sei

$$\Pi_1, \ldots, \Pi_p, \quad p = n - r, \quad r = \text{Rang } \mathbf{A},$$

ein beliebiges Fundamentalsystem dimensionsloser Potenzprodukte aus $x_1, \ldots, x_n$.

Dann gilt: Es existiert eine Funktion $G$ von $p$ Variablen, und es existieren reelle Zahlen $k_1, \ldots, k_n$, so daß

$$f(x_1, \ldots, x_n) = x_1^{k_1} \cdot \ldots \cdot x_n^{k_n} G(\Pi_1, \ldots, \Pi_p) \tag{4.47}$$

für alle $P = (x_1, \ldots, x_n) \in D$ ist.

<u>Beweis:</u> Falls $f \equiv 0$ ist, gilt (4.47) trivialerweise mit $G \equiv 0$. Wir können uns daher im weiteren auf $f \not\equiv 0$ beschränken.

a) Nach 4.2.2. gibt es stets mindestens ein Potenzprodukt $x_1^{k_1} \cdot \ldots \cdot x_n^{k_n}$ derart, daß die durch

$$F(x_1,\ldots,x_n) := f(x_1,\ldots,x_n)/x_1^{k_1} \cdot \ldots \cdot x_n^{k_n}$$

definierten Werte der Funktion $F$ die Maßzahlen einer dimensionslosen Größenart sind: $[F(x_1,\ldots,x_n)] = 1$.

b) Wegen der Dimensionslosigkeit der dimensionshomogenen Funktion $F$ gilt für einen beliebigen Punkt $P = (x_1,\ldots,x_n) \in D$ die Invarianz gegenüber Grundeinheitenänderungen

$$F(\bar{x}_1,\ldots,\bar{x}_n) = F(x_1,\ldots,x_n)$$

für alle Punkte $(\bar{x}_1,\ldots,\bar{x}_n)$ mit

$$\bar{x}_j = x_j \prod_{k=1}^{m} \alpha_k^{a_{jk}}, \qquad j = 1,\ldots,n, \quad \alpha_k > 0 \text{ beliebig.}$$

Das bedeutet: $F$ ist auf jeder Punktmenge $S(P)$ $(\subseteq D)$ konstant.

c) Nach Satz 1 des Abschnitts 4.3. besteht aber die Punktmenge $S(P)$ genau aus allen Punkten $P \in D$, für welche die $\Pi_i(P)$ konstant sind, $i = 1,\ldots,p$. Man kann also eine Funktion $G$ von $p$ Variablen vermöge

$$G(z_1,\ldots,z_p) := F(x_1,\ldots,x_n)$$

genau dann definieren, wenn

$$(z_1,\ldots,z_p) = (\Pi_1(P),\ldots,\Pi_p(P))$$

ist. Daraus folgt aber:

$$G(\Pi_1(P),\ldots,\Pi_p(P)) = f(x_1,\ldots,x_n)/x_1^{k_1} \ldots x_n^{k_n}. \qquad \text{q.e.d.}$$

Aus dieser Beweisführung geht die Existenz der Funktion G hervor. Einen konstruktiven Beweis, aus dem hervorgeht, wie G aus f zu ermitteln ist, folgt im nächsten Abschnitt.

Für die Theorie der dimensionshomogenen Funktionen mag folgende Umkehrung des Π-Theorems, die trivial ist, von Interesse sein:

Satz: Gilt für eine Funktion f von n Variablen

$$f(x_1,\ldots,x_n) = x_1^{k_1} \ldots x_n^{k_n}\, G(\Pi_1(P),\ldots,\Pi_p(P))$$

($k_j$, $\Pi_i$, P wie im Π-Theorem), wobei G eine beliebige Funktion auf einer beliebigen Teilmenge T des $R_p^+$ ist, so ist f eine dimensionshomogene Funktion.

Mit dieser Feststellung ist nämlich mathematisch die Menge aller dimensionshomogenen Funktionen vollständig beschrieben.

Die Theorie der physikalischen Dimensionen und ihre Anwendungen (Methode der Dimensionsanalyse, Modell- oder Ähnlichkeitsphysik) kann man somit als mathematische Theorie der dimensionshomogenen Funktionen und deren Anwendung charakterisieren.

Für die praktische Nutzbarmachung des Π-Theorems ist $r = 0$, d.h. $\mathbf{A} = 0$ der triviale Fall, in welchem die physikalischen Größen mit den Maßzahlen $x_1,\ldots,x_n$ selbst schon alle dimensionslos sind. Dementsprechend ist $p = n$, und es ergibt sich keine Reduktion der Anzahl n der Argumente.

In jedem anderen und damit nichttrivialen Fall $r > 0$ ist die Anzahl der Argumente $p = n - r$ von G kleiner als jene von f, und das Π-Theorem garantiert also die Möglichkeit der Reduktion der Anzahl der Argumente einer in dem zugehörigen physikalischen Problem gesuchten Funktion.

Der Leser möge die Aussage des Π-Theorems zur nunmehr exakten Behandlung der in Kapitel 1 in propädeutischer Weise untersuchten Beispiele anwenden. Dort wurde wiederholt sogar die Reduktion auf $p = 0$ erreicht. Im Kapitel 5 werden zahlreiche weitere Beispiele folgen.

Das Beispiel der Kármánschen Wirbelstraße im Abschnitt 1.3. von Kapitel 1 zeigte, daß die bei einem Problem erzielbare Reduktion und damit Information abhängt von der Wahl des Grundgrößensystems. (Das $\{M, L, T\}$-System der Mechanik erwies sich als überlegen im Vergleich mit dem astronomischen $\{L, T\}$-System aus nunmehr naheliegendem Grund.) Beim Übergang von einem Grundgrößensystem zu einem äquivalenten Grundgrößensystem - vgl. 3.4.4. - liefert das Π-Theorem für die unbekannte Funktion f äquivalente Aussagen, d.h. die gleiche Reduktion $p = n - r$.

In der Regel hat man es in den Anwendungen damit zu tun, daß die Werte einer gesuchten dimensionshomogenen Funktion f in $x_1, \ldots, x_n$ auf ihrem Definitionsbereich $D \in R_n^+$ die Werte y der Maßzahlen einer gesuchten physikalischen Größe sind:

$$y = f(x_1, \ldots, x_n).$$

Es kann aber auch anstelle dieser expliziten Darstellung des Zusammenhangs eine implizite Gleichung

$$\bar{f}(x_1, \ldots, x_{n+1}) = 0 \tag{4.48}$$

mit $x_{n+1} := y$ zugrundegelegt sein, in der $\bar{f}$ eine dimensionshomogene Funktion in $x_1, \ldots, x_{n+1}$ in ihrem Definitionsbereich $\bar{D} \in R_{n+1}^+$ ist. Wendet man das Π-Theorem auf $\bar{f}$ an, so folgt:

Die Gleichung (4.48) mit dimensionshomogenem $\bar{f}$ ist äquivalent einer Gleichung

$$\bar{G}(\Pi_1, \ldots, \Pi_q) = 0, \tag{4.49}$$

wobei $\Pi_1, \ldots, \Pi_q$ ein beliebiges Fundamentalsystem dimensionsloser Potenzprodukte der $x_1, \ldots, x_{n+1}$ ist.

Dabei ist $q = p + 1$, denn ein spezielles Fundamentalsystem dimensionsloser Potenzprodukte erhält man, indem man zunächst

$$\Pi_1, \ldots, \Pi_p$$

als beliebiges Fundamentalsystem dimensionsloser Potenzprodukte der $x_1,\ldots,x_n$ bildet. Fügt man dann

$$\Pi_{p+1} = \frac{x_{n+1}}{x_1^{k_1}\cdot\ldots\cdot x_n^{k_n}}$$

hinzu, wo $x_1^{k_1}\cdot\ldots\cdot x_n^{k_n}$ ein Potenzprodukt der $x_1,\ldots,x_n$ ist mit $[x_{n+1}] = [x_1^{k_1}\cdot\ldots\cdot x_n^{k_n}]$ - ein solches existiert nach 4.2.2., da $x_{n+1}$ Maßzahl einer physikalischen Größe ist und also dort, wo (4.48) nach $x_{n+1}$ explizit auflösbar ist, durch eine dimensionshomogene Funktion von $x_1,\ldots,x_n$ beschrieben wird - , so hat man in $\Pi_1,\ldots,\Pi_p$, $\Pi_{p+1}$ ein Fundamentalsystem dimensionsloser Potenzprodukte der $x_1,\ldots,x_{n+1}$. (Es kommt ja $x_{n+1}$ nur in $\Pi_{p+1}$ vor.)

## 4.5. Beweis des Π-Theorems nach L. Brand[a]

Der in 4.4. gegebene Beweis nach H.L. Langhaar hat dank der vorausgegangenen Betrachtungen in 4.2. und 4.3. den Vorzug der Einfachheit und Einprägsamkeit. Der nun folgende Beweis nach L. Brand hat den Vorzug, ein konstruktiver Beweis zu sein.

Dieser Beweis soll unabhängig von allen vorangegangenen Betrachtungen geführt und entsprechend ausführlicher formuliert werden. Damit soll der mathematische Gehalt in anderer Weise deutlich gemacht werden. Zugleich erleichtert diese Formulierung eine eventuelle Anwendung in anderen Gebieten als der Theorie der physikalischen Dimensionen.

Π-Theorem: Es sei f eine reellwertige Funktion der n reellen Variablen $x_1,\ldots,x_n$ mit dem Definitionsbereich $D \subseteq R_n^+$. Es existiere eine reelle Matrix

$$\mathbf{A} = (a_{jk}) \begin{cases} j = 1,\ldots,n \\ k = 1,\ldots,m \end{cases}, \quad \text{Rang } \mathbf{A} = r,$$

[a] Brand, L.: The Pi Theorem of Dimensional Analysis. Arch. Rat. Mech. Anal. 1, 35-45 (1957).

so daß für beliebige reelle Zahlen $\alpha_k > 0$ $(k = 1,\ldots,m)$ aus $P = (x_1,\ldots,x_n) \in D$ stets folgt: $\left(x_1 \prod_{k=1}^{m} \alpha_k^{a_{1k}},\ldots,x_n \prod_{k=1}^{m} \alpha_k^{a_{nk}}\right) \in D$.

Es gebe ferner reelle Zahlen $b_1,\ldots,b_m$ so, daß

$$f\left(x_1 \prod_{k=1}^{m} \alpha_k^{a_{1k}},\ldots,x_n \prod_{k=1}^{m} \alpha_k^{a_{nk}}\right) = f(x_1,\ldots,x_n) \prod_{k=1}^{m} \alpha_k^{b_k} \quad (4.50)$$

für alle $(x_1,\ldots,x_n) \in D$ und alle $\alpha_k > 0$ erfüllt ist (d.h. f ist dimensionshomogen).

Dann gilt:

a) Es existieren $p = n - r$ Potenzprodukte $\Pi_1,\ldots,\Pi_p$ der $x_1,\ldots,x_n$:

$$\Pi_i(P) = \prod_{j=1}^{n} x_j^{k_{ij}}, \quad P = (x_1,\ldots,x_n), \quad i = 1,\ldots,p,$$

$k_{ij}$ reell, die gegen jede Transformation der Form

$$(x_1,\ldots,x_n) \to \left(x_1 \prod_{k=1}^{m} \alpha_k^{a_{1k}},\ldots,x_n \prod_{k=1}^{m} \alpha_k^{a_{nk}}\right), \quad \alpha_k > 0 \quad (4.51)$$

invariant sind, d.h. es gilt

$$\Pi_i(P) = \prod_{j=1}^{n} x_j^{k_{ij}} = \prod_{j=1}^{n} x_j^{k_{ij}} \prod_{k=1}^{m} \alpha_k^{k_{ij} a_{jk}} \quad (4.52)$$

für alle $P \in D$ und alle $\alpha_k > 0$. Ferner ist jedes Potenzprodukt der $x_1,\ldots,x_n$, welches gegen (4.51) invariant ist, darstellbar als Potenzprodukt der $\Pi_1,\ldots,\Pi_p$, während kein $\Pi_i$ durch die übrigen $\Pi_k$ $(k = 1,\ldots,p,\ k \neq i)$ als Potenzprodukt ausgedrückt werden kann (d.h. die $\Pi_1,\ldots,\Pi_p$ bilden ein Fundamentalsystem dimensionsloser Potenzprodukte der $x_1,\ldots,x_n$).

b) Zu jedem System $\Pi_1, \ldots, \Pi_p$ von Potenzprodukten, die (a) erfüllen, gibt es eine reellwertige Funktion G in p reellen Variablen sowie reelle Zahlen $k_i$, $i = 1, \ldots, n$, so daß

$$f(x_1, \ldots, x_n) = x_1^{k_1} \cdot \ldots \cdot x_n^{k_n} G(\Pi_1(P), \ldots, \Pi_p(P)) \qquad (4.53)$$

für alle $P = (x_1, \ldots, x_n) \in D$ erfüllt ist.

Bemerkung: Der Wertebereich der Funktion f von n reellen Variablen kann auch aus komplexen Zahlen, Matrizen, Vektoren bestehen.

Beweisidee: Der Beweis beruht auf einer einfachen Idee, die am Beispiel einer Funktion f von zwei positiven Variablen $x_1$, $x_2$ erläutert werden soll. f sei im normalen mathematischen Sinne homogen, es gelte also

$$f(\alpha x_1, \alpha x_2) = \alpha^b f(x_1, x_2) \qquad (4.54)$$

für alle $x_j > 0$, $\alpha > 0$ und ein festes b. Man wähle nun $\alpha$ stets so, daß $\alpha x_1 = 1$ gilt, also $\alpha = 1/x_1$. Aus (4.54) folgt dann

$$f\left(1, \frac{x_2}{x_1}\right) = x_1^{-b} f(x_1, x_2),$$

also mit $G(x) := f(1, x)$

$$f(x_1, x_2) = x_1^b G\left(\frac{x_2}{x_1}\right).$$

Damit hat f die Form (4.53) des Π-Theorems mit $\Pi_1(x_1, x_2) = x_2/x_1$. Jedes andere Potenzprodukt Π der $x_1$, $x_2$, welches gegen die Transformation $(x_1, x_2) \to (\alpha x_1, \alpha x_2)$, $\alpha > 0$ beliebig, invariant ist, hat die Form

$$\Pi(x_1, x_2) = (x_2/x_1)^\lambda, \quad \lambda \text{ beliebig.}$$

Damit folgt leicht, daß (4.53) auch für jedes System von Potenzprodukten gilt, welches (a) erfüllt. Man hat lediglich $\overline{G}(\Pi) :\equiv G(\Pi^{-\lambda})$,

$\lambda \neq 0$, zu setzen, und es folgt

$$f(x_1,x_2) = x_1^b \overline{G}(\Pi(x_1,x_2)) .$$

Der Beweis von L. Brand für das $\Pi$-Theorem besteht in einer geschickten Erweiterung dieser Beweisidee.

Beweis: Durch Umordnen der Zeilen und Spalten in der $(n,m)$-Matrix $\mathbf{A}$ kann man erreichen, daß $\mathbf{A}$ die Gestalt

$$\mathbf{A} = \begin{pmatrix} \mathbf{P} & \mathbf{R} \\ \mathbf{Q} & \mathbf{S} \end{pmatrix} \tag{4.55}$$

erhält, wobei $\mathbf{P}$, $\mathbf{Q}$, $\mathbf{R}$, $\mathbf{S}$ Teilmatrizen von $\mathbf{A}$ sind und insbesondere $\mathbf{P}$ eine $r$-reihige quadratische Matrix ist, für die wegen $r = \text{Rang}\,\mathbf{A}$ gilt:

$$\det(\mathbf{P}) \neq 0 .$$

Zu jedem $P = (x_1,\ldots,x_n) \in D$ wählen wir nun spezielle $\alpha_k > 0$, $k = 1,\ldots,m$, die den Bedingungen

$$x_j \prod_{k=1}^{m} \alpha_k^{a_{jk}} = 1 \quad \text{für alle} \quad j = 1,\ldots,r \tag{4.56}$$

und

$$\alpha_k = 1 \quad \text{für alle} \quad k = r+1,\ldots,m \tag{4.57}$$

genügen. Zahlen $\alpha_k$ dieser Art existieren, denn aus (4.56) und (4.57) folgt

$$\sum_{k=1}^{r} a_{jk}(\log \alpha_k) = -\log x_j, \quad j = 1,\ldots,r. \tag{4.58}$$

Die Koeffizienten $a_{jk}$ dieses Gleichungssystems bilden gerade die Matrix $\mathbf{P}$. Mit

$$\mathbf{P}^{-1} = (b_{kj}) \begin{cases} k = 1,\dots,r \\ j = 1,\dots,r \end{cases}$$

ist also

$$\log \alpha_k = -\sum_{j=1}^{r} b_{kj} \log x_j, \quad k = 1,\dots,r,$$

eine Lösung von (4.58), somit ergibt

$$\alpha_k = \prod_{j=1}^{r} x_j^{-b_{kj}}, \quad k = 1,\dots,r, \tag{4.59}$$

zusammen mit (4.57) eine Lösung von (4.56). Setzt man die so gefundenen Werte der Zahlen $\alpha_k$ in (4.50) ein, so folgt

$$f(x_1,\dots,x_n) \equiv x_1^{k_1} \cdot \dots \cdot x_r^{k_r} \cdot f(\underbrace{1,1,\dots,1}_{r},\Pi_1(P),\dots,\Pi_p(P)) \tag{4.60}$$

mit $p = n - r$, $k_j = -\prod_{k=1}^{r} b_k b_{kj}$ für $j = 1,\dots,r$ und

$$\Pi_i(P) = x_{r+i} \prod_{k=1}^{m} \prod_{j=1}^{r} x_j^{-a_{r+i,k} b_{kj}}, \quad i = 1,\dots,p. \tag{4.61}$$

Damit ist (4.53) mit

$$G(\Pi_1,\dots,\Pi_p) \equiv f(1,\dots,1,\Pi_1,\dots,\Pi_p) \tag{4.62}$$

für die Potenzprodukte $\Pi_1,\dots,\Pi_p$ erfüllt.

Es bleibt noch zu zeigen, daß die in (4.61) erklärten Potenzprodukte $\Pi_1,\dots,\Pi_p$ die Eigenschaft (a) haben und sodann, daß die Gleichung (4.53) mit jedem System von Potenzprodukten, die (a) genügen, realisierbar ist.

Um (4.52) nachzuweisen, genügt es offenbar zu zeigen, daß

$\prod_{j=1}^{n} k_{ij}a_{jk} = 0$ für alle $i = 1,\ldots,p$ und $k = 1,\ldots,m$ gilt, d.h.

daß für die Matrizen $\mathbf{A}$ und $\mathbf{K} = (k_{ij}) \begin{cases} i = 1,\ldots,p \\ j = 1,\ldots,n \end{cases}$ die Beziehung

$$\mathbf{KA} = 0 \tag{4.63}$$

gilt. Die Matrix $\mathbf{A}$ besitzt die Gestalt (4.55), während $\mathbf{K}$ nach (4.61) die Form

$$\mathbf{K} = \left(-\mathbf{QP}^{-1}, \mathbf{E}_p\right) \tag{4.64}$$

hat, wobei $\mathbf{E}_p$ die p-reihige Einheitsmatrix ist. Daraus folgt

$$\mathbf{KA} = (-\mathbf{Q} + \mathbf{Q},\ -\mathbf{QP}^{-1}\mathbf{R} + \mathbf{S}).$$

Um $\mathbf{KA} = 0$ zu beweisen, bleibt zu zeigen, daß

$$\mathbf{S} = \mathbf{QP}^{-1}\mathbf{R} \tag{4.65}$$

gilt. Da die Spalten von $\begin{pmatrix}\mathbf{R}\\ \mathbf{S}\end{pmatrix}$ sich aus den Spalten von $\begin{pmatrix}\mathbf{P}\\ \mathbf{Q}\end{pmatrix}$ linear kombinieren lassen, existiert eine Matrix $\mathbf{C}$ mit

$$\begin{pmatrix}\mathbf{R}\\ \mathbf{S}\end{pmatrix} = \begin{pmatrix}\mathbf{P}\\ \mathbf{Q}\end{pmatrix}\mathbf{C}\,.$$

Also folgt $\mathbf{R} = \mathbf{PC}$, somit $\mathbf{C} = \mathbf{P}^{-1}\mathbf{R}$ und also $\mathbf{S} = \mathbf{QC} = \mathbf{QP}^{-1}\mathbf{R}$. Somit gilt (4.65) und damit $\mathbf{KA} = 0$.

Es sollen nun für $\Pi_1,\ldots,\Pi_p$ die restlichen Eigenschaften von (a) bewiesen werden. Aus (4.64) folgt, daß die Zeilen von $\mathbf{K}$ linear unabhängig sind, da die Einheitsmatrix $\mathbf{E}_p$ die letzten Spalten bildet. Damit sind auch die $\Pi_1,\ldots,\Pi_p$ unabhängig: Keines der $\Pi_i$ läßt sich als Potenzprodukt der übrigen $\Pi_k$, $k \neq i$, darstellen, wie man sich leicht überlegt (vgl. 4.1.1.).

Andererseits bilden die Zeilen von **K** wegen **KA** = 0 ein Fundamentalsystem von Lösungen der Gleichung **xA** = 0 (**x** Zeilenvektor), d.h. jede Lösung **x** von **xA** = 0 läßt sich durch die Zeilen von **K** linear kombinieren. Damit läßt sich auch jedes Potenzprodukt Π, das gegen (4.51) invariant ist, als Potenzprodukt der $\Pi_1,\ldots\Pi_p$ schreiben (vgl. 4.1.2), womit (a) nun vollständig bewiesen ist.

Der Beweis von (b) ist einfach: Ist $\overline{\Pi}_1,\ldots,\overline{\Pi}_p$ ein System von Potenzprodukten, das (a) erfüllt, so lassen sich die $\Pi_1,\ldots,\Pi_p$ als Potenzprodukte der $\overline{\Pi}_i$, $i = 1,\ldots,p$, darstellen. Setzt man diese Darstellung der $\Pi_i$ in $G(\Pi_1,\ldots,\Pi_p) = f(1,\ldots,1,\Pi_1,\ldots,\Pi_p)$ ein, so entsteht eine Funktion $\overline{G}$ der $\overline{\Pi}_1,\ldots,\overline{\Pi}_p$, und aus (4.60) folgt

$$f(x_1,\ldots,x_n) \equiv x_1^{k_1}\cdot\ldots\cdot x_r^{k_r}\,\overline{G}(\overline{\Pi}_1,\ldots,\overline{\Pi}_p). \qquad \text{q.e.d.}$$

## 4.6. Historische Bemerkungen zum Π-Theorem

Häufig wird das Π-Theorem "Buckinghamsches Theorem" genannt, gelegentlich auch "Theorem von Vaschy". Wenn man das Theorem schon mit einem Personennamen verbinden will, könnte es mit viel besserem Recht "Theorem von Federmann" genannt werden. Der personenfreien Bezeichnung "Π-Theorem" ist aber gewiß der Vorzug zu geben.

Die Leistung von A. Federmann (St. Petersburg 1911) findet sich m.W. in keinem einschlägigen Lehrbuch über die Methode der Dimensionsanalyse oder über Modellwissenschaft gewürdigt. Kurz genannt findet sich seine Arbeit in einem Buch zur Modellwissenschaft von L.S. Eigenson[3]. In einem nicht einschlägigen Lehrbuch über Elektromagnetismus von A.O'Rahilly[4] fand der Autor erstmals den Namen

---

[3] Eigenson, L.S.: Modellübertragung. Moskau: Staatl. Verlag für Baustoffeliteratur 1949 [Russisch]. Den Hinweis hierauf verdanke ich Herrn L. Loitsianski.

[4] O'Rahilly, A.: Electromagnetics. A Discussion of Fundamentals. London/New York/Toronto: Longman. Green & Co. 1938. Ungekürzte Wiedergabe: New York: Dover Publications 1965.

Federmann zitiert. Oft zitiert wurde dagegen eine Arbeit von T. Ehrenfest-Afanassjewa[5], die sich um die Theorie der verallgemeinerten Homogenität von Funktionen und deren Anwendung in der Physik verdient gemacht hat und die Federmann zitiert und sein Ergebnis verwendet.

Nachfolgend soll daher versucht werden, die Geschichte des Π-Theorems in einigen Hinsichten zu korrigieren und zu ergänzen. (Vgl. hierzu H. Görtler: Zur Geschichte des Π-Theorems. Zschr. Angew. Math. Mech. 55, 3-8 (1975).)

Die Geschichte des Dimensionsbegriffs beginnt, darüber sind sich wohl alle Autoren einig, mit J.B.J. Fourier (1822). Zur Vorgeschichte verweist man u.a. auf Galilei und Newton. Dazu sei bemerkt, daß man auch bis zu den Griechen zurückgreifen und Euklid zitieren könnte. Hier sei eine Stelle von Theon wiedergegeben (Theonis Smyrnaei Expositio rerum mathematicarum ad legendum Platonem utilium. Ed. Hiller, Leipzig: Teubner 1878, S. 73 f.), die in deutscher Übersetzung lautet: "Verhältnis ist das gewisse Verhalten zweier homogener Größen zueinander, wie z.B. Doppeltes, Dreifaches. Denn wie sich Inhomogenes zueinander verhält, ist, wie Andrastos sagt, zu wissen unmöglich. So kann z.B. die Elle mit der Mine oder die Choinix [ein Getreidemaß] mit der Kotyle [ein Flüssigkeitsmaß] oder das Weiße mit dem Süßen oder mit dem Warmen nicht zusammengefaßt oder verglichen werden. Bei homogenen Größen aber ist es möglich, wie z.B. Längen zu Längen, Flächen zu Flächen, Körper zu Körpern, Flüssiges zu Flüssigem, Geschüttetes zu Geschüttetem [vermutlich meint er Getreide], Trockenes zu Trockenem, Zahlen zu Zahlen, Zeit zu Zeit, Bewegung zu Bewegung, Klang zu Klang, Geschmack zu Geschmack, Farbe zu Farbe und allgemein Dinge von gleicher Gattung oder von gleicher Art sich irgendwie zueinander verhalten." H. Gericke, dem ich dieses Zitat verdanke, wies mich im Zusammenhang des Π-Theorems auf den sog. Fundamentalsatz der Mathematikgeschichte hin: "Ein Satz, der einen Namen trägt, stammt von einem Anderen".

---

[5] Ehrenfest-Afanassjewa, T.: Der Dimensionsbegriff und der analytische Bau physikalischer Gleichungen. Math. Annalen 77, 259-276 (1916).

J.B.J. Fourier hat 1822 in seinem berühmten Werk "Théorie analytique de la chaleur" den Begriff der physikalischen Dimension geprägt. Zugleich hat er hervorgehoben, daß die Summanden in einer physikalischen Gleichung Maßzahlen von Größen gleicher Dimension sein müssen, daß also eine physikalische Gleichung die Eigenschaft besitzen muß, die heute als "Dimensionshomogenität" bezüglich des gewählten Grundgrößensystems präzise definiert wird. Es folgte aber noch ein langer Weg der Irrung und Verwirrung, bis dieser Begriff und die eigentliche mathematische Aussage des Π-Theorems klar und zutreffend gefaßt wurden. Immerhin datiert aber von Fourier an die bewußt genutzte Möglichkeit der Dimensionskontrolle physikalischer Gleichungen sowie die Möglichkeit, durch eine Analyse der Dimensionen zu Schlüssen über physikalische Zusammenhänge zu gelangen. In der zweiten Hälfte des 19. und zu Beginn des 20. Jahrhunderts wurde hiervon bereits ausgiebig Gebrauch gemacht.

Es ist wenig bekannt[6], daß H.v. Helmholtz 1873 die für die Hydrodynamik wesentlichen dimensionslosen Potenzprodukte ("Kennzahlen") untersuchte und dabei unter anderen bereits die "Reynoldssche Zahl" besaß, zehn Jahre bevor O. Reynolds 1883 seine Beobachtung veröffentlichte, wonach der Umschlag von laminarer zu turbulenter Strömung von zähen Flüssigkeiten durch Rohre bei einem festen Wert dieser Dimensionslosen eintritt. Helmholtz berichtete am 20. Juni 1873 der Berliner Akademie "Über ein Theorem, geometrisch ähnliche Bewegungen flüssiger Körper betreffend, nebst Anwendung auf das Problem, Luftballons zu lenken" (Monatsberichte der Kgl. Preußischen Akademie der Wissenschaften zu Berlin 1873, 501-514 (1873)). Einige in dieser Arbeit enthaltene Ausführungen über technische Möglichkeiten erfuhren erhebliche Kritik. Das hat wohl dazu geführt, daß diese Arbeit gleich insgesamt verworfen und vergessen wurde.

Wenn der Leser die Beispiele aus dem ersten propädeutischen Kapitel des vorliegenden Buches bedenkt, so wird ihm verständlich sein, daß bereits in den letzten Jahrzehnten vor Beginn des 20. Jahrhunderts

---

[6] Vgl. Albring, W.: Helmholtz schuf eine Ähnlichkeitstheorie für Strömungen. Maschinenbautechnik 15, 113-118 (1966).

und kurz danach manchem Forscher beim Praktizieren der Methode der Dimensionsanalyse die allgemeine Aussage des Π-Theorems mehr oder weniger klar ins Bewußtsein dringen mußte. Das muß etwa für den vielzitierten Meister in einer Vielfalt solcher Anwendungen Lord Rayleigh um die Jahrhundertwende gelten. Es sei hier auch speziell auf eine in Büchern zur Dimensionsanalyse häufig zitierte Arbeit von J.H. Jeans[7] 1905 hingewiesen als ein Beispiel dafür, wie greifbar nahe die Aussage des Π-Theorems in der Luft lag. Verwiesen sei auch auf die "Diskussionen über Mechanik" von V.L. Kirpichev[8].

Fragt man, wer erstmals versuchte, das Π-Theorem allgemein als Konsequenz der Dimensionshomogenität physikalischer Gleichungen zu fassen - wenn auch unzulänglich und ohne Präzisierung von Voraussetzungen und schon gar nicht unter Anbietung eines strengen mathematischen Beweises - und diese Gedanken auch veröffentlichte, so muß man nach heutigem Wissen wohl A. Vaschy den Ruhm zusprechen, dies bereits 1890 getan zu haben. Seine Darstellung findet man in dem einleitenden Abschnitt des Werkes: A. Vaschy: Traité d'électricité et de magnétisme, tome I. Paris: Baudry et C^ie^ 1890. Vgl. auch A. Vaschy: Sur les lois de similitude en physique. Annales télégraphiques 19, 25-28 (1892). Vaschys Ausführungen blieben offenbar unbeachtet. Sie gerieten jedenfalls lange Jahre in Vergessenheit. A. Martinot-Lagarde[9] hat dann 1948 auf Vaschy aufmerksam gemacht und sich selbst bemüht, auf der Basis des von Vaschy Erkannten das Theorem zu klären und zu einem umfassenden Beweis zu führen.

1911 hat dann A. Federmann im Rahmen einer mathematischen Untersuchung über partielle Differentialgleichungen den großen Schritt von dem Plausibelmachen und unpräzisen Formulieren des Π-Theorems durch Vaschy (und noch bevor Buckingham 1914 unabhängig von

---

[7] Jeans, J.H.: On the Laws of Radiation. Proc. Roy. Soc. 76, 545-551 (1905).

[8] Kirpichev, V.L.: Besedy o mekhanike, I izd. Petersburg 1907. (II izd. Gos. tekh.-teoret. 1932.)

[9] Martinot-Lagarde, A.: Analyse dimensionnelle, Paris: Office National d'Etudes et de Recherche Aéronautique 1948.

Vaschy das Π-Theorem plausibel begründete und nicht ganz korrekt formulierte, s. unten) zu einem mathematisch streng bewiesenen allgemeinen Theorem getan. Sein Satz ist in einem noch näher anzugebenden Sinn ein Sonderfall des Π-Theorems, ein Π-Theorem mit unnötigen Einschränkungen. Es handelt sich um folgende Publikation:
A. Federmann: Über einige allgemeine Integrationsmethoden der partiellen Differentialgleichungen erster Ordnung. Annalen des Polytechnischen Instituts Peter der Große zu St. Petersburg 16, 97-154 (1911) [Russisch].

Obwohl Federmann selbst ausdrücklich auf die Bedeutung seines Satzes für die Physik hingewiesen und Beispiele zur Dimensionsanalyse angegeben hat, überrascht es wohl nicht so sehr, daß der Satz in jener obengenannten mathematischen Arbeit für die Welt der Physiker und Ingenieure begraben blieb.

Der Ferdermannsche Satz ist insofern ein Sonderfall des oben bewiesenen allgemeinen Π-Theorems, als der Rang r der Exponentenmatrix $\mathbf{A} = (a_{jk})$ bereits in den Voraussetzungen explizit festgelegt wird. Ferner werden zur Beweisführung Differenzierbarkeitseigenschaften in Anspruch genommen, die entbehrlich sind, wie die oben angegebenen Beweise von Langhaar und Brand zeigen. Differenzierbarkeitsvoraussetzungen sind auch von der Physik her unsachgemäß, weil sie die Anwendbarkeit (etwa bei Überschallströmungen) zu sehr einschränken. Voraussetzung darf allein die Dimensionshomogenität der Beziehung sein.

Wenn man das Ergebnis von Federmann in einer für den vorliegenden Zweck unwesentlichen Beziehung etwas vereinfacht, die von ihm zur Beweisführung benutzten unnötigen Voraussetzungen unterschlägt und statt seiner die von uns benutzten Symbole verwendet, lautet der

<u>Satz von Federmann (1911):</u>

Sei

$$\left.\begin{aligned} x_j' &= \alpha_j x_j, & j &= 1,\dots,m \\ x_j' &= x_j \prod_{k=1}^{m} \alpha_k^{a_{jk}}, & j &= m+1,\dots,n \end{aligned}\right\} \qquad (4.66)$$

oder mit

$$\left.\begin{array}{l} a_{jk} = \delta_{jk} \qquad \begin{cases} j = 1,\dots,m \\ k = 1,\dots,m \end{cases} \\ \text{also} \\ x_j' = x_j \prod_{k=1}^{m} \alpha_k^{a_{jk}} \quad \text{für alle} \quad j = 1,\dots,n. \end{array}\right\} \tag{4.66a}$$

(Bemerkung: Diese Annahme impliziert bereits

$$\operatorname{Rg}(a_{jk})_{\substack{j=1,\dots,n\\k=1,\dots,m}} = m.)$$

Sei ferner

$$f(x_1',\dots,x_n') = f(x_1,\dots,x_n) \prod_{k=1}^{m} \alpha_k^{b_k}. \tag{4.67}$$

Dann existieren $n - m$ dimensionslose Potenzprodukte $\Pi_1,\dots,\Pi_{n-m}$ der $x_1,\dots,x_n$ mit der Eigenschaft

$$f(x_1,\dots,x_n) = \prod_{j=1}^{n} x_j^{b_j} \cdot G(\Pi_1,\dots,\Pi_{n-m}). \tag{4.68}$$

Im Gegensatz hierzu geht das allgemeine Π-Theorem nur von der Voraussetzung

$$x_j' = x_j \prod_{k=1}^{m} \alpha_k^{a_{jk}} \quad \text{für alle} \quad j = 1,\dots,n \tag{4.69}$$

für (4.67) aus und läßt $\operatorname{Rg}(a_{jk}) = r$ beliebig. Die Anzahl der dimensionslosen Potenzprodukte $\Pi_1,\dots,\Pi_p$ ist dann $p = n - r$, und es gibt reelle Zahlen $k_1, \ldots, k_n$ so, daß gilt:

$$f(x_1, \ldots, x_n) = \prod_{j=1}^{n} x_j^{k_j} \cdot G(\Pi_1, \ldots, \Pi_p). \tag{4.70}$$

Drei Jahre nach Veröffentlichung der Federmannschen Arbeit und in Unkenntnis dieser und der Veröffentlichungen von Vaschy hat E. Buckingham 1914 das Π-Theorem in allgemeiner Form formuliert und begründet, d.h. plausibel gemacht. freilich ebenfalls unter unnötigen Voraussetzungen an f. Ferner hat er das Π-Theorem insofern falsch formuliert, als er $p = n - m$ behauptet, wo m die Anzahl der Grundgrößenarten im benutzten Grundgrößensystem ist (statt richtig: $p = n - r$, wo $r = Rg(a_{jk})$). Es handelt sich um die Arbeit: E. Buckingham: On Physically Similar Systems; Illustration of the Use of Dimensional Equations. Phys. Review 4, 345-376 (1914). Vgl. auch E. Buckingham: Model Experiments and the Forms of Empirical Equations. Trans. Am. Soc. Mech. Eng. 37, 263-288 (1915).

Buckingham hat nicht darauf Anspruch erhoben, erstmals das Π-Theorem formuliert und begründet zu haben. Er verweist vielmehr auf D. Riabouchinsky als dem nach seinem Wissen eigentlichen Entdecker des Π-Theorems. Von diesem Autor ist vor allem folgende Arbeit zu nennen: D. Riabouchinsky: Méthode des variables de dimension zéro. L'Aérophile 19, 407-408 (1911), nachgedruckt in: Bulletin de l'Institut Aérodynamique de Kouchino 1912, fasc. IV, 50-55 (1912).

Die weite Verbreitung der Buckinghamschen Arbeit im Gegensatz zu jenen der anderen genannten Autoren und die starke Anregung, die sie anderen Autoren gab, mag dazu geführt haben, daß oft vom "Buckinghamschen Theorem" gesprochen wird. Diese weite Verbreitung hat aber auch dazu geführt, daß sich der oben genannte Fehler ($p = n - m$ statt $p = n - r$) noch heute durch die Literatur fortpflanzt, und dies, obwohl Bridgman in seinem bereits in 2.1. genannten bahnbrechenden und sehr stark verbreiteten Buch aus dem Jahre 1922 nachdrücklich auf diesen Sachverhalt hingewiesen hat.

Für die dimensionslosen Potenzprodukte führte Buckingham die Symbole $\Pi_1, \Pi_2, \ldots$ ein. Diese Bezeichnungsweise hat sich international eingebürgert. So lebt der Beitrag Buckinghams zum fundamentalen Theorem der Theorie der physikalischen Dimensionen schließlich auch in der Bezeichnung "Π-Theorem" fort.

Eine erfreulich klare Darstellung des Theorems mit Beispielen, die zugleich eine bemerkenswerte Emanzipation in der damals noch sehr kontroversen Frage der Wahl von Grundgrößensystemen aufweist, gab C. Runge[10] im Jahre 1916. Hier wird auch die Leistung von Fourier ausführlicher gewürdigt.

Während auch noch der in dem in 2.1. zitierten Buch von Bridgman 1922 gegebene Beweis des Π-Theorems entscheidend von der unangemessenen Voraussetzung der Differenzierbarkeit von f Gebrauch macht, sind die später von H.L. Langhaar (1951, vgl. oben 4.4.), G. Birkhoff (in seinem bemerkenswerten Buch: Hydrodynamics. A Study in Logic, Fact, and Similitude. Princeton University Press 1950) und L. Brand (1957, vgl. oben 4.5.) gegebenen Beweise rein algebraisch und gültig für jede reellwertige Funktion aus der Menge der dimensionshomogenen Funktionen. Zu erwähnen ist auch noch ein Beweis von S. Drobot[11], jedoch liefort dieser Beweis eine Aussage, die, wie auch L. Brand (l.c., vgl. 4.5.) mit Recht kritisierte, kein volles Äquivalent zum Π-Theorem (vielmehr in dieser Hinsicht dem Federmannschen Satz verwandt) ist. Außerdem ist der Beweis mit Beiwerk versehen, das dazu angetan ist, das Wesen der Aussage des Π-Theorems zu verdecken.

---

[10] Runge, C.: Über die Dimensionen physikalischer Größen. Phys. Zeitschrift 17, 202-212 (1916).

[11] Drobot, S.: On the Foundations of Dimensional Analysis. Studia Mathematica 14, 84-99 (1953).

# 5. Anwendungen: Beispiele zur Dimensionsanalyse und Einführung in die Ähnlichkeits- oder Modelltheorie

## 5.1. Beispiele für die Anwendung des Π-Theorems zur Dimensionsanalyse

Die in Kapitel 1 propädeutisch behandelten Beispiele vermag der Leser nunmehr durch formale Anwendung des Π-Theorems bequem und zugleich in mathematischer Strenge zu behandeln.

Nachfolgend sollen weitere Beispiele behandelt werden. Es kann nicht die Aufgabe dieser Darstellung sein, die Leistungsfähigkeit des Π-Theorems in möglichst vielen Gebieten der Physik und der Ingenieurwissenschaften zu demonstrieren. Hierzu muß auf die Fülle der einschlägigen Lehrbücher verwiesen werden, wovon in 5.3. eine Auswahl angegeben werden wird.

In einer ersten Gruppe von Beispielen soll gezeigt werden, wie die formale Dimensionsanalyse mit Hilfe des Π-Theorems oft zu einem optimalen Ergebnis führt. Optimal heißt hier, daß die Anzahl $n - r = p$ von verbleibenden Variablen so klein ausfällt, wie dies bei dem betreffenden Problem möglich ist. Oft wird $p = 0$ zu erreichen sein. Beim Problem der Schwingungsdauer des mathematischen Pendels etwa wäre dagegen $p = 1$ optimal zu nennen, denn die Integration des Problems liefert - vgl. 1.2. - $\tau = \sqrt{l/g}\, f(\vartheta)$, wo $f(\vartheta)$ ein elliptisches Integral ist; es muß also ein $\pi_1 = \vartheta$ auch bei Anwendung des Π-Theorems mit dem optimalen Ergebnis $\tau = \sqrt{l/g}\, G(\pi_1)$ verbleiben.

Gelegentlich wird aber auch die Anwendung des Π-Theorems scheitern. Daraus wird dann zu folgern sein, daß eine Abhängigkeit $y = f(x_1, \dots, x_n)$ der dort angenommenen Art nicht existieren kann, daß also keine dimensionshomogene Funktion $f$ der angenommenen Argumente $x_1, \dots, x_n$ existiert, welche die Maßzahl $y$ der gesuchten Größe liefert, kurz: daß der Ansatz falsch ist. Leider ist die Umkehrung nicht richtig: Wenn das Π-Theorem ein Ergebnis liefert, braucht die angesetzte Beziehung nicht physikalisch zutreffend zu sein. Das Π-Theorem kann nur aussagen: W e n n die angesetzte Abhängigkeit $y = f(x_1,\ldots,x_n)$ physikalisch zutreffend ist, so ist auch die Konsequenz $y = x_1^{k_1} \cdot \ldots \cdot x_n^{k_n} G(\Pi_1,\ldots,\Pi_p)$, $p = n - r$, zutreffend. So wird auch der Leser bei Anwendung des Π-Theorems zur Dimensionsanalyse immer wieder erleben, daß zwar die rechnerische Durchführung äußerst einfach ist, daß aber oft die physikalische Frage Schwierigkeiten bereitet, ob die angenommenen Argumente $x_1,\ldots,x_n$ zutreffend und vollständig sind. Diese Schwierigkeit besteht nicht, wenn alle Bestimmungsgleichungen des Problems vorliegen. Gerade aber wenn deren Angabe schwierig oder gar unmöglich ist, ist man in besonderem Maße auf das Π-Theorem angewiesen.

Eine zweite Gruppe von Beispielen wird zeigen, daß das Π-Theorem keine Wunderwaffe ist, sondern oft kein optimales Ergebnis liefert. Nun hat aber zumeist der anwendende Physiker oder Ingenieur neben der angesetzten Abhängigkeit $y = f(x_1,\ldots,x_n)$ weiteres zusätzliches Wissen über die untersuchten Zusammenhänge. Die Beispiele sollen demonstrieren, wie das Π-Theorem in Verbindung mit solchem zusätzlichen Wissen zu einer optimalen Reduktion der Anzahl $p$ der unabhängigen Veränderlichen führen kann.

Was das Π-Theorem zu leisten vermag, hängt bekanntlich von der Wahl des Grundgrößensystems ab. Falls das Ergebnis bezüglich eines Grundgrößensystems nicht optimal ausfällt, kann dies bei Verwendung eines anderen Grundgrößensystems der Fall sein. In einer dritten Beispielgruppe soll daher an einem einfachen Problem die Abhängigkeit der vom Π-Theorem gelieferten Information vom gewählten Grundgrößensystem ein wenig illustriert werden. Zugleich soll der Leser durch diese Betrachtung darin bestärkt werden, sich in der Wahl von Grundgrößensystemen seiner Bewegungsfreiheit bewußt zu werden. Schließlich soll bei dieser Gelegenheit ein Paradoxon behandelt werden, das in der Geschichte der Methode der Dimensionsanalyse längere Zeit Kopfzerbrechen verursachte.

Die Beispiele sind vorwiegend so gewählt, daß keine umfangreichen physikalischen Erläuterungen vorausgeschickt werden müssen. Sie sind in der Mehrzahl der Mechanik entnommen. Die Mechanik ist aber zugleich bisher das fruchtbarste Tummelfeld für die Methode der Dimensionsanalyse und auch für die anschließend kurz zu behandelnde Modellwissenschaft gewesen.

### 5.1.1. Einige Beispiele mit optimalem Ergebnis

Bei den nachfolgenden Beispielen formulieren wir nur jenes physikalische Wissen, das für die Anwendung des Π-Theorems jeweils erforderlich ist, d.h., das erlaubt, den zu untersuchenden Zusammenhang $y = f(x_1, \dots, x_n)$ im benutzten Grundgrößensystem anzugeben. Sofern gelegentlich leicht weitere Einsichten zu formulieren wären, sehen wir bewußt davon ab und überlassen die Gewinnung von Einsichten ganz dem Π-Theorem.

Beispiel 1: Im Rahmen einer spekulativen Überlegung möge sich die Vermutung ergeben haben, daß die Maßzahl F einer Kraft eine (dimensionshomogene) Funktion der Maßzahlen m einer Masse und v einer Geschwindigkeit sei:

$$F = f(m, v) .$$

Zugrundegelegt sei ein $\{M, L, T\}$-System.

| **A** | M | L | T |
|---|---|---|---|
| m | 1 | 0 | 0 |
| v | 0 | 1 | -1 |
| F | 1 | 1 | -2 |

Wie die nebenstehende Dimensionstabelle zeigt, ist dies nicht möglich.

Der Versuch, das Π-Theorem anzuwenden, liefert wegen $n = 2$, $r = 2$ also $p = 0$ die Antwort: Wenn es eine Beziehung der angesetzten Art gibt, muß sie die Gestalt

$$F = C \cdot m^{k_1} v^{k_2}, \quad C \text{ eine Konstante}, \quad [C] = 1$$

haben. Für $k_1$, $k_2$ ergeben sich aber die drei Bestimmungsgleichungen

$$k_1 = 1,$$
$$k_2 = 1,$$
$$k_2 = 2.$$

Es existiert also keine Lösung $(k_1, k_2)$.

Es zeige sich dann, daß nach Überprüfung der betreffenden Spekulation nicht die Maßzahl F einer Kraft sondern E einer Energie, $[E] = ML^2T^{-2}$ gemeint war. Ersetzt man oben F durch E, so lautet nun die Antwort: Wenn es eine Beziehung der angenommenen Art gibt, so muß sie die Gestalt

$$E = Cmv^2, \quad C \text{ eine Konstante}, \quad [C] = 1$$

haben. Eine andere als diese dimensionshomogene Beziehung gibt es nicht.

Dieses bewußt trivial gewählte Beispiel soll für alle folgenden Beispiele demonstrieren: Ob es eine dimensionshomogene Gleichung der angesetzten Art gibt, ist leicht zu entscheiden. Wenn eine solche mathematisch existieren kann, ist noch nicht gesagt, daß sie physikalisch den Zusammenhang zutreffend wiedergibt. Angenommen aber, daß auch die physikalischen Annahmen, die zu dem Ansatz führen, zutreffen, so ist auch die Konsequenz, die sich aus dem Π-Theorem ergibt, mathematisch und physikalisch zutreffend.

Beispiel 2: Ein Körper fällt aus der Ruhe frei unter dem alleinigen Einfluß der Schwerkraft. Wie hängt der zurückgelegte Weg (s) von der Fallzeit (t), dem Gewicht des Körpers (w) und der lokalen Schwerebeschleunigung (g) ab?

$$s = f(t, w, g).$$

| A | F | L | T |
|---|---|---|---|
| t | 0 | 0 | 1 |
| w | 1 | 0 | 0 |
| g | 0 | 1 | -2 |
| s | 0 | 1 | 0 |

Nebenstehende Dimensionstabelle im $\{F, L, T\}$-System zeigt: Der Fallweg kann nicht vom Gewicht des Körpers abhängen. Alle Körper fallen gleich schnell.

Mit $n = r = 3$, also $p = 0$ liefert das Π-Theorem:

$$s = Cgt^2$$

(C eine unbestimmt bleibende dimensionslose Zahl).

Beispiel 3: Wenn man weiß, daß die Ausbreitungsgeschwindigkeit (a) des Schalls in einer kompressiblen Flüssigkeit von dem lokalen Druck (p) und der lokalen Dichte (ρ) abhängt, ist zu fragen, wie diese Relation aus Dimensionsgründen aussehen muß.

| **A** | M | L | T |
|---|---|---|---|
| p | 1 | -1 | -2 |
| ρ | 1 | -3 | 0 |
| a | 0 | 1 | -1 |

Mit dem Ansatz

$$a = f(p, \rho)$$

belehrt uns nebenstehende Dimensionstabelle ($n = r = 2$, also $p = 0$), daß gelten muß:

$$a = C\sqrt{p/\rho}$$

(C unbestimmte dimensionslose Konstante).

Beispiel 4: Wie hängt die Geschwindigkeit (a) der Schallausbreitung in einem homogenen elastischen Körper von dem Elastizitätsmodul der Dehnung (E) des Materials und von dessen Massendichte (ρ) ab?

| **A** | F | L | T |
|---|---|---|---|
| E | 1 | -2 | 0 |
| ρ | 1 | -4 | 2 |
| a | 0 | 1 | -1 |

Mit dem Ansatz

$$a = f(E, \rho)$$

zeigt die zugehörige Dimensionstabelle - hier im $\{F, L, T\}$-System angegeben -, daß $n = r = 2$, also $p = 0$ ist. Man sieht sofort

$$a = C\sqrt{E/\rho}$$

(C unbestimmt bleibende dimensionslose Konstante).

Die Theorie liefert C = 1, also $a = \sqrt{E/\rho}$. Ist v die Maßzahl einer allein unter der Wirkung der elastischen Kraft bewirkten Verschiebungsgeschwindigkeit, so spielt dies Verhältnis v/a eine analoge Rolle in der Elastizitätstheorie wie in der Strömungsmechanik kompressibler Medien die Machsche Zahl Ma := v/a (v, a Maßzahlen der Strömungs- bzw. Schallgeschwindigkeit des Mediums). In der Elastizitätstheorie ist statt v/a die Dimensionslose $v^2/a^2$ mit einem besonderen Namen belegt: Cauchysche Zahl Ca:

$$Ca := \rho v^2/E.$$

Beispiel 5: Gefragt wird nach der Ausbreitungsgeschwindigkeit (v) einer Welle, die entsteht, wenn man ein gespanntes Seil momentan stört. Ist F die Maßzahl der Kraft, mit der das Seil gespannt ist, so wird man diese, ferner die lineare Massendichte ($\rho$ mit $[\rho] = ML^{-1}$) und ein Maß (a) für die Amplitude der Welle zu berücksichtigen haben:

$$v = f(F, \rho, a).$$

| **A** | M | L | T |
|---|---|---|---|
| F | 1 | 1 | -2 |
| ρ | 1 | -1 | 0 |
| a | 0 | 1 | 0 |
| v | 0 | 1 | -1 |

Mit n = r = 3 ist p = 0. Fragt man nach einem Potenzprodukt der Argumente mit

$$[F^{k_1} \rho^{k_2} a^{k_3}] = [v] = LT^{-1},$$

so ergibt die Rechnung $k_3 = 0$, d.h. die Geschwindigkeit kann nicht von der Amplitude abhängen. Ferner wird $k_1 = -k_2 = 1/2$, also erhält man für die angesetzte Beziehung

$$v = C\sqrt{F/\rho}$$

mit unbestimmt bleibender dimensionsloser Konstanten C.

Beispiel 6: Am einen Ende eines Fadens gegebener Länge - Maßzahl l - befinde sich eine Masse - Maßzahl m. Um das andere festgehaltene Ende des Fadens werde die Masse im Kreise mit konstanter Umlaufgeschwindigkeit - Maßzahl v - herumgeschleudert. Gefragt wird nach der Kraft, mit welcher der Faden gespannt wird.

Deren Maßzahl F ist durch l, m und v vermöge einer Beziehung

$$F = f(l, m, v)$$

bestimmt. Wie lautet diese?

Legt man das technische $\{F, L, T\}$-System zugrunde, so hat man die nebenstehende Dimensionstafel. **A** hat mit $n = 3$ den Rang $r = 3$, also ist $p = 0$. Es gibt m.a.W. im $\{F, L, T\}$-System keine dimensionslosen Potenzprodukte von l, m und v. Das Π-Theorem liefert also die Aussage: Es gibt ein Zahlentripel $(k_1, k_2, k_3)$ derart, daß $F/l^{k_1} m^{k_2} v^{k_3} = C$, wo C eine dimensionslose Konstante ist. Die einfache Rechnung liefert eindeutig

| **A** | F | L | T |
|---|---|---|---|
| l | 0 | 1 | 0 |
| m | 1 | -1 | 2 |
| v | 0 | 1 | -1 |
| F | 1 | 0 | 0 |

$k_1 = -1$, $k_2 = 1$, $k_3 = 2$, also

$$F = C \cdot mv^2/l$$

mit unbestimmt bleibender Zahl C.

Wählt man statt dessen in naheliegender Weise ein $\{M, L, V\}$-System als Grundgrößensystem mit Masse, Länge und Geschwindigkeit als Grundgrößenarten, so muß dasselbe Ergebnis resultieren, denn beide Grundgrößensysteme sind äquivalent. Beim Übergang von $\{F, L, T\}$ zunächst zum $\{M, L, T\}$-System wird $[F] = MLT^{-2}$, und dann beim Übergang hiervon zum $\{M, L, V\}$-System wird $[T] = LV^{-1}$ und also $[F] = ML^{-1}V^2$. (Vgl. hierzu Abschnitt 3.4.4.)

| **A** | M | L | V |
|---|---|---|---|
| m | 1 | 0 | 0 |
| l | 0 | 1 | 0 |
| v | 0 | 0 | 1 |
| F | 1 | -1 | 2 |

Somit haben wir die nebenstehende Dimensionstafel, aus der ohne jede Rechnung das Ergebnis $F = C \cdot mv^2/l$ ersichtlich ist.

Beispiel 7: Gefragt wird nach der Schwingungsdauer ($\tau$) der Eigenschwingungen eines Tropfens zäher inkompressibler Flüssigkeit bei

Berücksichtigung der Oberflächenspannung ($\gamma$) aber unter Absehen von jeder anderen Kraftwirkung. Offenbar wird es auf das Volumen des Tropfens oder, was auf dasselbe hinauskommt, auf einen mittleren Durchmesser (d) des Tropfens ankommen, der in der Ruhe kugelförmig sein muß. $\nu$ sei die Maßzahl der kinematischen Zähigkeit.

a) Der Ansatz lautet somit

$$\tau = f(d, \rho, \gamma, \nu).$$

| **A** | F | L | T |
|---|---|---|---|
| d | 0 | 1 | 0 |
| $\rho$ | 1 | -4 | 2 |
| $\gamma$ | 1 | -1 | 0 |
| $\nu$ | 0 | 2 | -1 |
| $\tau$ | 0 | 0 | 1 |

Im $\{F,L,T\}$-System ergibt sich hierzu die nebenstehende Dimensionstabelle. Für die Dimensionsmatrix **A** gilt $n = 4$, $r = 3$, also $p = 1$.

Ein Potenzprodukt der vier Argumente von der Dimension von $\tau$ ist leicht erraten, z.B. $\sqrt{\rho d^3/\gamma}$

$$\tau = \sqrt{\rho d^3/\gamma}\; G(\Pi_1).$$

Für das dimensionslose Potenzprodukt

$$\Pi_1 = d^{k_1} \rho^{k_2} \gamma^{k_3} \nu^{k_4}$$

ergeben sich die drei Bestimmungsgleichungen

$$(1) \qquad k_2 + k_3 = 0,$$

$$(2) \qquad k_1 - 4k_2 - k_3 + 2k_4 = 0,$$

$$(3) \qquad 2k_2 - k_4 = 0.$$

Wegen (1) und (3) ist $k_3 = -k_2$, $k_4 = 2k_2$ und demnach nach (2) $k_1 = -k_2$. Wählt man für $k_2$ den Wert $k_2 = 1$, so erhält man $\Pi_1 = \rho\nu^2/d\gamma$, allgemein $\Pi_1 = (\rho\nu^2/d\gamma)^{k_1}$, $k_1$ beliebig. Somit wird

$$\tau = \sqrt{\rho d^3/\gamma}\; G(\rho\nu^2/d\gamma).$$

b) Vernachlässigt man bei sehr kleiner innerer Reibung die kinematische Zähigkeit ($\nu \to 0$), setzt man also an:

$$\tau = f(d, \rho, \gamma),$$

so hat man jetzt $p = 0$ und erhält

$$\tau = C \sqrt{\rho d^3/\gamma}.$$

Darin kann die unbestimmt bleibende dimensionslose Konstante C gedeutet werden als $C = G(0)$. Es ist $\rho d^3$ ein Maß für die Masse des Tropfens.

c) Hätte man im Ausgangsansatz die Massendichte nicht als Argument aufgenommen - etwa in der Vorstellung, daß mit $\nu = \eta/\rho$, $\eta$ Maßzahl der dynamischen Zähigkeit, die Dichte genügend berücksichtigt sei, oder vermutend daß die Schwingungsdauer wie bei den Schwingungen eines mathematischen Pendels von der Masse unabhängig sein wird - , also

$$\tau = f(d, \gamma, \nu)$$

angesetzt, so wäre dieser Ansatz, wie man der obigen Dimensionstabelle oder dem Ergebnis der Dimensionsanalyse entnimmt, gescheitert. Eine dimensionshomogene Beziehung dieser Gestalt ist nicht möglich.

Beispiel 8: Relativ zu einem mit konstanter Winkelgeschwindigkeit ($\omega$) um eine raumfeste Achse rotierenden Koordinatensystem bewege sich ein Massenpunkt ($m$) in einer Ebene senkrecht zur Drehachse. Der Betrag seiner Geschwindigkeit ($v$) sei konstant. Die einzige auf den Massenpunkt wirkende Kraft ist die Coriolis-Kraft. Unter der ablenkenden Wirkung dieser Kraft beschreibt er eine Kreisbahn. Gefragt wird nach dem Radius ($r$) dieses Kreises ("Trägheitskreis").

Es ist anzusetzen:

| A | M | L | T |
|---|---|---|---|
| m | 1 | 0 | 0 |
| v | 0 | 1 | -1 |
| ω | 0 | 0 | -1 |
| r | 0 | 1 | 0 |

$$r = f(m, v, \omega).$$

Bezogen auf ein $\{M, L, T\}$-System ergibt nebenstehende Dimensionstabelle unmittelbar: Der Radius des Trägheitskreises ist unabhängig von der Masse.

Wegen $p = 0$ liefert das Π-Theorem die Aussage:

$$r = C \cdot v/\omega$$

mit unbestimmt bleibender dimensionsloser Konstante C. (Integration der Bewegungsgleichung ergibt $C = 1/2$.) $r\omega/v$ hat die Gestalt einer "Strouhal-Zahl".

Betrachtet man für ein Anwendungsbeispiel die rotierende Erde, so ist die Komponente der Drehgeschwindigkeit normal zur Erdkugel an einem Orte mit der geographischen Breite $\varphi$ gegeben durch

$$\omega' = \omega \sin \varphi,$$

und es ist dabei der Betrag $\omega$ der Drehgeschwindigkeit der Erde $\omega = 2\pi/T$, wo T die Maßzahl der Zeitdauer eines Sterntages ist. Mit einem "Pendeltag" pflegt man andererseits die Zeitdauer zu bezeichnen, die ein Foucaultsches Pendel benötigt, um eine volle Drehung um 360° zurückzulegen. Die Maßzahl dieser Zeit ist $T' = T/\sin \varphi$. Betrachtet man also nun einen sich auf seinem Trägheitskreis relativ zur rotierenden Erde an einem Orte der geographischen Breite $\varphi$ bewegenden Massenpunkt, so benötigt dieser zu einem vollen Umlauf auf seinem Kreis die Zeit, deren Maßzahl $2\pi r/v = 2\pi/2\omega \sin \varphi$ wegen $2\pi/\omega = T$ und $T = T' \sin \varphi$ gegeben ist zu $2\pi r/v = T'/2$. Er durchläuft also seinen Trägheitskreis in einem halben Pendeltag.

(Der Leser wird bemerkt haben, daß Obiges nur gilt, wenn der Radius des Trägheitskreises klein genug ist, so daß für alle seine Punkte

$\varphi$ = const gesetzt werden darf. Muß man auf der Bahn die Veränderlichkeit von $\varphi$ berücksichtigen, so ergeben sich keine Kreise mehr. Insbesondere in der Nähe des Äquators, bei dessen Überschreiten $\omega'$ das Vorzeichen wechselt, ergeben sich Kurven vom Typ der Elastica.)

Beispiel 9: Ein elektrisch geladenes Teilchen erhält eine Anfangsgeschwindigkeit in Richtung senkrecht zu einem räumlich und zeitlich konstanten Magnetfeld. Falls keine anderen Kräfte auf das Teilchen wirken, beschreibt es unter dem ablenkenden Einfluß des Magnetfeldes in einer Ebene senkrecht zu diesem Feld eine Kreisbahn mit konstanter Winkelgeschwindigkeit. Gefragt wird nach dem Radius dieses Kreises.

Seien q, m, $v_0$ die Maßzahlen der elektrischen Ladung, der Masse und der Anfangsgeschwindigkeit des Teilchens und H jene der magnetischen Feldstärke. Dann ist anzusetzen:

$$r = f(m, q, v_0, H).$$

In einenem $\{M, L, T, Q\}$-System mit der elektrischen Ladung als vierter Grundgrößenart hat man die nebenstehende Dimensionstafel. Es ist n = 4, r = 4, also p = 0. Gesucht ist also nur noch ein Zahlenquadrupel $(k_1, k_2, k_3, k_4)$ derart, daß

| A | M | L | T | Q |
|---|---|---|---|---|
| m | 1 | 0 | 0 | 0 |
| q | 0 | 0 | 0 | 1 |
| $v_0$ | 0 | 1 | -1 | 0 |
| H | 1 | 0 | -1 | -1 |
| r | 0 | 1 | 0 | 0 |

$$[r] = \left[ m^{k_1} q^{k_2} v_0^{k_3} H^{k_4} \right] = L.$$

Die Rechnung ergibt: $k_1 = k_3 = 1$, $k_2 = k_4 = -1$. Also gilt

$$r = C_1 \cdot \frac{v_0 m}{qH}$$

mit unbestimmt bleibender dimensionsloser Konstanten $C_1$.

Fragt man ferner nach der Anzahl von Umläufen pro Zeiteinheit und ist deren Maßzahl n mit $[n] = T^{-1}$, so ergibt die analoge Rechnung

$$n = C_2 \cdot \frac{qH}{m} \quad .$$

Man kann das Ergebnis für r also auch wie folgt formulieren:

$$\frac{rn}{v_0} = \text{const.}$$

$rn/v_0$ kann als eine "magnetische Strouhal-Zahl" bezeichnet werden. Die Integration der Bewegungsgleichungen ergibt $C_1 = C_2 = 1$, also $rn/v_0 = 1$.

Beispiel 10: In einer reibungsfreien, der Schwerkraft unterliegenden Flüssigkeit mit freier Oberfläche und sehr großer Tiefe - so groß, daß sie hier keine Rolle spielt - breiten sich Schwerewellen aus. Wie hängt die Geschwindigkeit (v) der Wellen von ihrer Wellenlänge ($\lambda$), der Dichte der Flüssigkeit ($\rho$) und der lokalen Schwerebeschleunigung (g) ab?

$$v = f(\lambda, \rho, g).$$

| **A** | M | L | T |
|---|---|---|---|
| $\lambda$ | 0 | 1 | 0 |
| $\rho$ | 1 | -3 | 0 |
| g | 0 | 1 | -2 |
| v | 0 | 1 | -1 |

Nebenstehende Dimensionstabelle zeigt: Die Geschwindigkeit hängt nicht von der Dichte ab.

Mit n = r = 3, also p = 0 ergibt das Π-Theorem:

$$v = C\sqrt{\lambda g}$$

(C unbestimmte dimensionslose Konstante). Man kann auch sagen: Die Wellenbewegung erfolgt so, daß die Froudesche Zahl $Fr = v^2/\lambda g = C^2$ eine Konstante ist.)

Hätte man - "sich dumm stellend" - nach

$$v = f(\rho, g)$$

gefragt, indem man übersieht, daß es Wellen verschiedener Wellenlänge geben kann, von der die Ausbreitungsgeschwindigkeit abhängen wird, so hätte die zugehörige Dimensionstabelle gezeigt: Es gibt keine dimensionshomogene Funktion der angesetzten Art, also ist der Ansatz falsch.

Beispiel 11: Das Problem der nichtstationären eindimensionalen Wärmeleitung in einem von einer Ebene begrenzten, den unendlichen Halbraum erfüllenden Körper sei so gestellt, daß die Temperatur der begrenzenden Ebene, die zur Anfangszeit $(t = 0)$ mit der konstanten Körpertemperatur $(\vartheta = 0)$ übereinstimmt, für $t \geqslant 0$ linear mit der Zeit wachsen soll: $\vartheta = ct$, $c$ räumlich und zeitlich konstant. Die Temperatur im Körper für $t > 0$ wird abhängen von dem senkrechten Abstand $(x)$ des Körperpunktes von der begrenzenden Ebene, von der Zeit $(t)$, von der Temperaturleitfähigkeit $(a)$ des homogenen Körpermaterials und natürlich von $c$:

$$\vartheta = f(x,t,a,c).$$

| **A** | M | L | T | $\theta$ |
|---|---|---|---|---|
| x | 0 | 1 | 0 | 0 |
| t | 0 | 0 | 1 | 0 |
| a | 0 | 2 | -1 | 0 |
| c | 0 | 0 | -1 | 1 |
| $\vartheta$ | 0 | 0 | 0 | 1 |

In einem $\{M,L,T,\theta\}$-System mit der Temperatur als vierter Grundgrößenart ergibt sich die nebenstehende Dimensionstabelle. Es ist $n = 4$, $r = 3$, also $p = 1$. Nun ist $[ct] = [\vartheta]$. Ferner ist ein dimensionsloses Potenzprodukt der vier Argumente schnell gefunden: $\Pi_1 = x/\sqrt{at}$. Also besagt das $\Pi$-Theorem:

$$\vartheta = ct\ G(x/\sqrt{at}).$$

Es ist also $\vartheta/ct$ eine reine Funktion der einen Variablen $x/\sqrt{at}$.

Für diese Funktion G einer Variablen kann man somit die lineare partielle Differentialgleichung der Wärmeleitung auf eine gewöhnliche Differentialgleichung reduzieren und elementar die Funktion G explizit angeben. Sie ist kein Monom in $x/\sqrt{at}$ sondern eine elementare transzendente Funktion. Somit ist die erreichte Reduktion auf $p = 1$ optimal in dem Sinne, daß sie nicht durch Übergang zu einem anderen Grundgrößensystem verbessert werden könnte.

Dieses Beispiel demonstriert: Auch wenn $p = 0$ unerreichbar bleiben muß, kann $p = 1$ ein Erfolg sein, da das Ergebnis eventuell erlaubt, das mathematische Problem so zu vereinfachen, daß sich die Lösung sehr leicht angeben läßt.

Beispiel 12: Im folgenden möge aus historischen Gründen ein Beispiel wiedergegeben werden, das Vaschy 1892 zur Demonstration des Π-Theorems angab (vgl. A. Vaschy: Sur les lois de similitude en physique. Annales télégraphiques 19, 25-28 (1892)). In wörtlicher Übersetzung und unter Beibehaltung der von Vaschy benutzten Symbole für die Maßzahlen der vorkommenden physikalischen Größen lautet dieses Beispiel wie folgt:

"Wenn die Stärke des Stroms i, den man am Ende einer Telegraphenleitung zur Zeit t (gezählt vom Zeitpunkt, zu dem das galvanische Element mit der Leitung verbunden wurde) nur von der Zeit t, der Länge l der Leitung, ihrer Kapazität C, ihrem Widerstand R und von der elektromotorischen Kraft E des galvanischen Elements abhängt (eine in gewissen Fällen gerechtfertigte Hypothese), wird man die folgende Relation aufstellen:

$$F(t, l, C, R, E, i) = 0,$$

oder auch

$$f\left(t, l, C, \frac{t}{CR}, CE^2, \frac{Ri}{E}\right) = 0.$$

Die Terme $t/CR$ und $Ri/E$ haben numerische Werte, die von der Wahl der Einheiten unabhängig sind, während t, l, C und $CE^2$, die eine Zeit, eine Länge, eine Kapazität und eine Energie (oder Arbeit) darstellen, auf vier bestimmte Grundeinheiten bezogen sind. Diese vier letzten Parameter können daher ausscheiden, und es verbleibt:

$$f\left(\frac{t}{CR}, \frac{Ri}{E}\right) = 0$$

oder

$$i = \frac{E}{R}\,\varphi\left(\frac{t}{CR}\right),$$

was das wohlbekannte Ähnlichkeitsgesetz von Sir W. Thomson darstellt. Um den Gesamtbereich des Stroms zu untersuchen, genügt es, eine einzige Kurve zu konstruieren mit $t/CR$ als Abszisse und $Ri/E$ als Ordinate.

Man sieht, daß man im Bereich der Elektrizität eine vierte Grundeinheit hat."

Soweit dieses Beispiel. Der Leser wird unschwer das letzte Wörtchen "hat" zu ersetzen wissen (vgl. auch unten Abschnitt 5.1.3.) und im übrigen leicht das Ergebnis von Vaschy nach Betrachtung der zugehörigen Dimensionsmatrix in einem geeigneten Grundgrößensystem bestätigen.

Beispiel 13: Isoperimetrische Ungleichung: Für alle ebenen, geschlossenen, stückweise glatten konvexen Kurven besteht zwischen Umfang ($U$) und Inhalt ($F$) der eingeschlossenen Fläche eine einfache Ungleichung der Gestalt

$$U^k \geqslant CF,$$

wo $C$ eine für alle Kurven geltende, also konstante reelle Zahl ist.

Wegen $[U] = L$, $[F] = L^2$ und $[C] = 1$ ist $k = 2$, also

$$U^2 \geqslant CF,$$

damit diese Ungleichung unabhängig von der Wahl der Längeneinheit gilt. (Es ist $C = 4\pi$, und die Gleichheit tritt genau dann ein, wenn die Kurve ein Kreis ist.)

Die mathematische Geometrie kennt keine physikalischen Grundgrößen. Wir haben oben unterschoben, daß der praktische Geometer bei seinen Vermessungen die Längenmessungen durch Vergleich mit dem Urmeter ausführt. Die Geometrie wird damit schon zur Naturwissenschaft.

Führt man neben der Länge als weitere Grundgrößenart den Flächeninhalt ein, so besteht zwischen dem Flächeninhalt - Maßzahl F - eines Rechtecks und Länge und Breite desselben - Maßzahlen $l_1$ und $l_2$ - die naturgesetzliche Beziehung

$$F = C_F l_1 l_2$$

mit der neuen Dimensionskonstanten $C_F$, wo $[C_F] = [F]/[l_1^2]$.

Beispiel 14: Hier folge die Anwendung des Π-Theorems auf eine weitere geometrische Fragestellung.

Von einer Kugel sei das Volumen - Maßzahl V - gegeben. Auf der Kugel sei ein Kreis gezeichnet mit gegebenem sphärischen Radius - Maßzahl r. Gefragt wird nach der sphärischen Fläche der vom Kreis berandeten Teilkugeloberfläche. Deren Maßzahl F ist offenbar durch V und r bestimmt, d.h. es besteht eine Beziehung der Gestalt

$$F = f(V,r).$$

Es werde die Länge als einzige Grundgrößenart gewählt. Dann ergibt sich die nebenstehende Dimensionstabelle. Es ist $p = 2 - 1 = 1$.

| A | L |
|---|---|
| V | 3 |
| r | 1 |
| F | 2 |

Das eine dimensionslose Potenzprodukt wählen wir als $\Pi_1 = V/r^3$. Wegen $[F] = [r^2]$ ergibt das Π-Theorem:

$$F = r^2 \varphi(V/r^3).$$

Dieses Ergebnis ist im Sinne dieses Abschnitts optimal, d.h. das Π-Theorem vermag auch in keinem anderen Grundgrößensystem eine

Verschärfung dieses Ergebnisses zu liefern. In der Tat liefert eine elementare Rechnung:

$$\varphi(u) = \pi \cdot \left( \frac{\sin(\pi/6u)^{1/3}}{(\pi/6u)^{1/3}} \right)^2 \qquad (u := V/r^3).$$

(Vgl. C. Runge, l.c., siehe oben, Abschnitt 4.6.)

Beispiel 15: Nicht nur bei physikalischen Gleichungen sondern auch bei physikalischen Ungleichungen $y > f(x_1,\ldots,x_n)$ wird die Methode der Dimensionsanalyse oft mit erheblichem Nutzen angewandt. Dabei muß auch hier gefordert werden, daß f eine dimensionshomogene Funktion ist und daß $[y] = [f(x_1,\ldots,x_n)]$ gilt. Dann besteht die Ungleichung unabhängig von der Wahl der Einheiten der Grundgrößenarten.

Aus der Geometrie wurde bereits oben das Beispiel der isoperimetrischen Ungleichung behandelt. Hier soll nun ein spekulatives Beispiel gewählt werden, bei dem es sich um die Suche nach der möglichen Gestalt von Kriterien handelt, welche die Gewähr für das Eintreten eines bestimmten Typs eines physikalischen Vorgangs bieten. Insbesondere handelt es sich hier um die Bewegungen in einem System von n gravitierenden Massen. (Vgl. hierzu Leimanis, E.: Qualitative Methods in General Dynamics and Celestial Mechanics, Appl. Mech. Rev. 12, 665-670 (1959).)

Gegeben sei ein System von n gravitierenden Körpern (Massenpunkten) $P_1,\ldots,P_n$ mit den Massenmaßzahlen $m_1,\ldots,m_n$. Sei $r_{ij}(t)$ die Maßzahl des Abstandes der Körper $P_i$ und $P_j$ $(i,j = 1,\ldots,n)$ in Abhängigkeit von der Zeit, und sei $r'_{ij}(t)$ deren zeitliche Ableitung.

Es werde definiert für $i \neq j$:

$$r(t) = \min_{i,j=1,\ldots,n} \{r_{ij}(t)\} \quad ,$$

$$r'(t) = \min_{i,j=1,\ldots,n} \{r'_{ij}(t)\} \quad .$$

Zur Anfangszeit $(t = 0)$ gelte

$$r'(0) > 0.$$

Dann sind zwei Fälle möglich:

1. Es existiert eine positive konstante Maßzahl $\tau$ der Zeit derart, daß für alle $t$ aus dem Intervall $0 \leqslant t < \tau$ die gegenseitigen Abstände zwischen allen $n$ Körpern weiter anwachsen, hingegen vom Zeitpunkt mit $t = \tau$ an mindestens einer der Abstände $r_{ij}(t)$ nicht mehr anwächst, oder
2. falls $r'(0)$ und demzufolge alle $r'_{ij}(0)$ so groß sind, daß die gegenseitigen Anziehungskräfte nicht ausreichend sind, die totale Desintegration des Systems zu verhindern: Alle gegenseitigen Abstände $r_{ij}(t)$ wachsen an für $t \to \infty$.

Es fragt sich, für welche Werte von $r'(0)$ wird die Alternative (2) sicher eintreten.

Die Parameter, welche für die Antwort auf diese Frage entscheidend sind, sind die Anfangswerte des Systems für $t = 0$ und die Parameter, welche die Gravitationskräfte bestimmen.

Zwei bedeutungsvolle Parameter für die Beantwortung der Frage sind $r(0)$ und $r'(0)$. Um ein Kriterium mit wenigen Parametern zu erhalten, kann man daran denken, die $n$ Massen mit den Maßzahlen $m_1, \ldots, m_n$ durch einen gewissen Mittelwert im allgemeinsten Sinne zu ersetzen: $\mu = \varphi(m_1, \ldots, m_n)$ mit $[\mu] = [m_i]$, $\mu > 0$. Als 4. Parameter muß man dann noch die Gravitationskonstante $G$ berücksichtigen.

Ziel der Spekulation ist also die Antwort auf die Frage: Wie müßte gegebenenfalls das gesuchte Kriterium lauten, wenn es die Gestalt

$$r'(0) > f(G, \mu, r(0))$$

haben soll?

Ist bei dieser Fragestellung ein $\{M, L, T\}$-System zugrundegelegt, so hat man es mit der nebenstehenden Dimensionstabelle zu tun. Es ist

| **A** | M | L | T |
|---|---|---|---|
| G | -1 | 3 | -2 |
| $\mu$ | 1 | 0 | 0 |
| r(0) | 0 | 1 | 0 |
| r'(0) | 0 | 1 | -1 |

$n = 3$, $r = 3$, also $p = 0$. Also muß mit geeigneten $k_1$, $k_2$, $k_3$ gelten:

$$r'(0) > C \cdot G^{k_1} \mu^{k_2} r^{k_3}(0).$$

Die Rechnung liefert eindeutig $k_1 = k_2 = 1/2$, $k_3 = -1/2$. Falls es ein Kriterium der gesuchten Gestalt gibt, muß dieses somit lauten:

$$r'(0) > C \cdot (\mu G/r(0))^{1/2}.$$

(Daß diese Überlegung Erfolg erzielte, entnehme man der oben zitierten Arbeit von Leimanis.)

### 5.1.2. Einige Beispiele, in denen das Ergebnis des Π-Theorems durch zusätzliches physikalisches Wissen verschärft wird

Es kommt häufig vor, daß man bei einem Ergebnis des Π-Theorems mit $p = n - r > 0$ mit Hilfe einer zusätzlichen physikalischen Einsicht, die man auf anderem Wege gewonnen hat, nachhelfen kann, um doch noch die Reduktion auf $p = 0$ zu erreichen. (Es kann aber auch sein, daß man bei vollständiger mathematischer Formulierung des Problems, die für die Anwendung des Π-Theorems nicht erforderlich ist, zu einer mathematischen Einsicht gelangt, die dasselbe leistet. Hierüber soll in Abschnitt 5.4. gesprochen werden, und dort sollen dann zwei der nachfolgenden Beispiele unter diesem Aspekt erneut behandelt werden.) Beim ersten Beispiel wird von experimentellen Befunden Gebrauch gemacht. Im zweiten Beispiel wird ein aus der Theorie nicht in Strenge deduzierter Sachverhalt benutzt, der zu dem gewünschten Erfolg führt; da man die Einzigkeit der Lösung des zugrundeliegenden mathematischen Problems beweisen kann, wird der benutzte Sachverhalt, der zu einer Lösung führt, nachträglich gesichert.

In den Beispielen dieses Abschnitts liegt durchweg das Grundgrößensystem $\{M, L, T\}$ zugrunde.

1. Beispiel: Ausfluß eines Mediums aus einem kreisförmigen Loch eines Behälters unter dem Einfluß Schwerkraft.

A. Das Torricellische Gesetz

Das Ausflußloch in der Gefäßwand habe den Durchmesser d. Das ausfließende Medium sei eine Flüssigkeit. Gefragt wird nach dem Ausflußvolumen pro Zeiteinheit Q $([Q] = L^3T^{-1})$. Äquivalent damit kann man nach der über die Ausflußöffnung gemittelten Ausflußgeschwindigkeit - Maßzahl v - fragen, wobei v der über die Öffnung konstant verteilte Geschwindigkeitsbetrag ist - vgl. Abb. 12 - , mit dem das gleiche

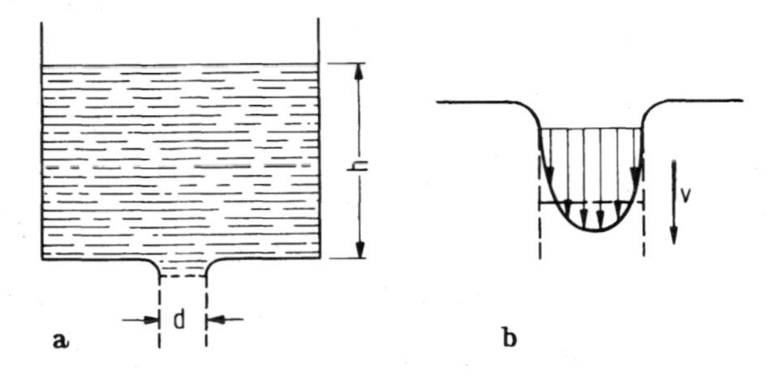


Abb. 12a u. b. Ausfluß aus einer Öffnung

Volumen pro Zeiteinheit ausfließen würde wie in Wirklichkeit mit einer über den Lochquerschnitt veränderlichen Geschwindigkeitsverteilung. Es ist also

$$v := 4Q/\pi d^2.$$

Das Problem werde durch folgende Annahmen vereinfacht und präzisiert: 1. Die Flüssigkeit sei inkompressibel, homogen und reibungslos; 2. alle Gefäßabmessungen sowie die Höhe des Flüssigkeitsstands im Gefäß - Höhenmaßzahl h gemessen vertikal von der Mitte des Kreislochs - seien so groß im Vergleich zu d, daß für die hier interessierende Dauer des Ausströmens h als konstant und die Ausflußgeschwindigkeit als zeitunabhängig angesehen werden können; 3. der Strahlquerschnitt in der Austrittsfläche sei gleich dem Lochquerschnitt (d.h. von einer Strahlkontraktion wird abgesehen, vgl. aber Bemerkung hierzu weiter unten).

Unter diesen vereinfachenden Annahmen hängt $v$ von $d$ und $h$ sowie von der Maßzahl $g$ der örtlichen Erdbeschleunigung und der Maßzahl $\rho$ der Dichte der Flüssigkeit ab:

$$v = f(d,h,g,\rho).$$

Die nebenstehende Dimensionstabelle zeigt auf den ersten Blick, daß $v$ von $\rho$ nicht abhängen kann. In der Tat erhält man wegen $n = 4$, $r = 3$, also $p = 1$ ein einziges dimensionsloses Potenzprodukt

| **A** | M | L | T |
|---|---|---|---|
| d | 0 | 1 | 0 |
| h | 0 | 1 | 0 |
| g | 0 | 1 | -2 |
| ρ | 1 | -3 | 0 |
| v | 0 | 1 | -1 |

$$\Pi_1 = d/h,$$

und da ferner $[v] = [\sqrt{gh}] = [\sqrt{gd}]$ ist, liefert das $\Pi$-Theorem die Aussage

$$v = \sqrt{gh}\, G(d/h)$$

oder auch

$$v = \sqrt{gd}\, G_1(d/h)$$

$$\text{mit } G_1(d/h) := \sqrt{h/d}\, G(d/h).$$

Es ist nun leicht, hier weiterzukommen. Ohne die Bewegungsgleichungen anzuschreiben, weiß man, daß wegen der angenommenen Inkompressibilität der Flüssigkeit die Maßzahl $Q$ des Ausflußvolumens pro Zeiteinheit zur Massenerhaltung proportional der Querschnittsfläche des Loches sein muß, also proportional zu $d^2$. Wegen $v = 4Q/\pi d^2$ lautet also unser zusätzliches Wissen: $v$ m u ß v o n $d$ u n a b h ä n g i g s e i n. Somit ist also $G(d/h) = \text{const} = G(0)$ und

$$v = C\sqrt{gh} \qquad (C := G(0)).$$

Es wäre unzweckmäßig gewesen, statt $G$ hier $G_1$ zu verwenden, denn $G_1(d/h)$ muß für $d/h \to o$ über alle Grenzen wachsen (und ist demnach für $d/h = o$ nicht stetig, was als Warnung vor ungerechtfertigten Stetigkeitsannahmen dienen mag). v ist ja von d unabhängig.

Die hydrodynamische Theorie liefert $C = \sqrt{2}$ und damit das Torricellische Gesetz:

$$v = \sqrt{2gh}.$$

Man kann auch sagen: Das dimensionslose Potenzprodukt $v^2/gh$ - eine "Froudesche Zahl" - ist nach dem Π-Theorem eine Konstante, für welche die hydrodynamische Theorie den Wert 2 liefert. (Nebenbei: Bei einem freien widerstandslosen Fall einer beliebigen Masse (Maßzahl m) aus der Höhe h ist die Endgeschwindigkeit v unabhängig von m ebenfalls $v = \sqrt{2gh}$, d.h. kinetische Energie $mv^2/2$ gleich potentieller Energie mgh.)

Die oben gemachte vereinfachende Annahme (3), wonach von einer Strahlkontraktion an der Austrittsöffnung abgesehen werden kann, trifft in guter Näherung nur für eine entsprechend gut abgerundete Austrittsmündung zu. Liegt diese nicht vor, so bewirkt die Trägheit der strömenden Flüssigkeit eine unter Umständen erhebliche Kontraktion des Strahlquerschnitts gegenüber dem Ausflußöffnungsquerschnitt[1].

B. Das Gesetz der Sanduhr oder des Getreidesilos

Ersetzt man die bisher betrachtete Flüssigkeit durch ein fein gekörntes Material mit einem mittleren Korndurchmesser $k \ll d$, wobei wiederum $d \ll h$ sein soll, und denkt man sich den Ausfluß des Materials durch ein Kreisloch im Boden des Zylinders, so zeigt die Beobachtung, daß etwa trockener Sand oder trockenes Getreide in guter Näherung unter Vernachlässigung des (veränderlichen) Porenvolumens wie ein Kontinuum behandelt werden kann. Für das Folgende sei ver-

---

[1] Vgl. etwa K. Wieghardt: Theoretische Strömungslehre, Stuttgart: Teubner 1965, S. 32, 99 ff.

wiesen auf K. Wieghardt: Über einige Versuche an Strömungen in Sand. Ing.-Archiv 20, 109-115 (1952).

Sobald die Sandhöhe $h$ groß genug ist, erweist sich der Druck am Boden des Gefäßes als unabhängig von $h$. Genauere Beobachtung zeigt, daß der Sand in Nähe des Austrittslochs nur innerhalb eines schwach trichterförmigen Schlauchs über dem Loch fließt (rieselt). Dieser Schlauch setzt sich nach oben zylindrisch fort. Der Sand außerhalb des Schlauchs nimmt an der eigentlichen Fließbewegung nicht teil.

Diese Beobachtung und die Unabhängigkeit des Bodendrucks von $h$ ($h \gg d$) führt zu der Folgerung, daß $Q$ - ganz im Gegensatz zum hydrodynamischen Fall A - von $h$ unabhängig anzunehmen ist. Das gilt dann auch für $v$.

Führt man diese Einsicht als zusätzliche Information dem Ergebnis aus der Anwendung des $\Pi$-Theorems zu, so ist es nun gerade die Darstellung mit $G_1$ und nicht wie oben mit $G$, die sich als zweckmäßig erweist. Sie liefert

$$v = C_1 \sqrt{gd} \qquad (C_1 := G_1(0)).$$

($G_1$ ist also in diesem Fall für $d/h \to 0$ stetig wegen $G_1(d/h) = \text{const}$, und $G$ ist in $d/h = 0$ unstetig.) Hier ist es also die Froudesche Zahl $v^2/gd$, die einen konstanten Wert hat.

Führt man die dimensionsbehaftete Konstante

$$\gamma := \frac{\pi}{4} G_1(0) \sqrt{g} \qquad ([\gamma] = L^{1/2} T^{-1})$$

ein, so ergibt sich für das Ausflußvolumen pro Zeiteinheit das "Gesetz der Sanduhr"

$$Q = \gamma d^{5/2}.$$

Dieses von K. Wieghardt (l.c., s. oben) angegebene "5/2-Gesetz" findet sich, wie der Autor inzwischen mitteilte, bereits in einer 100

Jahre früher erschienenen Mitteilung von G. Hagen[2], die weitgehend in Vergessenheit geraten war.

Um zu berücksichtigen, daß das Medium kein Kontinuum ist, hat man eine "wirksame" Korngröße $k^*$ eingeführt (die experimentell von Material zu Material zu bestimmen bleibt) und $d^{5/2}$ durch $(d - k^*)^{5/2}$ ersetzt, und man kann damit feinere Abweichungen vom obigen Gesetz in erster Näherung berücksichtigen.

Es ist bekannt, daß Sanduhren mit zunehmendem Alter vorgehen. Der feinkörnige Sand schleift sich mehr und mehr ab und "verrinnt" schneller.

2. Beispiel: Geschwindigkeitsverteilung in der laminaren Grenzschicht an einer längs angeströmten Platte (Blasiussche Grenzschicht)

Wenn Flüssigkeiten geringer Zähigkeit feste Körper umströmen, haften sie an der Oberfläche dieser Körper, d.h. in der Strömung geht nicht nur die Normalkomponente sondern auch die Tangentialkomponente der Geschwindigkeit mit Annäherung an die Oberfläche zu Null. Nach der von Ludwig Prandtl 1904 in seinem berühmt gewordenen Heidelberger Vortrag "Über Flüssigkeitsbewegung bei sehr kleiner Reibung" (Verh. III. Intern. Math. Kongreß Heidelberg 1904) begründeten "Grenzschichttheorie"[3] spielt die innere Reibung nur in einer dünnen Schicht nahe der Oberfläche eine Rolle, während die Flüssigkeitsströmung außerhalb dieser dünnen Grenzschicht als reibungsfrei angesehen werden darf. Ist $\nu$ die Maßzahl der kinematischen Zähigkeit der Flüssigkeit ($[\nu] = L^2T^{-1}$), so besagt die Grenzschichtlehre, daß die Dicke $\delta$ ($[\delta] = L$) der Grenzschicht an der festen Oberfläche angeströmter Körper proportional $\sqrt{\nu}$ ist. Dies und die Einzelergebnisse der Theorie sind experimentell voll bestätigt worden.

---

[2] Hagen, G.: Über den Druck und die Bewegung des trockenen Sandes. Berichte d. Akad. d. Wiss., Berlin 1852, 35-42 (1852).

[3] Über den heutigen Stand dieser Theorie unterrichtet das Werk H. Schlichting: Grenzschicht-Theorie, 5. Aufl., Karlsruhe: Braun 1965.

Von dieser Proportionalität von $\delta$ zu $\sqrt{\nu}$ machen wir nachfolgend als zusätzliche Information bei Anwendung des Π-Theorems Gebrauch. Ohne die Grenzschichttheorie im einzelnen darzustellen und ihre fundamentale Bedeutung für die Entwicklung der modernen Hydrodynamik zu würdigen, formulieren wir den Sonderfall eines speziellen Problems, das bereits von Prandtl 1904 und dann - in der ersten Dissertation zur Grenzschichttheorie - von seinem Schüler H. Blasius (Grenzschichten in Flüssigkeiten mit kleiner Reibung. Z. Math. Phys. 56, 1-37 (1908)) numerisch in allen Details behandelt wurde. Diese spezielle Grenzschicht nennt man die "Blasiussche Grenzschicht".

Eine ebene, einseitig unendlich ausgedehnte, unendlich dünne Platte (Halbebene) wird von einer Parallelströmung konstanter Geschwindigkeit - Maßzahl U - senkrecht zur Plattenvorderkante und parallel zur Platte angeströmt. Von der Vorderkante stromabwärts bildet sich die zweidimensionale Grenzschicht aus. In dieser wandnahen Schicht wirkt sich die Zähigkeit der strömenden (inkompressibel gedachten) Flüssigkeit aus. Das "Geschwindigkeitsprofil" der wandparallelen Komponente u der Geschwindigkeit an einer Stelle x der Platte - x Maßzahl der Bogenlänge der überströmten Wand gemessen in Anströmrichtung von der Vorderkante aus - geht von dem vollen Anströmwert U weitab von der Platte auf Null auf der Plattenoberfläche, vgl. Abb. 13. Die Grenzschichtdicke - Maßzahl $\delta$ - kann an einer Wandstelle x definiert werden als jener Abstand normal zur Platte, in welchem u dem Wert U hinreichend nahe kommt, z.B. $u = 0{,}99\ U$. Nach der Grenzschichttheorie ist der Druck in der vorliegenden Strömung überall konstant. Mit dem verschwindenden Druckgradienten scheidet auch die Dichte der Flüssigkeit aus den Bestimmungsgleichungen des Problems aus.

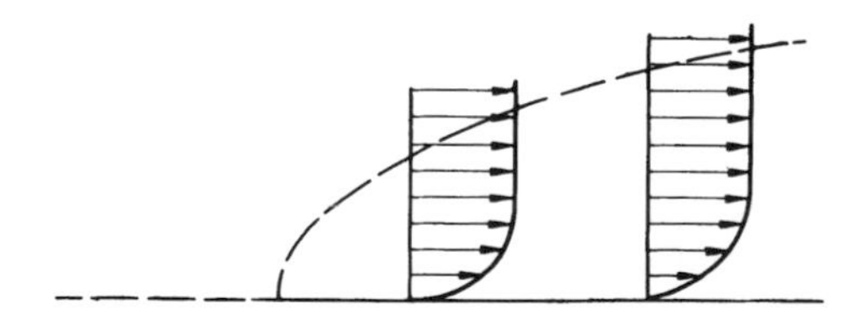

Abb. 13. Blasiussche Plattengrenzschicht

Fragt man, wovon die lokale Grenzschichtdicke $\delta$ abhängt, so gilt offenbar

$$\delta = f(x, U, \nu).$$

Aus der nebenstehenden Dimensionstabelle geht hervor, daß wegen des Ranges $r = 2$ der Dimensionsmatrix **A** die Anzahl $n = 3$ der Argumente auf $p = n - r = 1$ reduziert werden kann.

| **A** | M | L | T |
|---|---|---|---|
| x | 0 | 1 | 0 |
| U | 0 | 1 | -1 |
| ν | 0 | 2 | -1 |
| δ | 0 | 1 | 0 |

Sucht man zunächst nach einem Potenzprodukt $x^{k_1} U^{k_2} \nu^{k_3}$ der Dimension L von $\delta$, so kann man sich jede Rechnung ersparen, da sich $x$ selbst als ein solches Potenzprodukt ($k_1 = 1$, $k_2 = k_3 = 0$) anbietet. Somit ist $\delta = x\, g(\Pi_1)$, wo $\Pi_1$ ein aus $x$, $U$, $\nu$ zu bildendes dimensionsloses Potenzprodukt ist. Ein solches ist $\Pi_1 = Ux/\nu$, wie man unmittelbar erkennt. $\Pi_1$ ist eine Reynoldssche Zahl - vgl. etwa 1.3. - , und zwar eine "lokale", nämlich an der Stelle $x$ der Platte gebildete Reynoldssche Zahl: $\Pi_1 =: Re_x$. Das durch das Π-Theorem gelieferte Ergebnis lautet somit:

$$\delta = x\, G\left(\frac{Ux}{\nu}\right).$$

Die so gewonnene Information ist unbefriedigend, da die Funktion G unbestimmt bleibt.

Nutzt man nun die zusätzliche Information, wonach $\delta$ proportional zu $\sqrt{\nu}$ ist, so ist dieser Mangel sofort behoben und man hat

$$\delta = C\sqrt{\nu x/U},$$

worin die konstante Zahl C unbestimmt bleibt.

Mit diesem Ergebnis kann man das Randwertproblem des nicht-linearen Systems partieller Differentialgleichungen der Blasiusschen

Plattengrenzschicht zurückführen auf das Randwertproblem einer gewöhnlichen Differentialgleichung. Da wir hier die vollen Bestimmungsgleichungen des Problems nicht brauchten, sei auf den späteren Abschnitt 5.4. verwiesen, wo an diesem Beispiel eine Methode demonstriert wird (Methode der Transformationsgruppen), die obiges Endergebnis ohne zusätzliche Information liefert, dafür aber die volle Kenntnis der Bestimmungsgleichungen des Problems benötigt. Wenn man weiß, daß das Randwertproblem der Blasiusschen Plattengrenzschicht eindeutig lösbar ist, und wenn man dann nachweist, daß das zu gewinnende Randwertproblem einer gewöhnlichen Differentialgleichung eine Lösung besitzt, ist damit nachträglich in mathematischer Strenge die obige Annahme bewiesen, daß $\delta$ proportional zu $\sqrt{\nu}$ ist, selbst wenn sie zunächst nur den Charakter einer einleuchtenden Vermutung hatte.

Statt die Anleihe "$\delta$ proportional $\sqrt{\nu}$" zu machen, kann man aber auch das Ergebnis $\delta = xG(Ux/\nu)$ des $\Pi$-Theorems bei der Integration der Grenzschichtgleichungen verwenden. Man kann dabei eine Differentialgleichung erster Ordnung für $G$ gewinnen, aus deren Integration folgt, daß $G(Ux/\nu) = C\sqrt{\nu/Ux}$ sein muß, wobei die Zahl $C$ auch hier unbestimmt bleibt.

3. Beispiel: Die Rohrströmung einer zähen Flüssigkeit (Poiseuille-Strömung)

Eine zähe homogene inkompressible Flüssigkeit ströme stationär durch ein horizontales gerades Rohr mit Kreisquerschnitt. Zur Vereinfachung wird das Rohr als beidseitig unendlich lang angenommen (keine Einlauf- und Auslaufeffekte). Gefragt wird nach dem Druckverlust - Maßzahl $p_2 - p_1$ - zwischen zwei Querschnitten 1 und 2 des Rohres, deren Abstand die Maßzahl $l$ haben möge.

Seien $d$ die Maßzahl des Rohrdurchmessers, $\nu$ jene der kinematischen Zähigkeit und $\rho$ jene der Dichte der Flüssigkeit und schließlich $Q$ jene des Durchflußvolumens pro Zeiteinheit, die aus Kontinuitätsgründen in allen Rohrquerschnitten gleich ist. Wie auch eine vollständige Angabe der einfachen Bewegungsgleichungen des Problems bestätigen würde, ist anzusetzen:

$$p_2 - p_1 = f(l,d,\nu,\rho,Q).$$

| **A** | M | L | T |
|---|---|---|---|
| l | 0 | 1 | 0 |
| d | 0 | 1 | 0 |
| ν | 0 | 2 | -1 |
| ρ | 1 | -3 | 0 |
| Q | 0 | 3 | -1 |
| $p_2-p_1$ | 1 | -1 | -2 |

Die Dimensionen sind in der nebenstehenden Tabelle angegeben. Der Rang der Dimensionsmatrix **A** ist $r = 3$, somit ist wegen $n = 5$ eine Reduktion der Argumente auf $p = 2$ unabhängige dimensionslose Potenzprodukte möglich.

Um zunächst ein Potenzprodukt mit $[l^{k_1} d^{k_2} \nu^{k_3} \rho^{k_4} Q^{k_5}] = [p_2 - p_1]$ zu ermitteln, kann man sich wegen $[p_2 - p_1] = ML^{-1}T^{-2}$ jedes formale Rechnen ersparen, erkennt man doch sofort aus der Tabelle, daß auch $[\rho Q^2/d^4] = ML^{-1}T^{-2}$. (Definiert man vermöge $v := Q/\pi(d/2)^2$ die Maßzahl einer mittleren Durchflußgeschwindigkeit, so ist $\rho Q^2/\pi^2(d/2)^4 = \rho v^2$. In der Hydrodynamik ist es üblich, mit dem "Staudruck" $p_{St} = \rho v^2/2$ zu operieren, daher schreiben wir

$$p_2 - p_1 = \frac{8\rho Q^2}{\pi^2 d^4} G(\Pi_1,\Pi_2) = p_{St} G(\Pi_1,\Pi_2).$$

Auch ein Fundamentalsystem $\Pi_1$, $\Pi_2$ dimensionsloser Potenzprodukte der fünf Argumente ist ohne formales Rechnen schnell erraten: $l/d$ und $Q/d\nu$.

Da sich $vd/\nu = Re$ (Reynoldssche Zahl) von $Q/d\nu$ nur durch einen festen Zahlenfaktor unterscheidet ($vd/\nu = 4Q/\pi d\nu$), wählen wir

$$\Pi_1 = l/d, \quad \Pi_2 = Re.$$

Somit liefert das Π-Theorem die Aussage:

$$p_2 - p_1 = p_{St} G(l/d, Re).$$

Die so gewonnene Information kann aber leicht durch eine einfache zusätzliche physikalische Überlegung verschärft werden. In einer voll ausgebildeten stationären Strömung durch ein beidseitig unendliches Rohr zeichnet sich kein Querschnitt gegenüber dem anderen aus, und der Druckverlust pro Längeneinheit wird der gleiche sein, wo auch längs des Rohrs gemessen wird. Demnach muß der Druckverlust auf der Länge $l$ proportional zu $l$ sein, also

$$p_2 - p_1 = p_{St} \frac{l}{d} G_1(Re),$$

womit nur noch die Abhängigkeit des Druckabfalls von der Reynoldsschen Zahl unbestimmt bleibt.

Bekanntlich läßt sich für die laminare Poiseuille-Strömung in einfacher Weise die exakte Lösung der Navier-Stokesschen Differentialgleichungen explizit angeben. Für diese Strömung sind daher die obigen Aussagen entbehrlich. Aber die obigen Ergebnisse bestehen auch für die turbulente Rohrströmung ($Q$ dann das zeitlich gemittelte Durchflußvolumen pro Zeiteinheit).

<u>4. Beispiel:</u> Ebene Kanalströmung mit bewegter Wand

Zwischen zwei parallelen Ebenen, von denen sich eine in sich mit konstanter Geschwindigkeit bewegt, ströme eine zähe inkompressible Flüssigkeit unter dem Einfluß eines konstanten Druckgefälles und des Haftens an der bewegten Wand. Gefragt wird nach der Geschwindigkeitsverteilung in dieser ebenen stationären Parallelströmung.

Sind $x$, $y$ die cartesischen Koordinaten parallel bzw. normal zur ruhenden Wand, und ist $d$ die Maßzahl des Wandabstands, $U$ jene der konstanten Geschwindigkeit der Wand $y = d$, $p$ jene des Drucks, $\rho$ jene der konstanten Dichte, und wird die konstante Maßzahl

$$P := \frac{1}{\rho} \frac{\partial p}{\partial x}$$

eingeführt, so gilt für die gesuchte Geschwindigkeit

$$u = f(y, d, U, P, \nu).$$

| A | M | L | T |
|---|---|---|---|
| y | 0 | 1 | 0 |
| d | 0 | 1 | 0 |
| U | 0 | 1 | -1 |
| P | 0 | 1 | -2 |
| ν | 0 | 2 | -1 |
| u | 0 | 1 | -1 |

Wie nebenstehende Tabelle zeigt, ist n = 5, aber da r = 2, ist die durch das Π-Theorem zu erreichende Reduktion recht unbefriedigend: p = 3.

Man findet leicht:

$$u = U\,G\left(\frac{y}{d}, \frac{Ud}{\nu}, \frac{Pd^2}{U\nu}\right).$$

Dieses Ergebnis kann aber durch wenig zusätzliches Wissen stark verbessert werden. Zunächst einmal liegt eine Parallelströmung vor (Stromlinien $y = \text{const}$, $0 \leqslant y \leqslant d$). Also müssen die einzigen nichtlinearen Glieder in den Navier-Stokesschen Bewegungsgleichungen, die Trägheitsglieder, identisch verschwinden. Somit handelt es sich um ein Randwertproblem einer *linearen* Differentialgleichung. Man kann also getrennt die Probleme je einer der beiden Antriebskräfte ($U = 0$, $P \neq 0$ bzw. $P = 0$, $U \neq 0$) behandeln und hat dann nur die Ergebnisse linear zu superponieren.

a) $U = 0$, $P \neq 0$ (ebene Poiseuille-Strömung).

Es ist nach dem Π-Theorem leicht zu finden, daß nun

$$u = \frac{\nu}{d}\,G_1\left(\frac{y}{d}, \frac{Pd^3}{\nu^2}\right)$$

wird. Da aber eine lineare Differentialgleichung (Gleichgewicht zwischen Antrieb durch Druck und Verzögerung durch Zähigkeit) vorliegt, muß u proportional P sein, also

$$u = \frac{Pd^2}{\nu}\,G_2\left(\frac{y}{d}\right).$$

b) $P = 0$, $U \neq 0$ (ebene Couette-Strömung).

Hierfür liefert das Π-Theorem

$$u = U\, G_3\left(\frac{y}{d}, \frac{Ud}{\nu}\right) .$$

Da aber die Zähigkeitskraft als einzige innere Kraft identisch verschwinden muß, kann im Ergebnis $\nu$ nicht vorkommen, d.h. es muß

$$u = U\, G_4\left(\frac{y}{d}\right)$$

sein.

Für den allgemeinen Fall ($U$ und $P$ beliebig) ergibt sich somit durch Addition

$$u = \frac{Pd^2}{\nu}\, G_2\left(\frac{y}{d}\right) + U\, G_4\left(\frac{y}{d}\right) .$$

Die Funktionen $G_2$ und $G_4$ lassen sich erst bestimmen, wenn man die Navier-Stokesschen Gleichungen voll in Anspruch nimmt und integriert. Das Beispiel sollte zeigen, wie weit man schon kommen kann, wenn man nur weiß, welche Kräfte im Spiel sind. Mehr war nicht bezweckt, denn bekanntlich ist das Randwertproblem elementar lösbar. Es lautet:

$$\nu \frac{\partial^2 u}{\partial y^2} = P$$

$$\text{mit} \quad u = 0 \quad \text{für} \quad y = 0$$

$$u = U \quad \text{für} \quad y = d$$

und hat die Lösung

$$u = \frac{Pd^2}{\nu}\left(1 - \left(\frac{2y}{d} - 1\right)^2\right) + U\frac{y}{d} .$$

5. Beispiel: Streuung des Lichts in der Atmosphäre

Im folgenden Beispiel wird etwas mehr physikalische Intuition benötigt, um das unbefriedigende Ergebnis des Π-Theorems zu verschärfen. Das Beispiel stammt von Lord Rayleigh[4], der in zahlreichen physikalischen Problemen die Methode der Dimensionsanalyse mit einem ungewöhnlich feinen Gespür für physikalische Zusammenhänge zu verbinden verstand, um auf einfachem Wege zu Ergebnissen zu kommen, die auf dem Wege der vollen analytischen Behandlung der zugrundeliegenden Theorie nur mit erheblich größerem Aufwand zu gewinnen sind.

Freilich bleibt ein solches Ergebnis mit der Unsicherheit der verwendeten intuitiven Annahmen solange belastet, bis diese Annahmen direkt oder indirekt eine strenge Rechtfertigung finden.

Hier geht es um die Streuung von Lichtwellen an den vielfältigen Materieteilchen der Atmosphäre und um eine Begründung dafür, daß der Himmel blau ist. Lord Rayleigh berief sich auf Gesetze der Optik, die ihm gesichert erschienen.

Ist $d$ Maßzahl für den mittleren Durchmesser der Partikel, $\lambda$ die Maßzahl der Wellenlänge und $A$ jene der Amplitude des einfallenden Sonnenlichts, $S$ die Maßzahl der Amplitude des gestreuten Lichts in einem Abstand von dem Partikel mit der Maßzahl $r$, so wird angesetzt:

$$S = f(d, \lambda, A, r).$$

Mit $[d] = [\lambda] = [A] = [r] = L$ (und auch $[S] = L$) im Sinne der geometrischen Optik ist der Rang der Dimensionsmatrix der $n = 4$ Argumente $r = 1$, und hoffnungslos $p = 3$.

Nun ist für Lord Rayleigh selbstverständlich, daß die Amplitude des gestreuten Lichts (a) proportional der Amplitude des einfallenden Lichtes und (b) umgekehrt proportional dem Abstand vom Partikel sein muß, also

$$rS/A = f_1(d, \lambda).$$

[4] Lord Rayleigh (J.W. Strutt): On the Light from the Sky, its Polarization and Colour. Phil. Mag. 41, 107-120 u. 274-279 (1871).

Für die Größe mit der Maßzahl $rS/A$ liefert das Π-Theorem wegen $n = 2$, $r = 1$, also $p = 1$ die Aussage:

$$rS/A = \lambda G(d/\lambda).$$

Nun folgt die wesentliche dritte intuitive Einsicht von Lord Rayleigh: (c) Das Amplitudenverhältnis von einfallendem und gestreuten Licht ist "nach allem, was wir über die Dynamik der Situation wissen" (Rayleigh) direkt proportional dem Volumen des streuenden Partikels. Also muß gelten: $G(d/\lambda) = C(d/\lambda)^3$, wo $C$ eine dimensionslose Konstante ist. Somit resultiert

$$S = C \cdot Ad^3/r\lambda^2.$$

Die Intensität des gestreuten Lichtes ist, da proportional $S^2$, also proportional $\lambda^{-4}$. Für zwei Wellenlängen, die sich um den Faktor 2 unterscheiden, ist also die Intensität des Lichtes mit der größeren Wellenlänge (rot) 1/16 der Intensität des Lichtes der kleineren Wellenlänge (blau).

Dieses Beispiel wurde hier gebracht als ein Extremfall, in welchem das schwere Geschütz des Π-Theorems nicht mehr zu leisten vermag als das Wissen, daß jede physikalische Gleichung, also auch die obige, dimensionshomogen sein muß. Dies lediglich wird verwendet, aber ohne dieses Wissen hätten (a), (b) und (c) nicht die Aussage zu liefern vermocht, daß $S$ proportional $\lambda^{-2}$ ist.

### 5.1.3. Π-Theorem und Wechsel des Grundgrößensystems

Die Abhängigkeit der Aussageschärfe des Π-Theorems bei der Dimensionsanalyse eines Problems von der Wahl des Grundgrößensystems ist zwar aus dem Bisherigen klar hervorgegangen, sie soll aber in diesem Abschnitt an einem Beispiel weiter erhellt werden.

Um die wesentlichen Überlegungen nicht durch für das Folgende unwesentliche physikalische Problematik zu verdunkeln, wird als Beispiel das einfache Problem der Schwingungsdauer eines mathematischen Pendels zugrundegelegt.

Es werden im folgenden Übergänge von einem Grundgrößensystem zu einem anderen durchgeführt, die man vernünftigerweise nicht für das vorliegende Problem des mathematischen Pendels in Betracht ziehen würde. Sie werden hier durchgespielt, um dem Leser nachhaltiger als bisher und möglichst einfach klar zu machen, welche Bedeutung die Wahl des Grundgrößensystems für das Ergebnis der Dimensionsanalyse hat.

Zugleich soll der Leser ermutigt werden, sich im Sinne der in 1.3. zitierten Äußerung von Max Planck bei der Wahl von Grundgrößensystemen jeder zulässigen Freiheit zu bedienen, die bei seinem jeweiligen Problem von Vorteil ist.

Bei der Behandlung des mathematischen Pendels als erstes Beispiel im propädeutischen Abschnitt 1.2. - vgl. dort auch Abb. 2 - wurde als bekannt angenommen, daß ein an einem gewichtslos gedachten Faden aufgehängter Massenpunkt, dessen Bewegung nur der Schwerkraft unterworfen wird, periodische Schwingungen ausführt, und es wurde nach der Schwingungsdauer gefragt.

Seien $m$, $l$, $\delta$, $g$, $\tau$ die Maßzahlen der Masse des Massenpunkts, der Länge des Fadens (Radius des Führungskreises), des maximalen Ausschlagwinkels, der lokalen Erdbeschleunigung und der gesuchten Schwingungsdauer.

Die mathematische Integration des Problems liefert

$$\tau = \sqrt{l/g}\, f(\delta),$$

$$\text{wo} \qquad f(\delta) = 4 \int_0^{\pi/2} \frac{du}{\sqrt{1 - k^2 \sin^2 u}}$$

$$\text{mit} \qquad k = \sin(\delta/2)$$

(führt also auf ein sog. "vollständiges elliptisches Normalintegral erster Gattung").

Bei Beschränkung auf hinreichend kleine Schwingungen, bei denen man $f(\delta)$ in genügender Näherung durch $f(0)$ ersetzen kann, ist wegen $\lim_{\delta \to 0} f(\delta) = 2\pi$ in entsprechender "linearisierter" Näherung

$$\tau = 2\pi\sqrt{l/g}.$$

Da im folgenden diese Beschränkung nicht vorgesehen ist, sondern beliebige nichtlineare Schwingungen zugelassen sind, erkennt man, daß das $\Pi$-Theorem, da es die Abhängigkeit der Schwingungsdauer von $\delta$ nicht zu liefern vermag, optimal eine Aussage der Gestalt

$$\tau = P \cdot G(\Pi_1)$$

zu liefern vermag, wo $P$ ein Potenzprodukt der im jeweils benutzten Grundgrößensystem relevanten Argumente ist mit $[P] = [\tau]$, und wo $\Pi_1 = \delta$ oder eine äquivalente Dimensionslose ist. Kurz: Für $p = n - r$ muß gelten: $p \geqslant 1$ und also optimal: $p = 1$. Abgesehen von diesem Sachverhalt vergessen wir nun wieder das obige Integrationsergebnis.

### 1. Astronomisches $\{L, T\}$-System

Daß in diesem System die Gravitationskonstante $G$ dimensionslos ist: $[G] = 1$, bietet keinen Vorteil, denn - ob die Masse Grundgrößenart oder, wie in diesem System, eine abgeleitete Größe ist - nicht $G$, sondern die lokale Erdbeschleunigung $g$, unverändert mit $[g] = LT^{-2}$, bleibt zu berücksichtigen. Wir haben anzusetzen

$$\tau = f(m, g, l, \delta),$$

| A | L | T |
|---|---|---|
| m | 3 | -2 |
| g | 1 | -2 |
| l | 1 | 0 |
| $\delta$ | 0 | 0 |
| $\tau$ | 0 | 1 |

und die nebenstehende Dimensionstabelle mit $[m] = L^3T^{-2}$ zeigt, daß der Verzicht auf die Grundgrößenart "Masse" hier natürlich unvorteilhaft ist: Mit $n = 4$ und $r = 2$ ist $p = 2$.

Ein Potenzprodukt P der vier Argumente mit $[P] = [\tau] = L^0 T^1$ ist leicht gefunden:

$$P = g^{-1/2} l^{1/2}.$$

Also ist

$$\tau = \sqrt{l/g}\, G(\Pi_1, \Pi_2).$$

Auch ein System von zwei unabhängigen dimensionslosen Potenzprodukten ist mühelos angebbar:

$$\Pi_1 = \delta, \qquad \Pi_2 = m/gl^2.$$

Die durch das Π-Theorem im $\{L,T\}$-System erreichbare Information lautet somit:

$$\tau = \sqrt{l/g}\, G(\delta, m/gl^2).$$

Da auf den Grundgrößencharakter der Masse ersatzlos verzichtet worden war, vermag das Π-Theorem nicht die Erkenntnis zu liefern, daß $\tau$ überhaupt nicht von m abhängen kann.

## 2. Übergang zum $\{M,L,T\}$-System

Allgemein gilt, wie wir wissen: a) Vermehrt man die Anzahl der Grundgrößenarten um Eins, so wird die Anzahl der Spalten der Dimensionsmatrix **A** um Eins erhöht und grundsätzlich ist damit eine Vermehrung von r um Eins denkbar. b) Aber mit der Verwandlung einer abgeleiteten Größenart - hier der Masse - in eine neue Grundgrößenart, wird die bisherige Definitionsgleichung dieser Größenart - hier die Gravitationsgleichung - zu einem nur noch experimentell nachprüfbaren Naturgesetz mit einer neuen Dimensionskonstanten - hier die Gravitationskonstante G mit $[G] = M^{-1}L^3T^{-2}$. Falls diese neue dimensionsbehaftete Konstante als Argument berücksichtigt werden muß, erhöht sich auch n um Eins. Die Aussicht, $p = n - r$ zu verkleinern, ist damit dann wieder grundsätzlich wenig aussichtsreich geworden.

Im vorliegenden Fall würde in der Tat durch Hinzunahme der Masse als Grundgrößenart und der neuen Dimensionskonstanten $G$ als weiterem Argument zwar der Rang der neuen Matrix von $r = 2$ auf $r = 3$ heraufrücken aber zugleich würde aus $n = 4$ nun $n = 5$ werden und also zwar keine Verschlechterung aber auch keine Verbesserung des Ergebnisses erzielt werden: Es bliebe nach wir vor $p = 2$.

Eine Verbesserung ist nur zu erzielen, wenn $r$ um Eins erhöht werden kann bei gleichbleibendem $n$. Gleichbleibendes $n$ ist aber im vorliegenden Problem gegeben: Die für unser Pendel maßgebende Wirkung der Gravitation ist bereits mit $g$ voll berücksichtigt, und die neu hinzukommende Dimensionskonstante des allgemeinen Gravitationsgesetzes ist hier irrelevant. Es bleibt also nur zu prüfen, ob sich $r$ im $\{M,L,T\}$-System gegenüber dem $\{L,T\}$-System bei gleichbleibenden $n$ Argumenten um Eins erhöht.

| **A** | L | T | M |
|---|---|---|---|
| m | 0 | 0 | 1 |
| g | 1 | -2 | 0 |
| l | 1 | 0 | 0 |
| $\delta$ | 0 | 0 | 0 |
| $\tau$ | 0 | 1 | 0 |

Die nebenstehende Dimensionstabelle zeigt, daß dieser Erfolg eintritt. Für den gleichbleibenden Ansatz

$$\tau = f(m, g, l, \delta)$$

wird mit $n = 4$ jetzt $r = 3$ und also $p = 1$.

Damit liefert das $\Pi$-Theorem das - s. oben - optimale Ergebnis $\tau = PG(\Pi_1)$ und mit $P = \sqrt{l/g}$, $\Pi_1 = \delta$ also

$$\tau = \sqrt{l/g}\, G(\delta).$$

Bemerkung: Denkt man sich umgekehrt den Übergang vom $\{M,L.T\}$- zum $\{L,T\}$-System vollzogen, so kommt mit dem Schwund an Information mittels des $\Pi$-Theorems ein bekanntes Paradoxon der Methode der Dimensionsanalyse zum Vorschein, das schon lange bekannt ist. Will man die Masse als Grundgrößenart bei der Behandlung des vorliegenden Problems aufgeben, so muß man über die Kenntnis des Gesetzes der lokal wirkenden Schwerkraft hinaus Kenntnis des universellen Gravitationsgesetzes besitzen.

Allgemein: Man nimmt die Kenntnis eines Naturgesetzes in Anspruch, dessen Dimensionskonstante für das betreffende Problem gar nicht von Belang ist. Dieses benutzt man als Definitionsgesetz für eine Größenart, die bisher Grundgrößenart war. Trotzdem man das *zusätzliche Wissen* über jenes Naturgesetz in Anspruch nimmt, wird die durch Dimensionsanalyse zu erzielende *Information verringert*.

Auf dieses Paradoxon hat Lord Rayleigh 1915 aufmerksam gemacht. Auf sein Beispiel kommen wir am Ende dieses Abschnitts zurück.

Das Ziel unseres obigen Übergangs umgekehrt vom $\{L,T\}$- zum $\{M,L,T\}$-System war es, möglichst ohne Veränderung von n den Rang r zu erhöhen, also p zu verkleinern. Der erzielte Erfolg darf nicht zu der Hoffnung verleiten, ein solcher Erfolg sei leicht zu erzielen.

Trivialerweise bringt die Hinzunahme einer neuen Grundgrößenart, die nichts mit dem Problem zu tun hat, keinen Fortschritt. Zwar bleibt n unverändert, aber der in der Dimensionsmatrix neu hinzukommende Spaltenvektor ist Nullvektor und vermag r nicht zu erhöhen. (Für das mathematische Pendel etwa: Hinzunahme der Temperatur als neue Grundgrößenart.)

### 3. Übergang zu einem $\{M,L,T,\Delta\}$-System

Man überlegt sich, ob nicht etwa bei Einführung des Winkels als neue Grundgrößenart ein weiterer Erfolg erzielt werden kann. (Daß das Ergebnis $p = 1$ nicht auf $p = 0$ verschärft werden kann, ist von obigem Integrationsergebnis bekannt, aber es war verabredet worden, daß wir dieses Ergebnis wieder vergessen wollten.)

Geht man nun, wie dies gelegentlich in Darstellungen der Methode der Dimensionsanalyse geschieht, so vor, daß man erklärt, zu Masse, Länge und Zeit den (ebenen) Winkel als neue Grundgrößenart hinzuzunehmen - sei $\Delta$ in der Bezeichnung des Systems der Grundgrößenarten das Symbol für den Winkel, also neues Grundgrößensystem: $\{M,L,T,\Delta\}$- und dann die Dimensionen aller interessierenden abgeleiteten Größen - etwa Winkelgeschwindigkeit, Drehmoment -, wie es sein muß, neu bedenkt und festlegt, um dann im Falle unseres Problems wieder anzusetzen:

$$\tau = f(m, g, l, \delta),$$

| A | M | L | T | Δ |
|---|---|---|---|---|
| m | 1 | 0 | 0 | 0 |
| g | 0 | 1 | -2 | 0 |
| l | 0 | 1 | 0 | 0 |
| δ | 0 | 0 | 0 | 1 |
| τ | 0 | 0 | 1 | 0 |

so ergibt die neue nebenstehende Dimensionstabelle:

$$\left.\begin{matrix} n = 4 \\ r = 4 \end{matrix}\right\} \text{ also } p = 0,$$

also nach dem Π-Theorem

$$\tau = C \cdot \sqrt{l/g},$$

wo C eine unbestimmt bleibende Zahl (dimensionslose Konstante) ist. Wir erhalten also ein Ergebnis, das für beliebige nichtlineare Schwingungen falsch ist. Nur asymptotisch für hinreichend kleine (lineare) Schwingungen, die aber hier nicht vorausgesetzt wurden, ist das Ergebnis richtig (dann mit $C = 2\pi$). Wo liegt der Fehler? (Ein Autor, der von vorne herein "kleine Schwingungen" stillschweigend annahm, ohne bei der obigen Dimensionsanalyse freilich von dieser Voraussetzung Gebrauch machen zu können, wird nicht einmal merken, daß auch er den Fehler gemacht hat, den es nun zu erörtern gilt.)

Schließen in einem Kreis zwei Radien - Maßzahl ihrer Länge: r - einen Winkel - Maßzahl $\alpha$ - ein und ist s die Maßzahl der Länge des zugehörigen Kreisbogens, so ist für den Winkel als abgeleitete Größenart (in einem Grundgrößensystem mit der Länge als einer Grundgrößenart) die Maßzahl $\alpha$ definiert als

$$\alpha := \frac{s}{r}$$

(vgl. auch Abb. 3 in 1.2.). (Entsprechend ist die Maßzahl eines räumlichen Winkels definiert als Verhältnis der Maßzahlen zweier Flächen, der aus einer Kugelfläche ausgeschnittenen Fläche und eines Quadrates mit dem Kugelradius als Seitenlänge.) Es ist

$$[\alpha] = [s/r] = LL^{-1} = 1$$

(und entsprechend ist auch die abgeleitete Größenart "räumlicher Winkel" dimensionslos). Mit $\alpha = s/r$ ist als (kohärente) Einheit des Winkels ein Radiant ("Winkel im Bogenmaß") festgelegt. Will man die übliche Winkeleinheit "1 Grad" festlegen, so wählt man statt dessen

$$\alpha := \frac{180}{\pi} \frac{s}{r} .$$

Dies aber nur nebenbei, da hier die Frage der Einheitenwahl belanglos ist.

Gibt man nun diese Definition auf und führt man den Winkel als neue Grundgrößenart ein - etwa unter Hinterlegung eines Prototyps (Standards) der Winkeleinheit nebst Vorschrift zur Winkelmessung durch Vergleich mit diesem Einheitswinkel - , so ist aus der obigen definierenden Gleichung ein nur noch empirisch nachprüfbarer Zusammenhang

$$\alpha = c_\alpha \frac{s}{r}$$

geworden. Mit der Erweiterung des $\{M,L,T\}$- zum $\{M,L,T,\Delta\}$-Systems tritt also eine neue Dimensionskonstante auf. Es ist

$$[c_\alpha] = [\alpha r/s] = [\alpha] = \Delta.$$

Der "Winkelbeiwert" $c_\alpha$ ist also Maßzahl einer Größe von der Dimension eines Winkels, als Dimensionskonstante also die Maßzahl eines festen Bezugswinkels, die $\alpha_0$ heißen möge:

$$\alpha_0 := c_\alpha .$$

Dann schreibt sich das Naturgesetz in der Form

$$\frac{\alpha}{\alpha_0} = \frac{s}{r} .$$

Für unser Problem der Schwingungsdauer des mathematischen Pendels lautet somit das Ergebnis: Mit dem Winkel als neuer Grundgrößenart tritt eine neue Dimensionskonstante $\alpha_0$ auf. Da der Winkel auch eine der relevanten Variablen des Problems ist, muß im $\{M, L, T, \Delta\}$ System die Dimensionskonstante $\alpha_0$ berücksichtigt werden. Es ist also anzusetzen:

$$\tau = f(m, g, l, \delta, \alpha_0).$$

| **A** | M | L | T | Δ |
|---|---|---|---|---|
| $m$ | 1 | 0 | 0 | 0 |
| $g$ | 0 | 1 | -2 | 0 |
| $l$ | 0 | 1 | 0 | 0 |
| $\delta$ | 0 | 0 | 0 | 1 |
| $\alpha_0$ | 0 | 0 | 0 | 1 |
| $\tau$ | 0 | 0 | 1 | 0 |

Die nebenstehende Dimensionstabelle liefert

$$\left.\begin{matrix} n = 5 \\ r = 4 \end{matrix}\right\} \text{ also } p = 1,$$

und das einzige dimensionslose Potenzprodukt der 5 Argumente ist

$$\Pi_1 = \delta/\alpha_0,$$

somit

$$\tau = \sqrt{l/g}\, G(\delta/\alpha_0).$$

Nur für "kleine Schwingungen" fällt $\alpha_0$ asymptotisch für $\delta \to 0$ heraus: $\tau = \sqrt{l/g}\, G(0)$.

Das bestätigt auch die Integration des Bewegungsproblems. Verglichen mit der in 1.2. im $\{M, L, T\}$-System angegebenen Bewegungsgleichung

$$ml \frac{d^2\varphi}{dt^2} = - mg \sin\varphi$$

wird im $\{M, L, T, \Delta\}$-System $\sin\varphi$ wegen $[\varphi] = \Delta$ sinnlos. War früher die Maßzahl $s$ der Bogenlänge des vom Massenpunkt zurückgelegten Weges gegeben als $s = l\varphi$, so jetzt als $s = l\varphi/\alpha_0$, und somit lautet die Bewegungsgleichung

$$\frac{ml}{\alpha_0}\frac{d^2\varphi}{dt^2} = - mg \sin\frac{\varphi}{\alpha_0}$$

oder

$$\frac{d^2\varphi}{dt^2} = - \alpha_0 \frac{g}{l} \sin\frac{\varphi}{\alpha_0} ,$$

und nur für den linearisierten Grenzfall, in welchem $\sin(\varphi/\alpha_0)$ durch das lineare Glied $\varphi/\alpha_0$ ersetzt wird, fällt $\alpha_0$ aus der Bewegungsgleichung heraus.

Dieses Beispiel wurde so ausführlich behandelt, weil sich der geschilderte Fehler immer wieder einmal in der Literatur, auch in der Lehrbuchliteratur vorfindet.

### 4. Übergang vom {M, L, T} - zum {F, L, T}-System

Tauscht man die Masse gegen die Kraft als Grundgrößenart aus - Übergang vom physikalischen zum technischen Grundgrößensystem der Mechanik - , indem man die bisher als Definitionsgleichung für die Kraft dienende Gleichung nun als Definitionsgleichung für die abgeleitete Größenart Masse benutzt, so tritt keine neue Dimensionskonstante auf. Es handelt sich um den Übergang von einem System zu einem "äquivalenten" System, vgl. 3.4.4. An der Aussage des Π-Theorems wird also nichts geändert.

| A | F | L | T |
|---|---|---|---|
| m | 1 | -1 | 2 |
| g | 0 | 1 | -2 |
| l | 0 | 1 | 0 |
| δ | 0 | 0 | 0 |
| τ | 0 | 0 | 1 |

In der Tat liefert die nebenstehende Dimensionstabelle $n = 4$, $r = 3$, also $p = 1$, und wieder nach dem Π-Theorem $\tau = \sqrt{l/g}\, G(\delta)$.

Dieser Übergang soll hier nur überleiten zu dem nächsten Beispiel:

### 5. Reduktion des $\{F, L, T\}$-Systems auf ein $\{F, L\}$-System

Auch wenn kein Leser diesen Übergang in Betracht ziehen würde und sogar voraussehen wird, daß von ihm für die Dimensionsanalyse der Schwingungsdauer des mathematischen Pendels nur Nachteile zu erwarten sind, soll dieser Schritt unternommen werden. Er soll lediglich dazu dienen, an einem bewußt einfach gewählten physikalischen Problem dem Leser eine Übungsmöglichkeit im "Freischwimmen" bei der Wahl von Grundgrößensystemen zu bieten, mehr nicht.

Die Messung der physikalischen Größenart Zeit hat eine kulturgeschichtlich und naturwissenschaftlich überaus reiche und reizvolle Geschichte. Hier nun soll die Zeit als Grundgrößenart aufgegeben und vermöge einer Definitionsgleichung für ihre Maßzahlen $t$ als abgeleitete Größenart mit einer Dimensionsformel $[t] = F^{\alpha}L^{\beta}$, $(\alpha,\beta) \neq (0,0)$ auf die Messung von Kräften und Längen zurückgeführt werden. Wir schränken weiter ein, indem wir als Ziel $[t] = F$ vorgeben, d.h. Zeiten durch geeignete Kräfte messen wollen.

Konnte der Mensch als Jäger oder Bauer ohne Stundenuhr auskommen, so konnte oder wollte das nicht mehr der Städter. Im alten China (1100 v. Chr.) wie auch in Indien, Ägypten, Babylon fragte man nach dem Stand des Schattens einer Sonnenuhr. Mit der Wasseruhr machte man sich von der Sonne frei und fragte, wieviel Wasser aus der Ausflußöffnung eines Gefäßes "verflossen" war, und hier ist unser Anknüpfungspunkt. (Auf eine winterfeste Wasseruhr kam man nicht im Altertum. Sie wurde später als Sanduhr im kälteren Mitteleuropa eingeführt. Nun konnte die Zeit "verrinnen".)

Das Torricellische Gesetz wurde in 5.1.2. behandelt. Jetzt soll nicht das Volumen, sondern das Gewicht des ausfließenden Wassers interessieren.

Es sei dafür gesorgt, daß der Wasserstand (Höhe über der Ausflußöffnung) konstant bleibt - etwa durch Zufluß mit Überlauf - , der Abfluß also stationär ist. Dann ist die Maßzahl $Q$ des Abflußvolumens pro Zeiteinheit konstant. Das Abflußgewicht pro Zeiteinheit ist $\rho g Q$, wenn $\rho$ die Maßzahl der konstanten Dichte des Wassers, $g$ wieder die Maßzahl der lokalen Schwerebeschleunigung ist. Das Gesamtgewicht der in einer bestimmten Abflußzeit - ihre Maßzahl sei $t$ - ausfließenden Wassers hat dann die Maßzahl

$$\gamma := \rho g Q t.$$

Im $\{F, L, T\}$-System liegt also der folgende naturgesetzliche Zusammenhang vor, von dem wir auszugehen haben:

$$t = c_t \gamma,$$

wo der "Zeitbeiwert"

$$c_t := 1/\rho g Q$$

das Reziproke der Maßzahl des Ausflußgewichts pro Zeiteinheit ist. $c_t$ ist eine Dimensionskonstante.

Diesen naturgesetzlichen Zusammenhang mit

$$[t] = T, \quad [c_t] = F^{-1}T, \quad [\gamma] = F$$

im $\{F, L, T\}$-System soll nun benutzt werden als Definitionsgleichung für die Maßzahl der Zeit als einer abgeleiteten Größe in einem $\{F, L\}$-System.

Es wird also definiert:

$$t := c_t \gamma \quad \text{mit} \quad [t] = [\gamma] = F,$$

und die bisherige Dimensionskonstante wird dimensionslos:

$$[c_t] = 1.$$

Die freibleibende Festlegung des Zahlenwerts von $c_t$ legt die kohärente Einheit der Zeit fest.

Es sei nun, da die Zeit als abgeleitete Größe durch eine Kraft gemessen wird, vereinbart, daß alle vorkommenden anderen abgeleiteten Größen ihre bisherige Definitionsgleichung behalten, wobei nur dort, wo die Maßzahl der Zeit auftritt, Ersatz gemäß obiger Definition zu erfolgen hat. Dann wird

$$[g] = L[T^{-2}] = F^{-2}L,$$

$$[m] = FL^{-1}[T^2] = F^3L^{-1}.$$

Das Problem der Schwingungsdauer eines mathematischen Pendels hatte schon im $\{F, L, T\}$-System nichts mit dem Wasserabfluß aus unserem Zeitmeßgerät mit dem Beiwert $c_t$ mit $[c_t] = F^{-1}T$ zu tun. Nunmehr ist $[c_t] = 1$.

Es ist also formal wie bisher anzusetzen:

$$\tau = F(m, g, l, \delta).$$

| A | F | L |
|---|---|---|
| m | 3 | -1 |
| g | -2 | 1 |
| l | 0 | 1 |
| δ | 0 | 0 |
| τ | 1 | 0 |

Bei $n = 4$ Argumenten kann bei zwei Grundgrößen der Rang höchstens $r = 2$ sein und ist es hier, und somit wird, was nicht überrascht, nur eine Reduktion auf $p = 2$ erzielt.

Man errät sofort ein Potenzprodukt P der 4 Argumente mit $[P] = [\tau] = F$, nämlich $P = \sqrt{l/g}$.

Zwei unabhängige dimensionslose Potenzprodukte der 4 Argumente sind, wie man leicht findet, $\Pi_1 = \delta$, $\Pi_2 = mg\sqrt{g/l}$, somit liefert das $\Pi$-Theorem hier das unbefriedigende Resultat:

$$\tau = \sqrt{l/g}\; G(\delta, mg^{3/2}l^{-1/2}).$$

Jeder, der auch nur die Bewegungsgleichung des mathematischen Pendels anzuschreiben vermag, hat natürlich sofort die zusätzliche

Einsicht, daß $\tau$ nicht von m abhängen kann, daß also $\tau = \sqrt{l/g}\, G_1(\delta)$ sein muß.

Geht man umgekehrt den Weg von diesem hier in keiner Weise empfehlenswerten Grundgrößensystem $\{F, L\}$ zum $\{F, L, T\}$-System über, so tritt die Dimensionskonstante $c_t$ mit $[c_t] = F^{-1}T$ hinzu, aber hier hat man dann den Vorteil zu wissen, daß die Schwingungsdauer eines mathematischen Pendels sicher nichts mit diesem Zeitbeiwert unseres Wasserausflußgerätes zu tun hat, und man hat somit, wie beim Übergang (2) vom $\{L, T\}$- zum $\{M, L, T\}$-System den Vorteil, daß p von 2 auf den optimalen Wert 1 reduziert werden kann. Immer, wenn eine abgeleitete Größenart durch einen Zusammenhang definiert wird, der nichts mit dem Problem zu tun hat, und nun als zusätzliche Grundgrößenart hinzugenommen wird und dabei an den Dimensionsformeln der vorkommenden abgeleiteten Größenarten beteiligt ist, kann auf eine Verschärfung der durch das Π-Theorem zu erhaltenden Information, d.h. auf eine Erhöhung von r bei gleichbleibendem n gehofft werden, und ein Versuch in dieser Richtung sollte dann gemacht werden.

## 6. Das Rayleighsche Paradoxon

Oben wurde im Beispiel (2) auf das sog. "dimensionsanalytische Paradoxon" hingewiesen und dieses begründet. Bereits 1915 ist in einer Kontroverse zwischen Lord Rayleigh und D. Riabouchinsky[5] über ein Problem des Wärmeübergangs an einem umströmten Körper wohl erstmals dieses Paradoxon ins Bewußtsein gerückt worden, das darin besteht, daß die Reduktion der Anzahl der Grundgrößenarten durch zusätzliche Inanspruchnahme der Kenntnis eines Naturgesetzes, dessen Dimensionskonstante für das Problem belanglos ist, nicht zu einer Verschärfung, sondern zu einer Abschwächung der Aussage des Π-Theorems (nicht zu einem kleineren, sondern zu einem größeren Wert von p) führt. Dieses historische Beispiel soll nachfolgend kurz behandelt werden.

Ein Körper - es genügt zur Illustration des Paradoxons hier eine Kugel - werde von einer reibungslosen, inkompressiblen Flüssigkeit

[5] Vgl. Nature 95, 66, 591 und 644 (1915).

mit weit vor dem Körper konstanter Geschwindigkeit (Parallelströmung) angeströmt. Die Kugel werde auf eine bestimmte konstante Temperatur gehalten, die höher ist als die konstante Temperatur der Flüssigkeit weit weg vom Körper. Gefragt wird nach dem stationären Wärmefluß vom Körper zur Flüssigkeit.

Sei q die Maßzahl des Wärmeflusses. Sie wird gemäß der Problemformulierung von folgenden Argumenten abhängen, für die gleich auch die Bezeichnung der Maßzahlen genannt werde: Kugeldurchmesser (d), Anströmgeschwindigkeit (v), Temperaturdifferenz von Kugel und Flüssigkeit weitab von der Kugel ($\vartheta$), Wärmekapazität pro Volumeneinheit (c) und Wärmeleitfähigkeit ($\lambda$) der Flüssigkeit.

Während Rayleigh ein Grundgrößensystem mit den Grundgrößenarten Länge, Zeit, Wärmemenge, Temperatur zugrundelegt und das Ergebnis

$$q = \lambda d\vartheta G(dcv/\lambda)$$

erzielt, argumentiert Riabouchinsky, er wolle nur "wirklich unabhängige" (!) Grundgrößen, z.B. Länge, Zeit, Wärmemenge benutzen, während er sich die Temperatur als mittlere kinetische Energie der Moleküle definiert denken wolle. Mit diesem zusätzlichen Zusammenhang als Definition der Temperatur aber liefert ihm die Dimensionsanalyse nur die Aussage:

$$q = \lambda d\vartheta G_1(v/\lambda d^2, cd^3).$$

Der Leser möge dies nachrechnen. Wir behandeln - mit denselben Ergebnissen - das Problem einmal im $\{M,L,T,\theta\}$-System mit der Temperatur als vierter Grundgrößenart und dann im $\{M,L,T\}$-System.

a) $\{M,L,T,\theta\}$-System

Die Wärmemenge hat die Dimension $ML^2T^{-2}$ einer Energie, für den Wärmefluß also als Wärmemenge pro Zeiteinheit gilt $[q] = ML^2T^{-3}$, für die Wärmekapazität als Wärmemenge pro Temperatur- und Volumeneinheit gilt $[c] = ML^{-1}T^{-2}\theta^{-1}$, für die Wärmeleitfähigkeit als Wärmemenge pro Zeit-, Flächen- und Temperaturgradienteneinheit gilt $[\lambda] = MLT^{-3}\theta^{-1}$. Für

$$q = f(d, v, \vartheta, c, \lambda)$$

ergibt sich daher nebenstehende Dimensionstabelle.

| **A** | M | L | T | θ |
|---|---|---|---|---|
| d | 0 | 1 | 0 | 0 |
| v | 0 | 1 | -1 | 0 |
| ϑ | 0 | 0 | 0 | 1 |
| c | 1 | -1 | -2 | -1 |
| λ | 1 | 1 | -3 | -1 |
| q | 1 | 2 | -3 | 0 |

Für die Dimensionsmatrix **A** gilt:

$$\left.\begin{array}{l} n = 5 \\ r = 4 \end{array}\right\} p = 1 .$$

Es ist wie im Ergebnis von Lord Rayleigh: $[q] = [d\lambda\vartheta]$, und ein dimensionsloses Potenzprodukt der 5 Argumente ist $\Pi_1 = dcv/\lambda$. Damit ergibt sich das oben angegebene Rayleighsche Ergebnis.

b) $\{M, L, T\}$-System

Mit der zusätzlichen Kenntnis

$$E = \frac{1}{2} kT,$$

wo E die Maßzahl der im zeitlichen und räumlichen Mittel auf jeden der Freiheitsgrade und jede Energieart jedes Moleküls eines gleichmäßig temperierten Körpers, T Maßzahl der absoluten Temperatur und k die Maßzahl der Boltzmannschen Konstanten ist, und mit dem Wissen, daß die Dimensionskonstante k dieses Gesetzes sicher nichts mit unserem Problem zu tun hat, nehmen wir der Temperatur ihre Eigenschaft als Grundgrößenart und denken uns die abgeleitete Größenart Temperatur durch diese Gleichung als Definition ihrer Maßzahlen eingeführt. Dann wird mit $[k] = 1$ im $\{M, L, T\}$-System

$$[\vartheta] = ML^2T^{-2}.$$

Alle anderen interessierenden abgeleiteten Größenarten sollen ihre bisherige Definitionsgleichung behalten, in ihren Dimensionsformeln ist lediglich $\theta$ durch $ML^2T^{-2}$ zu ersetzen. Die neue Dimensions-

| **A** | M | L | T |
|---|---|---|---|
| d | 0 | 1 | 0 |
| v | 0 | 1 | -1 |
| $\vartheta$ | 1 | 2 | -2 |
| c | 0 | -3 | 0 |
| $\lambda$ | 0 | -1 | -1 |
| q | 1 | 2 | -3 |

tabelle ist nebenstehend angegeben. Der Rang ist zwar größtmöglich: $r = 3$, aber mit $n = 5$ ist nun $p = 2$.

Man sieht sofort, daß wieder $[q] = [d\lambda\vartheta]$ ist, und zwei unabhängige Potenzprodukte der 5 Argumente sind $\Pi_1 = v/\lambda d^2$ und $\Pi_2 = cd^3$. Damit ergibt sich trotz Inanspruchnahme des Wissens über das Gesetz das weniger scharfe Ergebnis von Riabouchinsky.

Man sieht: Gerade der umgekehrte Weg vom $\{M,L,T\}$-System zum $\{M,L,T,\theta\}$-System ist dimensionsanalytisch vorteilhaft und zwar deswegen, weil die dann neu hinzukommende Dimensionskonstante k nichts mit dem vorliegenden Problem zu tun hat, die Anzahl der Argumente also nicht vermehrt wird, sondern gleich 5 bleibt, dagegen die entstehende neue Matrix **A** nun 4 Spalten hat und obendrein so beschaffen ist, daß der Rang sich von $r = 3$ auf $r = 4$ erhöht.

Diese Betrachtung sei hier noch als Gelegenheit benutzt, einige der wichtigsten Dimensionslosen zu erwähnen, die für Dimensionsanalyse und Modelltheorie bei Problemen der Wärmeübertragung und der Wärmeleitung in kontinuierlichen Medien wesentlich sind.

Das oben auftretende dimensionslose Potenzprodukt $\Pi_1 = dcv/\lambda$ ist die sog. Pécletsche Zahl. Verwendet man statt der obigen Wärmekapazität mit der Maßzahl c die spezifische Wärme mit der Maßzahl $c_p$ als die auf die Masseneinheit statt auf die Volumeneinheit bezogene Wärmekapazität, also $c = \rho c_p$, so ist $\Pi_1 = dvc_p\rho/\lambda$. Mit $a := \lambda/\rho c_p$ als die Maßzahl der sog. Temperaturleitfähigkeit ist dann $\Pi_1 = Pe$, wo die Pécletsche Zahl definiert ist als

$$Pe := vd/a.$$

Bildet man die Reynoldssche Zahl $Re = vd/\nu$, so ist es auch üblich, wo zweckmäßig, anstelle von Pe die Prandtlsche Zahl

$$Pr = \nu/a = Pe/Re$$

zu verwenden.

Bei instationären Wärmeleitvorgängen, bei denen eher eine für das Problem charakteristische Zeit - Maßzahl t - als eine charakteristische Geschwindigkeit primär vorliegt - bei obigem Problem könnte dies $t = d/v$ sein - wird die sog. Fouriersche Zahl

$$Fo := d^2/at$$

benutzt.

# 5.2. Π-Theorem und Ähnlichkeits- oder Modelltheorie

## 5.2.1. Ähnlichkeit bezüglich eines Grundgrößensystems

Im Abschnitt 4.5. (Beweis des Π-Theorems nach L. Brand) wurde die Aussage des Π-Theorems unabhängig von physikalischen Interpretationen ausführlich formuliert, um den mathematischen Gehalt der Aussage deutlich hervortreten zu lassen. Diese Darstellung soll nun Schritt für Schritt erneut vorgenommen werden, jedoch weichen wir bei der physikalischen Interpretation an einer Stelle von der bisherigen ab.

Es sei also wieder f eine reellwertige Funktion der n reellen Variablen $x_1,\dots,x_n$ in einem Definitionsbereich $D \subseteq R_n^+$. Dabei seien die $x_1,\dots,x_n$ Maßzahlen physikalischer Größen, deren Dimensionsformeln bezüglich eines gegebenen Grundgrößensystems $\{M_1,\dots,M_m\}$

$$[x_j] = M_1^{a_{j1}} \cdot \ldots \cdot M_m^{a_{jm}} \qquad (j = 1,\dots,n) \tag{5.1}$$

lauten, denen also insgesamt die Dimensionsmatrix

$$A = (a_{jk}) \qquad \begin{cases} j = 1,\dots,n \\ k = 1,\dots,m \end{cases} \tag{5.2}$$

zukommt. Der Definitionsbereich D von f soll so beschaffen sein, daß für beliebige reelle Zahlen $\alpha_k > 0$ $(k = 1,\dots,m)$ mit $(x_1,\dots,x_n) \in D$ stets auch $\left(x_1 \prod_{k=1}^{m} \alpha_k^{a_{1k}},\dots,x_n \prod_{k=1}^{m} \alpha_k^{a_{nk}}\right) \in D$ gilt.

Damit die reellen Zahlenwerte von f Maßzahlen einer physikalischen Größenart sind, ist wieder zu fordern:

Es gebe reelle Zahlen $b_1,\dots,b_m$ derart, daß

$$f\left(x_1 \prod_{k=1}^{m} \alpha_k^{a_{1k}},\dots,x_n \prod_{k=1}^{m} \alpha_k^{a_{nk}}\right) = f(x_1,\dots,x_n) \prod_{k=1}^{m} \alpha_k^{b_k} \qquad (5.3)$$

für alle $(x_1,\dots,x_n) \in D$ und alle $\alpha_k > 0$ $(k = 1,\dots,m)$ gilt (Dimensionshomogenität der Funktion f). Die physikalische Größenart mit den Maßzahlen

$$y = f(x_1,\dots,x_n) \qquad (5.4)$$

hat dann die Dimensionsformel

$$[y] = M_1^{b_1} \cdot \dots \cdot M_m^{b_m} .$$

Die Abbildung

$$(x_1,\dots,x_n) \to \left(x_1 \prod_{k=1}^{m} \alpha_k^{a_{1k}},\dots,x_n \prod_{k=1}^{m} \alpha_k^{a_{nk}}\right) \qquad (5.5)$$

wurde bisher als jene Abbildung der Maßzahlen $x_1,\dots,x_n$ gedeutet, die resultiert, wenn man die bei ihrer Messung benutzten Einheiten der Grundgrößenarten durch die $1/\alpha_k$-fachen Grundeinheiten ersetzt $(k = 1,\dots,m)$. Diese Interpretation führte in der Anwendung zu der Methode der Dimensionsanalyse, die bereits in Kapitel 1 propädeutisch an Beispielen demonstriert wurde und uns den Anlaß zum strengen Aufbau einer Theorie der physikalischen Dimensionen und zum Beweis des Π-Theorems bot.

Bei der genannten Änderung der Wahl der Grundeinheiten gehen die Maßzahlen $M_1,\dots,M_m$ der Grundgrößen selbst über in

$$\overline{M}_k = \alpha_k M_k \quad (k = 1,\dots,m) \qquad (5.6)$$

und hieraus folgt die Abbildung (5.5) der $(x_1, \dots, x_n)$ gemäß den Dimensionsformeln (5.1).

Der Abbildung $(M_1, \dots, M_m) \to (\alpha_1 M_1, \dots, \alpha_m M_m)$ kann aber auch eine andere Deutung gegeben werden. Es sollen jetzt die Grundeinheiten unverändert beibehalten werden. Stattdessen sollen die Maßzahlen $M_1, \dots, M_m$ aller Grundgrößen selbst ersetzt werden durch neue Maßzahlen $\alpha_k M_k$ mit beliebigen $\alpha_k > 0$. Man denke sich z.B. im $\{M, L, T\}$-System die Maßzahlen M aller Massen durch $\alpha_1 M$, die Maßzahlen L aller Längen durch $\alpha_2 L$, die Maßzahlen T aller Zeiten durch $\alpha_3 T$ ersetzt. Entsprechend sollen sich die Maßzahlen aller abgeleiteten Größen gemäß ihren Dimensionsformeln ändern, etwa die Maßzahl v einer Geschwindigkeit in $\alpha_2 \alpha_3^{-1} v$ übergehen und die Maßzahl $\rho$ einer Dichte in $\alpha_1 \alpha_2^{-3} \rho$. Im ganzen geht man von den Abmessungen in einem Ausgangsproblem (Original) zu Abmessungen eines Bildproblems (Modell) über, etwa vom Problem der Umströmung eines Tragflügels eines Flugzeugs beim Flug in der Atmosphäre zum Problem der Umströmung eines Tragflügelmodells in einem Windkanal.

Bildet man allgemein in der betrachteten Beziehung $y = f(x_1, \dots, x_n)$ die Maßzahlen $x_1, \dots, x_n$ und y gemäß der durch (5.6) induzierten Abbildung

$$\begin{aligned} \bar{x}_j &= \alpha_1^{a_{j1}} \cdot \dots \cdot \alpha_m^{a_{jm}} x_j \qquad (j = 1, \dots, n) \\ \bar{y} &= \alpha_1^{b_1} \cdot \dots \cdot \alpha_m^{b_m} y \end{aligned} \tag{5.7}$$

ab, so ist die Situation mathematisch unverändert und unabhängig davon, welche Deutung der Abbildung (5.6) mit ihrer Konsequenz (5.7) gegeben wird, es gilt das Π-Theorem. Damit bildet das Π-Theorem auch die Grundlage des Modellversuchswesens. Unser Ziel ist es, die Bedeutung des Π-Theorems für das Modellversuchswesen grundsätzlich zu begründen und dem Leser diese Anwendungsmöglichkeit zu erschließen: Wie und was kann man aus Beobachtungen am Modell schließen auf Sachverhalte am Original.

Zunächst eine

Definition: Physikalische Erscheinungen, die durch Abbildung (5.6) der Maßzahlen der Grundgrößen bei unveränderten Grundeinheiten und durch die dadurch induzierte Abbildung aller betrachteten abgeleiteten Größen hervorgehen, heißen *ähnlich bezüglich des zugrundeliegenden Grundgrößensystems* $\{M_1, \ldots, M_m\}$.

Diese "Ähnlichkeit" ist per definitionem bezogen auf das jeweils benutzte Grundgrößensystem. Die gelegentlich benutzte Bezeichnung "physikalische Ähnlichkeit" sollte daher vermieden werden.

Trivialerweise gilt:

> Satz: Besteht Ähnlichkeit bezüglich eines $\{M_1, \ldots, M_m\}$-Systems, so besteht Ähnlichkeit auch bezüglich eines jeden zum $\{M_1, \ldots, M_m\}$-System äquivalenten Grundgrößensystems. (Vgl. 3.4.4.)

Besteht also z.B. Ähnlichkeit zwischen Original und Modell im $\{M, L, T\}$-System, so auch im $\{F, L, T\}$-System der Ingenieure oder im $\{F, L, V\}$-System (V Maßzahl einer Geschwindigkeit) und in jedem von der Problemsituation her zweckmäßg erscheinenden äquivalenten Grundgrößensystem.

## 5.2.2. Bedeutung des Π-Theorems für das Modellversuchswesen

Trivialerweise gilt ferner: *Die Maßzahlen dimensionsloser Größen in einem* $\{M_1, \ldots, M_m\}$*-System sind invariant gegenüber Ähnlichkeitsabbildungen* $\overline{M}_k = \alpha_k M_k (\alpha_k > 0, k = 1, \ldots, m)$ *bezüglich dieses Grundgrößensystems* $\{M_1, \ldots, M_m\}$ *oder eines jeden äquivalenten Grundgrößensystems.*

Unter den Voraussetzungen des Π-Theorems gilt das insbesondere für das dann existierende Fundamentalsystem $\Pi_1, \ldots, \Pi_p$ ($p = n - r$, $r = \text{Rang } \mathbf{A}$) dimensionsloser Potenzprodukte

$$\Pi_i(x_1, \ldots, x_n) = \prod_{j=1}^{n} x_j^{k_{ij}}, \qquad i = 1, \ldots, p.$$

D i e d i m e n s i o n s l o s e n P o t e n z p r o d u k t e e i n e s F u n d a m e n t a l s y s t e m s s i n d i n v a r i a n t g e g e n ü b e r j e d e r Ä h n l i c h k e i t s a b b i l d u n g b e z ü g l i c h d e s z u g r u n d e l i e g e n d e n $\{M_1, \ldots, M_m\}$ - S y s t e m s (d.h. ihre Zahlenwerte stimmen im "Original" und in jedem durch Ähnlichkeitsabbildung im zugrundegelegten $\{M_1, \ldots, M_m\}$-System zu erhaltenden "Modell" überein.

Handelt es sich somit um die Betrachtung der physikalischen Beziehung

$$y = f(x_1, \ldots, x_n)$$

im Original und im Modell - bei einer Ähnlichkeitsabbildung bezüglich des $\{M_1, \ldots, M_m\}$-Systems - , so besagt das Π-Theorem:

Zu jedem Fundamentalsystem $\Pi_1, \ldots, \Pi_p$ gibt es eine reellwertige Funktion G in reellen Variablen sowie reelle Zahlen $k_1, \ldots, k_n$, so daß für alle $(x_1, \ldots, x_n)$ aus dem Definitionsbereich $D \in R_n^+$ von f gilt:

$$\frac{y}{x_1^{k_1} \cdot \ldots \cdot x_n^{k_n}} = G(\Pi_1, \ldots, \Pi_p).$$

Mit der rechten Seite ist auch die linke Seite invariant gegenüber jeder Ähnlichkeitsabbildung im zugrundeliegenden $\{M_1, \ldots, M_m\}$-System und jedem äquivalenten System. Es ist somit

$$\bar{y} = \left(\bar{x}_1^{k_1} \cdot \ldots \cdot \bar{x}_n^{k_n} / x_1^{k_1} \cdot \ldots \cdot x_n^{k_n}\right) y$$

$$= \prod_{j=1}^{n} \left(\alpha_1^{a_{j1}} \cdot \ldots \cdot \alpha_m^{a_{jm}}\right)^{k_j} y$$

oder, was dasselbe ist

$$\bar{y} = \alpha_1^{b_1} \cdot \ldots \cdot \alpha_m^{b_m} y$$

($[y] = M_1^{b_1} \cdot \ldots \cdot M_m^{b_m}$). Hierzu hätten wir also das $\Pi$-Theorem nicht zu bemühen brauchen. Für das Modellversuchswesen sagt aber das $\Pi$-Theorem aus: Bei Festhaltung der Zahlenwerte des Fundamentalsystems $\Pi_1, \ldots, \Pi_p$ - d.h. unter jeder Ähnlichkeitsabbildung $\overline{M}_k = \alpha_k M_k$ ($\alpha_k > 0$, $k = 1, \ldots, m$) - beim Übergang vom Original zum Modell bleibt auch der Zahlenwert $y/x_1^{k_1} \cdot \ldots \cdot x_n^{k_n}$ unverändert. Ob es Abbildungen der geforderten Art gibt, bei denen man in der Praxis die Werte $\Pi_1, \ldots, \Pi_p$ alle zugleich festhalten kann, bleibt offen. Gelingt dies, so spricht man gelegentlich von "vollständiger", sonst aber von nur "partieller" Ähnlichkeit von Original und Modell. (Vgl. hierzu 5.2.3.)

### 5.2.3. Ein Beispiel und allgemeine Bemerkungen über das Modellversuchswesen

Eine Kugel werde stationär von einer unendlich ausgedehnten, zähen, homogenen, inkompressiblen Flüssigkeit angeströmt. Die Anströmung weit vor der Kugel habe konstante Geschwindigkeit. Gefragt wird nach der Kraft, welche von der Strömung auf die Kugel ausgeübt wird bzw. nach der Widerstandskraft, die eine Kugel bei geradliniger Bewegung mit konstanter Geschwindigkeit in der sonst ruhenden zähen Flüssigkeit erfährt. Sind $d$, $v$, $\rho$, $\nu$ die Maßzahlen von Kugeldurchmesser, Anströmgeschwindigkeit, Dichte und kinematischer Zähigkeit der Flüssigkeit, so ist für die Maßzahl der Widerstandskraft $W$ anzusetzen:

$$W = f(d, v, \rho, \nu).$$

Zugrundegelegt werde ein $\{M, L, T\}$-System. Auf dieses oder auf jedes äquivalente Grundgrößensystem bezogen fragen wir nach Ähnlichkeitsabbildungen. Diese erlauben, von Beobachtungen in einem "Originalvorgang" auf das Ergebnis entsprechender Beobachtungen in einem "Modellvorgang" zu schließen.

Eine ähnliche Abbildung ergibt sich, wenn man die Maßzahlen der Grundgrößenarten Masse, Länge und Zeit mit festen positiven Zahlen multipliziert. Weist der Index 1 auf "Original", der Index 2 auf "Modell", so ist also zu setzen:

$$M_2 = \alpha_1 M_1, \quad L_2 = \alpha_2 L_1, \quad T_2 = \alpha_3 T_1$$

mit festen $\alpha_k > 0, \quad k = 1,2,3.$

Die uns interessierende dadurch induzierte Abbildung der Maßzahlen der physikalischen Größen des Problems ergeben sich aus der untenstehenden Dimensionstabelle zu

| **A** | M | L | T |
|---|---|---|---|
| d | 0 | 1 | 0 |
| v | 0 | 1 | -1 |
| ρ | 1 | -3 | 0 |
| ν | 0 | 2 | -1 |
| W | 1 | 1 | -2 |

$$d_2 = \alpha_2 d_1,$$

$$v_2 = \alpha_2 \alpha_3^{-1} v_1,$$

$$\rho_2 = \alpha_1 \alpha_2^{-3} \rho_1,$$

$$\nu_2 = \alpha_2^2 \alpha_3^{-1} \nu_1,$$

und $W_2 = \alpha_1 \alpha_2 \alpha_3^{-2} W_1.$

Für die Anwendung des Π-Theorems ist $n = 4$, $r = 3$, also $p = 1$. Das hier einzige dimensionslose Potenzprodukt der 4 Argumente ist die schon bei früherer Gelegenheit aufgetretene Reynoldssche Zahl Re:

$$\Pi_1 = vd/\nu =: \mathrm{Re},$$

und ein Potenzprodukt der Argumente mit $[d^{k_1} v^{k_2} \rho^{k_3} \nu^{k_4}] = [W]$ ergibt sich leicht zu $\rho v^2 d^2$. Wie in der Hydrodynamik üblich, wählen wir statt dessen das Produkt aus dem "Staudruck" $\rho v^2/2$ und der Querschnittsfläche der Kugel normal zur Anströmrichtung $\pi d^2/4$. Die Dimensionslose

$$c_W := W/(\rho v^2/2)(\pi d^2/4)$$

nennt man Widerstandsbeiwert (Widerstandszahl, Widerstandskoeffizient).

Für den Modellversuch haben wir also zunächst die Aussage

$$c_W = G(Re).$$

Wenn man also die eine Kennzahl Re alle praktisch interessierenden Werte annehmen läßt und $c_W$ mißt (statt die vier Variablen d, v, ρ, ν alle interessierenden Werte annehmen zu lassen), hat man den Widerstand aller interessierenden Kugeln bei allen interessierenden Anströmgeschwindigkeiten, Dichten und Zähigkeiten der (homogenen, inkompressiblen) Flüssigkeiten. Die Ergebnisse von Messungen sind in Abb. 14

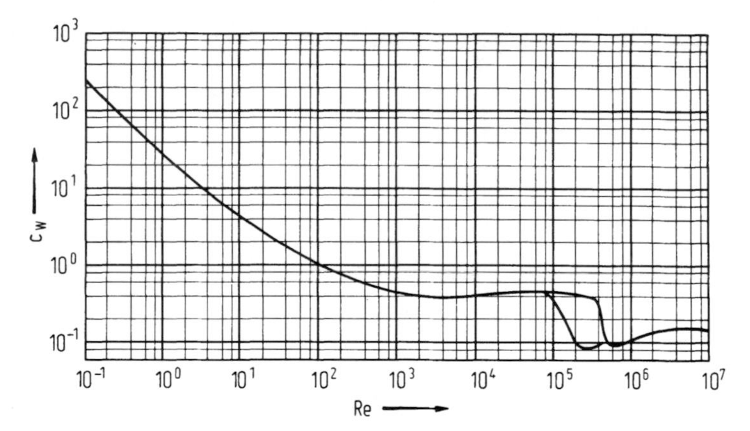


Abb. 14. Widerstandsbeiwert $c_w$ einer Kugel in Abhängigkeit von Re

wiedergegeben. Der Widerstand von Kugeln ist von sehr kleinen Re-Werten bis zu $Re = 3{,}6 \cdot 10^6$ gemessen worden. Wie man in der Abbildung erkennt, sinkt der Widerstandsbeiwert bei etwa $Re = 3 \cdot 10^5$ sehr stark ab. Dies ist eine Folge des Umschlags der Grenzschichtströmung an der Kugel von der laminaren in die turbulente Strömungsform[6].

Zu unserer Frage, wie von einer Messung im Modell auf das Original zu schließen ist, lautet nunmehr die Antwort: Wenn Ähnlichkeit vor-

[6] Vgl. hierzu etwa L. Prandtl: Führer durch die Strömungslehre. Von K. Oswatitsch und K. Wieghardt neubearbeitete und herausgegebene 6. Auflage. Braunschweig: Vieweg & Sohn 1965.

liegt, stimmt im Original und im Modell der Wert der Reynoldsschen Zahl überein:

$$v_1 d_1/\nu_1 = v_2 d_2/\nu_2 .$$

Bei übereinstimmender Reynoldsscher Zahl sind dann Widerstand im Modell und im Original gegeben durch

$$\left.\begin{aligned} W_2 &= \left(\rho_2 v_2^2/2\right)\left(\pi d_2^2/4\right) G(Re) \\ W_1 &= \left(\rho_1 v_1^2/2\right)\left(\pi d_1^2/4\right) G(Re) \end{aligned}\right\} .$$

Das Umrechnungsgesetz bei gleicher Re-Zahl lautet

$$W_1 = \alpha_1^{-1}\alpha_2^{-1}\alpha_3^2 W_2 ,$$

was schon aus der Dimension der Widerstandskraft folgt.

Bewegt sich die Kugel ganz in einer Flüssigkeit mit freier Oberfläche, so müssen der Abstand $h$ des Kugelmittelpunktes von der freien Oberfläche und wegen der entstehenden Schwerewellen die Erdbeschleunigung als weitere Argumente berücksichtigt werden. Kann die Oberflächenspannung vernachlässigt werden, so ist also anzusetzen

$$W = f(d, v, \rho, \nu, h, g) .$$

Die Dimensionsmatrix **A** erhält also zwei weitere Zeilen mit den Elementen 0, 1, 0 und 0, 1, -2. Die Anzahl $n$ der Argumente wächst von 4 auf 6, während unverändert $r = 3$ bleibt. Ein Fundamentalsystem dimensionsloser Potenzprodukte besteht somit nun aus $p = 3$ Produkten. Neben $\Pi_1 = Re = vd/\nu$ bieten sich als unabhängige Potenzprodukte die bereits früher aufgetretene Froudesche Zahl

$$\Pi_2 = v^2/gd =: Fr$$

$$\text{und} \quad \Pi_3 = d/h$$

an. Man hat somit jetzt:

$$c_W = G_1(Re, Fr, d/h),$$

und, wenn Ähnlichkeit von Original und Modell und die damit gegebene Möglichkeit der Umrechnung der Maßzahl des Widerstands vom Modell auf das Original vorliegen, sind im Modell und im Original sowohl für $Re$ als auch für $Fr$ und $d/h$ die Werte gleich.

Die Abbildung $L_1 \to L_2 = \alpha_2 L_1$ bedeutet, daß Original und Modell insbesondere geometrisch ähnlich sein müssen. Was oben für alle Kugeln gilt, gilt entsprechend für alle geometrisch ähnlichen und ähnlich zur Anströmungsrichtung gelegenen ganz oder teilweise in die Flüssigkeit eingetauchten Körper, falls nur darüber hinaus volle Ähnlichkeit von Modell und Original besteht, also $Re_2 = Re_1$, $Fr_2 = Fr_1$.

Bei Anwendung etwa im Modellversuchswesen der Schiffbauversuchsanstalten stößt man auf folgende Schwierigkeit, und es sei hierzu an die Bemerkung am Schluß von 5.2.2. über "vollständige" und "partielle" Ähnlichkeit erinnert. In $Fr = v^2/gd$ kann man für Probleme, die nur im Bereich der Erdoberfläche interessieren und auch im Modell nur hier zu beobachten sind, den Zahlenwert der Erdbeschleunigung $g$ nicht nennenswert ändern. In der Wahl der Flüssigkeit $(\rho, \nu)$ hat man bei Schiffsmodellversuchen auch keine nennenswerte Bewegungsfreiheit. Um $Re$ konstant zu halten, muß man $vd$ konstant halten, um $Fr$ konstant zu halten, muß man dagegen $v^2/d$ konstant halten. Das Schiffsmodell muß aber in seinen Längenabmessungen vom Original stark abweichen. Das kann man also nur erreichen, wenn man entweder $Re$ oder $Fr$ konstant hält.

Übrigens hat das Modellversuchswesen in Wind- und Wasserkanälen auch darin eine praktische Begrenzung, daß man in ihnen Werte von $Re$ nur bis etwa $10^7$ erreichen kann. Das ist für viele Fragen der Luftfahrt ausreichend, bei großen Schiffen liegen aber die Werte von $Re$ noch höher[7].

---

[7] Vgl. K. Wieghardt: Theoretische Strömungslehre, Stuttgart: Teubner 1965. Es sei hier erwähnt, daß man im Schiffbauversuchswesen die Froudesche Zahl nicht, wie oben, als $v^2/gd$ definiert, sondern, wohl nur einer alten Gewohnheit folgend, als $v/\sqrt{gd}$. Daß der oben benutzten Definition mindestens aus Gründen der Systematik der Vorzug zu geben ist, wird der Leser unten in 5.2.5. erkennen.

Gründe, die Modellversuche wünschenswert erscheinen lassen, gibt es in großer Vielfalt. Erwähnt seien hier nur einige von ihnen. (1) Modellversuche sind oft allein möglich, dagegen im Original nicht (Vorgänge der Geologie etwa, die sich in Jahrmillionen abspielen); (2) Versuchsserien im Original können sehr zeitraubend und (3) sehr teuer sein, während der Aufwand am Modell (etwa Variieren von Flugeigenschaften eines Flugkörpers) vertretbar ist; (4) Versuche im Original sind unter Umständen mit Gefahren verbunden; (5) Versuche im Original sind oft schwer oder überhaupt nicht von Einflüssen zu trennen, die mit der Fragestellung nichts zu tun haben, das Ergebnis aber stark verändern. Diese wenigen Bemerkungen müssen hier genügen, da es das Ziel dieser Darstellung lediglich sein kann, vom Thema der Theorie der physikalischen Dimensionen zu den Anwendungen hinzulenken, und von hier aus muß auf die Literatur über diese Anwendungsgebiete verwiesen werden (vgl. Literaturliste in 5.3.).

Höchst interessante Probleme der Modellphysik stellen sich gegenwärtig auch in jenem Grenzgebiet, in welchem Fragen der Biophysik und der Mechanik zusammenspielen. Insbesondere handelt es sich hier um fundamentale Fragen zur Evolution der Tierwelt, bei denen es entscheidend darauf ankommt zu erkennen, wie sich die hier wesentlichen Parameter bei Ähnlichkeitsabbildungen transformieren.

### 5.2.4. Geometrische, kinematische und dynamische Ähnlichkeit

Unter Beschränkung auf die Mechanik sollen im folgenden einige Grundbegriffe der Modelltheorie erläutert werden. Eine Auswahl an Literatur hierzu wird in 5.3. angegeben werden.

Man benutzt in der Modellwissenschaft sog. Übertragungsfaktoren (englisch: scales).

Definition: Ist $a_1$ die Maßzahl der physikalischen Größe im Original, $a_2$ die entsprechende Maßzahl der Bildgröße im Modell, so nennt man den Quotienten $a_1/a_2$ den Übertragungsfaktor.

Manche Autoren bevorzugen den reziproken Wert $a_2/a_1$, den man Reduktionsfaktor nennt.

1. Geometrische Ähnlichkeit

Ist $\mathbf{x}_1 = (\xi_1, \eta_1, \zeta_1)$ ein beliebiger Längenvektor im Original und ist $\lambda > 0$ der Übertragungsfaktor für die Größenart Länge, so ist

$$\mathbf{x}_1 = \lambda \mathbf{x}_2 = (\lambda\xi_2, \lambda\eta_2, \lambda\zeta_2),$$

wo $\mathbf{x}_2 = (\xi_2, \eta_2, \zeta_2)$ der Bildlängenvektor im Modell ist.

Mit dem einheitlichen Übertragungsfaktor $\lambda$ für alle Maßzahlen der Grundgrößenart Länge besteht geometrische Ähnlichkeit zwischen Modell und Original.

Für Ähnlichkeit bezüglich eines $\{M, L, T\}$-Systems oder eines jeden äquivalenten Systems ist also geometrische Ähnlichkeit eine notwendige Bedingung.

2. Kinematische Ähnlichkeit

Für die Maßzahlen zugeordneter Zeiten $t_1$ im Original und $t_2$ im Modell sei $\tau > 0$ der Übertragungsfaktor

$$t_1 = \tau t_2.$$

Sind $\mathbf{w}_1 = (u_1, v_1, w_1)$ und $\mathbf{w}_2 = (u_2, v_2, w_2)$ zugeordnete Geschwindigkeitsvektoren im Original und im Modell, so ist

$$\mathbf{w}_1 = \sigma \mathbf{w}_2 \quad \text{mit} \quad \sigma = \lambda\tau^{-1}.$$

An zugeordneten Orten zu zugeordneten Zeiten sind also alle Geschwindigkeitsvektoren im Modell mit dem gleichen Faktor $\sigma$ auf das Original zu übertragen. Man spricht von kinematischer Ähnlichkeit.

Liegt z.B. eine Strömung vor, so sind in zugeordneten Zeiten die Stromlinienverläufe als geometrische Kurven in Modell und Original ähnlich.

Bei manchen Problemen, z.B. bei stationären Vorgängen, wird man es vorziehen, primär mit $\sigma$, dem Übertragungsfaktor der Geschwindigkeit, zu arbeiten und hat dann für die Übertragung der Zeit als Folge

$\tau = \lambda/\sigma$. Dem gleichwertig ist es, statt Ähnlichkeit bezüglich eines $\{M, L, T\}$-Systems, Ähnlichkeit bezüglich eines $\{M, L, V\}$-Systems zu betrachten, in welchem die Geschwindigkeit als Grundgrößenart, die Zeit als abgeleitete Größenart eingeführt ist. Da diese beiden Grundgrößensysteme im Sinne von 3.4.4. äquivalent sind, sind Ähnlichkeit bezüglich des $\{M, L, T\}$-Systems und bezüglich des $\{M, L, V\}$-Systems identische Eigenschaften.

Will man offenlassen, welche unter den drei Größenarten Länge, Zeit, Geschwindigkeit als abgeleitete Größenart betrachtet wird, während die beiden anderen Grundgrößenarten sein sollen, so formuliert man das "kinematische Modellgesetz" wie folgt:

$$\sigma\tau\lambda^{-1} = 1 .$$

3. Dynamische Ähnlichkeit

Die Übertragung der Maßzahlen der dritten Grundgrößenart Masse bringt zur geometrischen und kinematischen Ähnlichkeit eine weitere Forderung für den Zusammenhang zwischen Modell und Original.

In der Mechanik wird man primär der Übertragung der Maßzahlen der vorkommenden Kräfte gegenüber jenen der Massen den Vorzug geben. Das kann wieder so gedeutet werden, daß man Ähnlichkeit nicht bezüglich eines $\{M, L, T\}$-Systems, sondern bezüglich des technischen $\{F, L, T\}$-Systems betrachtet, was, da beide Systeme äquivalent sind, zu identischen Ergebnissen führt.

Sind $\mathbf{F}_1$ und $\mathbf{F}_2$ Kraftvektoren, die an zugeordneten Orten zu zugeordneten Zeiten im Original und im Modell wirken, so sei $\varkappa$ ihr Übertragungsfaktor:

$$\mathbf{F}_1 = \varkappa \mathbf{F}_2 .$$

Für ein Kraftfeld etwa bedeutet dies, daß für die Kraftlinien an zugeordneten Orten zu zugeordneten Zeiten Ähnlichkeit besteht.

Ist $\mu$ der Übertragungsfaktor der Maßzahlen m der Massen, so ist wegen $[m] = FL^{-1}T^2$ zu fordern: $\mu = \varkappa\lambda^{-1}\tau^2$, oder, wenn man wieder offenlassen will, ob Masse oder Kraft abgeleitete Größenart ist, kann man das "dynamische Modellgesetz" wie folgt formulieren:

$$\varkappa \tau^2 \mu^{-1} \lambda^{-1} = 1.$$

Die als "Ähnlichkeit" bezüglich eines $\{M, L, T\}$-Systems oder eines äquivalenten Systems zu fordernden Eigenschaften der geometrischen, kinematischen und dynamischen Ähnlichkeit nennt man zusammenfassend gelegentlich das "allgemeine Newtonsche Ähnlichkeitsgesetz".

Nichts in diesem Abschnitt ist für den Leser vom Inhalt her neu. Anstelle unserer früheren Faktoren $\alpha_1$, $\alpha_2$, $\alpha_3$ sind nur neue Schreibweisen eingeführt worden. Die dargestellten Dinge mußten aber erläutert werden, um dem Leser die Denkweise im Modellversuchswesen näherzubringen. Da gelegentlich Arbeiten auf diesem Gebiet ein mangelhaftes Verständnis der Theorie der physikalischen Dimensionen und der Rolle des gewählten Grundgrößensystems aufweisen, sind sie dann mißverständlich und schwerfällig in der Darstellung.

Je nachdem welche Kräfte nun in einem Problem der Mechanik mit ihren Parametern vorkommen, ergeben sich aus den Bestimmungsgleichungen des Problems verschiedene Modellgesetze. Da diese Gleichungen als physikalische Gleichungen dimensionshomogen sind, sind die sich ergebenden Modellforderungen nichts anderes als die des Konstanthaltens der unabhängigen dimensionslosen Potenzprodukte des Problems, wie sie durch das $\Pi$-Theorem geliefert werden.

Kommen etwa bei dem Problem einer Strömung - vgl. Beispiel 5.2.3. - neben den Trägheitskräften auch Zähigkeitskräfte und andere Kräfte vor, so müssen sie alle bei der Übertragung vom Modell auf das Original denselben Übertragungsfaktor $\varkappa$ erhalten. Aus der Gleichheit des Übertragungsfaktors für die Trägheitskräfte und die Zähigkeitskräfte folgt das "Reynoldssche Modellgesetz": $Re = \text{const}$. In der Schreibweise der Modellwissenschaft sieht das dann wie folgt aus:

Die Trägheitskraft pro Masseneinheit (Trägheitsbeschleunigung) ist die substantielle Ableitung $d\mathbf{w}/dt$ ($\mathbf{w}$ Geschwindigkeitsvektor) mit dem Übertragungsfaktor $\sigma\tau^{-1}$. Die Zähigkeitskräfte pro Masseneinheit sind gegeben durch $\nu\nabla^2\mathbf{w}$ ($\nu$ kinematische Zähigkeit) mit dem Übertragungsfaktor $(\nu_1/\nu_2)\sigma\lambda^{-2}$. Also muß $\sigma\tau^{-1} = (\nu_1/\nu_2)\sigma\lambda^{-2}$ sein oder $\lambda^2\tau^{-1} = \nu_1/\nu_2$ (was man wegen $[\nu] = L^2T^{-1}$ sofort hätte sagen können!). Wegen $\tau^{-1} = \sigma\lambda^{-1}$ hat man also schließlich

$$\nu_1/\nu_2 = \sigma\lambda$$

als Übertragungsfaktor der Zähigkeit. Sind l und v Maßzahlen von Länge und Geschwindigkeit, so ist $l_1/l_2 = \lambda$, $v_1/v_2 = \sigma$, also hat man

$$\frac{v_1 l_1}{\nu_1} = \frac{v_2 l_2}{\nu_2} = \mathrm{Re}.$$

Mit dieser Bemerkung möchte der Verfasser nicht an der Praxis, wohl aber an der gelegentlichen Schwerfälligkeit von Lehrbuchdarstellungen des Modellversuchswesens Kritik üben.

### 5.2.5. Einige der wichtigsten Modellgesetze der Strömungsmechanik als Beispiel

Das Beispiel in 5.2.3. zeigte in modelltheoretischer Darstellung die Bedeutung des Reynoldsschen Modellgesetzes für Probleme der stationären Umströmung von Körpern durch zähe inkompressible Flüssigkeiten und zusätzlich des Froudeschen Modellgesetzes für den Fall einer schweren Flüssigkeit mit freier Oberfläche.

Neben den Kennzahlen Re und Fr spielen zahlreiche weitere Kennzahlen in der Strömungsmechanik eine Rolle, je nachdem welche Kräfte auftreten. Unser bisheriges Beispiel soll hier so erweitert werden, daß einige der wichtigsten dieser Kennzahlen auftreten.

Bei dem in 5.2.3. betrachteten Beispiel sei nunmehr die Flüssigkeit kompressibel. Damit gewinnt der Druck, der im inkompressiblen Medium nur die ausgeartete Rolle einer Hilfsfunktion spielte, die nur bis auf eine beliebige additive Konstante definiert war, und sein Zusammenhang mit der Dichte des Mediums - bisher konstant - Bedeutung. Zwischen Dichte und Druck - Maßzahlen $\rho$ und $p$ - bestehe das barotrope Gesetz

$$p = f(\rho),$$

an dem hier nur interessiert, daß

$$dp/d\rho = c^2$$

ist, wo $c$ die Maßzahl der lokalen Schallgeschwindigkeit in der Flüssigkeit bedeutet. Damit muß der Übertragungsfaktor aller Geschwindigkeiten so gewählt werden, daß die Schallgeschwindigkeit im Modellmedium übergeht in die Schallgeschwindigkeit des Originalmediums. Ist $v$ die Maßzahl der lokalen Strömungsgeschwindigkeit, so muß die sog. Machsche Zahl

$$\mathrm{Ma} := v/c$$

im Modell und im Original übereinstimmen. Für Näheres muß auf die Lehrbuchliteratur zur Strömungsmechanik verwiesen werden. Im Rahmen des allgemeinen Newtonschen Ähnlichkeitsgesetzes bedeutet diese Forderung eine zusätzliche Forderung an das kinematische Modellgesetz.

An der freien Oberfläche des Mediums mögen jetzt auch noch Kapillarkräfte zu berücksichtigen sein. In der Randbedingung an der Oberfläche des Mediums (Trennfläche zum darüber befindlichen Medium) treten sie in dem dort zu fordernden Gleichgewicht auf. Es muß hier genügen zu sagen, daß damit ein weiterer Parameter in das Problem eingeht, die sog. Oberflächenspannung. Ist $\gamma$ die Maßzahl dieses Parameters (der mit der mittleren Krümmung der Oberfläche multipliziert den Beitrag zum Gleichgewicht mit den Drücken von außen und innen liefert), so ist, wenn wir dieser Betrachtung das $\{F, L, T\}$-System des Ingenieurs zugrundelegen,

$$[\gamma] = FL^{-1}$$

("Kraft pro Längeneinheit", "Druck pro Einheit der mittleren Krümmung"). Das Eingehen von $\gamma$ in das Problem bedeutet eine weitere Forderung für dynamische Ähnlichkeit von Modell und Original.

Um das Problem noch komplizierter zu machen, rotiere das gesamte System um eine raumfeste Achse mit der konstanten Drehgeschwindigkeit $\omega$, so daß im rotierenden System, relativ zu dem die bisher beschriebene Strömung erfolgen soll, Corioliskräfte auftreten. Auf Einzelheiten soll nicht eingegangen werden, denn es kommt hier nur darauf an, daß nun ein Problem vorliegt mit einer erheblichen Anzahl von in der Praxis interessierenden Parametern. Die Behandlung mit Hilfe des Π-Theorems erlaubt es, die maßgebenden Modellgesetze (Kennzahlen) durch Ermittlung des Fundamentalsystems der dimensionslosen Potenzprodukte bequem anzugeben.

Es gehen folgende Argumente ein:

$x_1 = l$ Maßzahl einer für den Körper charakteristischen Länge (denn es wird ja geometrische Ähnlichkeit zwischen Modell und Original erzwungen, also ist der Körper durch eine solche Länge charakterisiert);

$x_2 = v$ Maßzahl der konstanten Anströmgeschwindigkeit weit vor dem Körper (Bei kinematischer Ähnlichkeit charakterisiert diese oder auch eine beliebige andere lokale Geschwindigkeit das gesamte Geschwindigkeitsfeld);

$x_3 = \rho$ Maßzahl der Dichte in der Anströmung weit vor dem Körper;

$x_4 = p$ Maßzahl des Drucks in der Anströmung weit vor dem Körper;

$x_5 = \nu$ Maßzahl der kinematischen Zähigkeit, die hier als konstant in der gesamten Flüssigkeit angenommen wird;

$x_6 = g$ Maßzahl der konstanten Erdbeschleunigung;

$x_7 = c$ Maßzahl der in der Anströmung weit vor dem Körper konstanten Schallgeschwindigkeit;

$x_8 = \gamma$ Maßzahl der konstant gedachten Oberflächenspannung;

$x_9 = \omega$ Maßzahl der Drehgeschwindigkeit;

$x_{10} = h$ Maßzahl für die Eintauchtiefe eines charakteristischen Punktes des Körpers. (Wegen der zu fordernden geometrischen Ähnlichkeit sieht man jetzt schon, daß $h/l$ eine der resultierenden Kennzahlen des Problems wird sein müssen.)

Sei nun $y$ die Maßzahl der physikalischen Größenart, die uns interessiert und für die anzusetzen ist:

$$y = f(x_1, \ldots, x_{10}).$$

$y$ kann z.B. die Maßzahl des Reibungswiderstands sein aber auch einer jeden anderen Größe, die in diesem Problem interessiert und von $x_1, \ldots, x_{10}$ abhängt. Das $\Pi$-Theorem garantiert (und erlaubt zu berechnen) ein Potenzprodukt $\prod_{j=1}^{10} x_j^{k_j}$ der 10 Argumente mit $\left[ y \big/ \prod_{j=1}^{10} x_j^{k_j} \right] = 1$. Soll $y$ insbesondere die Maßzahl $W$ des Reibungswiderstands sein, so kann man zweckmäßigerweise analog zu 5.2.3. verfahren. Wir nennen allgemein

$$c_y = y \Big/ \prod_{j=1}^{10} x_j^{k_j}$$

die Maßzahl des "y-Beiwerts" (z.B. des Auftriebsbeiwerts eines Tragflügels). Dann ist

$$c_y = G(\Pi_1, \ldots, \Pi_p),$$

und es gilt jetzt, das Fundamentalsystem $\Pi_1, \ldots, \Pi_p$ zu ermitteln.

| **A** | F | L | T |
|---|---|---|---|
| $x_1 = l$ | 0 | 1 | 0 |
| $x_2 = v$ | 0 | 1 | -1 |
| $x_3 = \rho$ | 1 | -4 | 2 |
| $x_4 = p$ | 1 | -2 | 0 |
| $x_5 = \nu$ | 0 | 2 | -1 |
| $x_6 = g$ | 0 | 1 | -2 |
| $x_7 = c$ | 0 | 1 | -1 |
| $x_8 = \gamma$ | 1 | -1 | 0 |
| $x_9 = \omega$ | 0 | 0 | -1 |
| $x_{10} = h$ | 0 | 1 | 0 |

Obenstehend ist die Dimensionsmatrix **A** der 10 Argumente im $\{F, L, T\}$-System angegeben.

Es ist

$$\left.\begin{array}{l} n = 10 \\ r = 3 \end{array}\right\} \text{ also } p = n - r = 7.$$

Es ergeben sich somit 7 unabhängige dimensionslose Potenzprodukte

$$\Pi_i = \prod_{j=1}^{10} x_j^{k_{ij}} \quad (i = 1, \ldots, 7).$$

Für die $k_{ij}$, $j = 1, \ldots, 10$, gelten für alle $i = 1, \ldots, 7$ die drei Bestimmungsgleichungen

$$k_3 + k_4 + k_8 = 0,$$

$$k_1 + k_2 - 4k_3 - 2k_4 + 2k_5 + k_6 + k_7 - k_8 + k_{10} = 0,$$

$$-k_2 + 2k_3 - k_5 - 2k_6 - k_7 - k_9 = 0.$$

Wir bestimmen $k_1$, $k_2$, $k_3$ in Abhängigkeit von $k_4, \ldots, k_{10}$. Aus der 1. Gleichung folgt

$$k_3 = - k_4 - k_8.$$

Unter Berücksichtigung dieses Ergebnisses liefert die 3. Gleichung

$$k_2 = -2k_4 - k_5 - 2k_6 - k_7 - 2k_8 - k_9$$

und aus der 2. Gleichung folgt dann nach kurzer Rechnung

$$k_1 = -k_5 + k_6 - k_8 + k_9 - k_{10}.$$

Die freibleibenden Exponenten $k_4, \ldots, k_{10}$ wählen wir nun in 7 verschiedenen Weisen $(i = 1, \ldots, 7)$ so, daß sicher 7 unabhängige dimensionslose Potenzprodukte resultieren.

Das gewählte Vorgehen ist im folgenden Schema dargestellt und unmittelbar verständlich. Daß die quadratische Matrix der frei wählbaren Exponenten nicht einfach als Einheitsmatrix gewählt wurde, hat seinen Grund darin, daß eine Wahl bevorzugt wurde, bei der in der Strömungsmechanik gebräuchliche Kennzahlen resultieren, wozu statt 1 mehrfach -1 in eine $k_j$-Spalte $(j = 4, \ldots, 10)$ eingesetzt werden mußte.

| i | $k_4$ | $k_5$ | $k_6$ | $k_7$ | $k_8$ | $k_9$ | $k_{10}$ | $k_1$ | $k_2$ | $k_3$ | $\pi_i$ |
|---|---|---|---|---|---|---|---|---|---|---|---|
| 1 | 1 | 0 | 0 | 0 | 0 | 0 | 0 | 0 | -2 | -1 | $\Pi_1 = p/\rho v^2 = Eu$ |
| 2 | 0 | -1 | 0 | 0 | 0 | 0 | 0 | 1 | 1 | 0 | $\Pi_2 = vl/\nu = Re$ |
| 3 | 0 | 0 | -1 | 0 | 0 | 0 | 0 | -1 | 2 | 0 | $\Pi_3 = v^2/lg = Fr$ |
| 4 | 0 | 0 | 0 | -1 | 0 | 0 | 0 | 0 | 1 | 0 | $\Pi_4 = v/c = Ma$ |
| 5 | 0 | 0 | 0 | 0 | -1 | 0 | 0 | 1 | 2 | 1 | $\Pi_5 = \rho v^2 l/\gamma = We$ |
| 6 | 0 | 0 | 0 | 0 | 0 | -1 | 0 | -1 | 1 | 0 | $\Pi_6 = v/l\omega = Ro$ |
| 7 | 0 | 0 | 0 | 0 | 0 | 0 | 1 | -1 | 0 | 0 | $\Pi_7 = h/l$ |

Neben Reynoldsscher Zahl Re, Froudescher Zahl[8] Fr treten hier hinzu die Eulersche Zahl $Eu = p/\rho v^2$, die Machsche Zahl $Ma = v/c$, die Webersche Zahl $We = \rho v^2 l/\gamma$, die Rossbysche Zahl $v/l\omega$ und,

[8] Vgl. hierzu Fußnote Seite 220.

wie schon oben angekündigt, $h/l$, da hier zwei charakteristische Längen vorkommen, die natürlich zur Wahrung der geometrischen Ähnlichkeit so gewählt werden müssen, daß die Werte von $h/l$ in Modell und Original übereinstimmen.

In der Literatur zur Strömungsmechanik und ihrer Grenzgebiete tritt eine Fülle solcher Kennzahlen auf. Dazu gehören auch z.B. die Kennzahlen für den Wärmeübergang in Strömungen, für Magnetohydrodynamik etc. etc. Obwohl auch in anderen Gebieten der Mechanik und in anderen Feldern der Physik entsprechende Ähnlichkeitskennzahlen gebildet und benutzt werden, gibt es wohl kein Gebiet, in welchem von Ähnlichkeitskennzahlen ein so ausgedehnter Gebrauch gemacht wird wie in der Strömungsmechanik.

Es kann hier nur auf die einschlägige Literatur verwiesen werden. Man findet insbesondere in dem Buche von G.H.A. Cole[9] zur Strömungsmechanik mit einer gewissen Systematik die rund zwanzig wichtigsten Ähnlichkeitskennzahlen der Strömungsmechanik. Benutzt werden in der Strömungsmechanik mindestens doppelt so viele. (So hat man Schwierigkeiten, bei ihrer Bezeichnung mit 2 Buchstaben auszukommen, z.B. für Stokessche , Stantonsche und Strouhalsche Zahl.) Nicht immer sind sie unabhängig. So kann man oben statt Re und Ro auch, falls dies dem jeweiligen Problem angemessen erscheint, Re und die Ekmansche Zahl Ek verwenden, wo

$$\mathrm{Ek} := \frac{\nu}{\omega l^2} = \mathrm{Ro}/\mathrm{Re}$$

ist. Ferner verwendet man gelegentlich etwa die Stokessche Zahl St, insbesondere bei den sog. schleichenden Strömungen ($\mathrm{Re} \ll 1$), definiert als

$$\mathrm{St} := \frac{lp}{\rho\nu v} = \mathrm{Eu} \cdot \mathrm{Re}.$$

Vgl. auch das in der Literaturliste 5.3. angegebene Buch von J. Zierep. ($\rho\nu = \mu$ ist die Maßzahl der in der Physik gegenüber der kinematischen Zähigkeit (Maßzahl $\nu$) der Strömungsmechanik sonst meistens bevorzugten "dynamischen" Zähigkeit.)

---

[9] Cole, G.H.A.: Fluid Dynamics, London/New York: Methuen & Co/ Wiley & Sons 1962.

## 5.3. Eine Auswahl von Lehrbüchern zur praktischen Anwendung von Dimensionsanalyse und Modelltheorie

Betz, A.: Ähnlichkeitsmechanik und Modelltechnik. In: Hütte, des Ingenieurs Taschenbuch, 28. Aufl., Bd. I, Berlin: Ernst & Sohn 1955.

Birkhoff, G.: Hydrodynamics. A Study in Logic, Fact, and Similitude, Princeton: Princeton University Press 1950.

Bridgman, P.W.: Theorie der physikalischen Dimensionen. (Übersetzung aus dem Englischen von H. Holl), Leipzig/Berlin: Teubner 1932.

Comolet, R.: Introduction à l'analyse dimensionnelle et aux problèmes de similitude en mécanique des fluides, Paris: Masson et Cie. 1958.

De Jong, F.J.: Dimensional Analysis for Economists, New York: Humanities Press 1967.

Duncan, W.J.: Physical Similarity and Dimensional Analysis, London: Edward Arnold & Co. 1953.

Eigenson, L.S.: Modellübertragung, Moskau: Staatl. Verlag für Baustoffeliteratur 1949. [Russisch].

Focken, C.M.: Dimensional Methods and their Applications, London: Edward Arnold & Co. 1953.

Huntley, H.E.: Dimensional Analysis, London: Mac Donald & Co. 1952.

Kline, S.J.: Similitude and Approximation Theory, New York, Toronto, London: McGraw-Hill 1965.

Langhaar, H.L.: Dimensional Analysis and Theory of Models, 6. Aufl., New Yok/London: Wiley & Sons/Chapman & Hall 1964.

Martinot-Langarde: Similitude physique. Mém. Sc. Phys., fasc. 66, Paris: Gauthier-Villars 1960.

Murphy, G.: Similitude in Engineering, New York: Ronald Press 1950.

Palacios, J.: [1] Análysis Dimensional, Madrid: Espasa-Calpe 1956. -[2] Analyse dimensionnelle. (Traduit de l'espagnol.), Paris: Gauthier-Villars 1960.

Pankhurst, R.C.: Dimensional Analysis and Scale Factors, London: Chapman and Hall 1964.

Pawlowski, J.: Die Ähnlichkeitstheorie in der physikalisch-technischen Forschung, Berlin/Heidelberg/New York: Springer-Verlag 1971.

Saint-Guilhelm, R.: Les principes de l'analyse dimensionnelle. Mém. Sc. Math., fasc. 152, Paris: Gauthier-Villars 1962.

Sedov, L.I.: Similarity and Dimensional Methods in Mechanics. (Translation from the 4th Russian edition.), New York/London: Academic Press/Infosearch 1959.

Taylor, E.S.: Dimensional Analysis for Engineers, Oxford: Oxford University Press 1974.

Weber, M.: Ähnlichkeitsmechanik und Modellwissenschaft. In: Hütte, des Ingenieurs Taschenbuch, I. Bd., Berlin: Ernst & Sohn, 27. Aufl. 1949.

Zierep, J.: [1] Ähnlichkeitsgesetze und Modellregeln der Strömungslehre, Karlsruhe: Braun 1972.
-[2] Similarity Laws and Modeling, New York: Marcel Dekker 1971.

Zinzen, H.: Größen und Einheiten. Normung. Ähnlichkeitstheorie und Modelltechnik. In: Physikhütte, Bd. I Mechanik, 29. Aufl., Berlin/München/Düsseldorf: Ernst & Sohn 1971.

## 5.4. Verallgemeinerung des Π-Theorems und des Ähnlichkeitsbegriffs

Das Π-Theorem bietet bei der Behandlung physikalischer Probleme mit der Methode der Dimensionsanalyse nicht mehr Information als das - inzwischen legalisierte - Verfahren, mit dem im propädeutischen Kapitel 1 verschiedene Beispiele behandelt wurden. Die Anwendung des Π-Theorems - vgl. die Beispiele in 5.2. - hat jedoch den Vorzug, das durch Dimensionsanalyse erreichbare Ergebnis auf dem Wege eines sehr einfachen Rechenprozesses zu liefern.

Liefert die Anwendung des Π-Theorems eine Reduktion der Anzahl der Argumente von n auf $p = n - r$, so hängt der Nutzen der so erzielten Information wesentlich davon ab, ob p klein genug ausfällt. Das ist nicht immer der Fall, und auch bei Übergang zu einem neuen Grundgrößensystem, von dessen Wahl die erreichbare Reduktion abhängt, ist eine Steigerung der Information nicht immer erreichbar. Es ist daher naheliegend, daß man schon sehr früh gefragt hat, ob nicht durch Verallgemeinerung des Π-Theorems in diesem oder jenem Sinne die zu erzielende Information gesteigert werden kann. Diese Frage, die nicht zum eigentlichen Gegenstand der vorliegenden Darstellung gehört, soll nachfolgend kurz gestreift werden, da wesentliche Erfolge erzielt worden sind.

T. Ehrenfest-Afanassjewa[10] hat die Mängel der Methode der Dimensionsanalyse kritisiert und sie durch eine allgemeine Methode der Invarianz von Gleichungen unter Transformationsgruppen verdrängt sehen wollen (s. unten).

P.W. Bridgman[11] hat mit Recht entgegnet, während man hierzu die Bestimmungsgleichungen des jeweiligen Problems vollständig kennen müsse, biete die Methode der Dimensionsanalyse den großen Vorteil, daß man nur die Argumente $x_1, \ldots, x_n$ (variable Maßzahlen von Größenarten und Dimensionskonstanten) der gesuchten Funktion zu kennen brauche, um schon vermöge des Π-Theorems Information über die gesuchte Lösung zu erhalten, da eben alle physikalischen Gleichungen invariant sind unter der Transformationsgruppe (4.51) der Einheitenänderungen der Grund größenarten. Man könne also auch Probleme behandeln, deren Bestimmungsgleichungen man nicht hinzuschreiben vermag. Zugleich aber irrte sich Bridgman entscheidend, als er weiter erklärte, es sei nicht erforderlich, über die Methode der Dimensionsanalyse hinaus die von Frau Ehrenfest propagierte Methode zu verfolgen, deren Anwendung mathematisch für den Physiker so viel schwieriger sei. Im Gegenteil, diese Erweiterung, deren Idee wohl erstmals von A.E. Ruark[12] unter der Bezeichnung "inspectional analysis" ernstlich verfolgt wurde, ist sowohl für theoretische Untersuchungen als auch für das Modellversuchswesen von großem Nutzen, vgl. auch G. Birkhoff[13]. Leider hat sich die Bezeichnung "inspectional analysis" nicht durchgesetzt, vielmehr spricht man von "Ähnlichkeit" ("similitude") nicht nur im Sinne des Abschnitts 4.8., sondern auch in dem erweiterten Sinne, der nun kurz erörtert werden soll.

---

[10] Ehrenfest-Afanassjewa, T.: Dimensional Analysis. Phil. Mag. 1, 257-272 (1926).

[11] Bridgman, P.W.: Dimensional Analysis Again. Phil. Mag. 2, 1263-1266 (1926).

[12] Ruark, A.E.: Inspectional Analysis: A Method which Supplements Dimensional Analysis. Journ. Elisha Mitchell Sci. Soc. 51, 127-133 (1935).

[13] Birkhoff, G.: Hydrodynamics. A Study in Logic, Fact, and Similitude, Princeton: Princeton University Press 1950.

Die Transformationen, die uns bisher interessierten - Einheitenänderungen der Grundgrößenarten - bilden trivialerweise eine Gruppe. Jedes Element dieser Gruppe transformiert in bestimmter Weise die Maßzahlen der auf dieses Grundgrößensystem bezogenen physikalischen Größen. Man sagt, die Gruppe "operiert auf der Menge der Maßzahlen". Aussagen über die Struktur von Invarianten wie sie das Π-Theorem darstellt, lassen sich auch gewinnen, wenn die operierende Gruppe eine recht allgemeine Liesche Transformationsgruppe ist, vgl. hierzu J. Hainzl[14,15].

Physikalische Gleichungen haben zwar alle die Eigenschaft der Invarianz unter Einheitenänderungen der Grundgrößenarten - sie sind dimensionshomogen - , aber von Fall zu Fall können die physikalischen Bestimmungsgleichungen eines Problems oder Problemkreises darüber hinaus invariant sein unter weiteren Transformationsgruppen. Hier kann sich entsprechend von Fall zu Fall die Aussicht zur Erlangung von Information bieten, die über jene des Π-Theorems entscheidend hinausgeht.

Zur Orientierung über diese Methode der "Ähnlichkeit im erweiterten Sinne" - sie möge im folgenden kurz "Methode der Transformationsgruppen" genannt werden - findet man Einzelheiten vor allem in dem in englischer Übersetzung aus dem Russischen vorliegenden Buch von L.V. Ovsjannikov[16]. Man vergleiche aber auch A.G. Hansen[17] und die dort (in Kapitel 4) zitierte Literatur. Von der Seite der Praxis vergleiche man das in englicher Übersetzung vorliegende Werk von L.I. Sedov[18]. Es ist klar, daß, je nachdem wie man in Grenzfällen

---

[14] Hainzl, J.: Verallgemeinerung des Π-Theorems mit Hilfe spezieller Koordinaten in Lieschen Transformationsgruppen. Arch. Rational Mech. Anal. 30, 321-344 (1968).

[15] Hainzl, J.: On Local Generalizations of the Pi Theorem of Dimensional Analysis. Journ. Franklin Inst. 292, 463-470 (1971).

[16] Ovsjannikov, L.V.: Group Properties of Differential Equations. Übersetzt von G.W. Bluman. Novosibirsk: Sibirische Sektion der Akademie der Wissenschaften der USSR, 1962.

[17] Hansen, A.G.: Similarity Analyses of Boundary Value Problems in Engineering. Englewood Cliffs, New Jersey: Prentice Hall, Inc. 1964.

[18] Sedov, L.I.: Similarity and Dimensional Methods in Mechanics. (Übersetzung aus dem Russischen der 4. Aufl., 1956, des erstmals 1943 erschienenen Buches.) New York: Academic Press 1959.

die Bestimmungsgleichungen eines Problems vereinfacht - etwa: Prandtlsche Grenzschichtgleichungen für sehr große Reynolds-Zahlen, Hyperschallgleichungen für sehr große Mach-Zahlen - sich neue asymptotisch gültige Ähnlichkeitsgesetze ergeben können, die für die Praxis überaus nützlich sind. Insbesondere für die Ähnlichkeitsgesetze der Gasdynamik vergleiche man J. Zierep[19]. So ist etwa die erstmals von K. Oswatitsch (1951)[20,21] aufgezeigte Tatsache, daß für reibungsfreie Hyperschallströmungen um beliebige Körper die Bestimmungsgleichungen von der Mach-Zahl für $Ma \to \infty$ unabhängig werden ("Einfrieren des Strömungsfeldes") sehr wichtig.

Hier ist noch folgende Bemerkung am Platze: Eine Vermehrung der Anzahl der Grundgrößenarten geht bekanntlich mit einer Verringerung der Anzahl der Dimensionslosen einher - vgl. 3.4.3. - und daher wird unter Umständen auch der Rang r der Dimensionsmatrix $(a_{jk})$ erhöht ohne Änderung von n, was eine Erniedrigung von $p = n - r$ und eine entsprechende Verschärfung der vom $\Pi$-Theorem gelieferten Information zur Folge hat. Wenn einige Autoren[22] zur Erreichung dieses Zieles zum Beispiel für die physikalische Größenart Länge nicht nur eine Dimension (Grundgrößenart), sondern für jede räumliche Komponente des Längenvektors eine eigene einführen und dabei Erfolg haben, so ist zwar dieses Vorgehen und seine Begründung höchst befremdlich, der Erfolg läßt sich aber legalisieren, wenn man nicht nur nach Invarianz unter geometrischen Ähnlichkeitstransformationen, sondern allgemeiner unter affinen Transformationen fragt.

---

[19] Zierep, J.: Ähnlichkeitsgesetze und Modellregeln der Strömungslehre, Karlsruhe: Braun 1972.

[20] Oswatitsch, K.: Ähnlichkeitsgesetze für Hyperschallströmung. Zschr. angew. Math. Phys. 2, 249-264 (1951).

[21] Oswatitsch, K.: Gasdynamik, Wien: Springer 1952.

[22] Soweit mir bekannt ist, wurde ein solches Vorgehen erstmals demonstriert in dem Buche von
Huntley, H.E.: Dimensional Analysis, London: MacDonald 1952.
Aber später und offenbar unabhängig von ihm haben andere Autoren denselben Weg beschritten.

1. Beispiel: Blasiussche Plattengrenzschicht

Im Abschnitt 5.1.2. wurden Beispiele dafür gegeben, daß das $\Pi$-Theorem ein unbefriedigendes Ergebnis liefert, das aber in diesen Fällen leicht durch eine zusätzliche physikalische Einsicht präzisiert (d.h. $p$ weiter erniedrigt) werden kann. An dem dort behandelten Beispiel der Blasiusschen Plattengrenzschicht soll hier gezeigt werden, daß die Reduktion von $p = 1$ auf $p = 0$, die dort auf diesem Wege erzielt wurde, auch erzielt werden kann, wenn man über das $\Pi$-Theorem hinausgehend die "Methode der Transformationsgruppen" verwendet.

Brauchte man freilich für die Anwendung des $\Pi$-Theorems nur zu wissen, daß ein Zusammenhang der Gestalt $\delta = f(x, U, \nu)$ besteht, so muß man für die Anwendung der Methode der Transformationsgruppen das System der Bestimmungsgleichungen vollständig anzugeben vermögen.

Sind $(x,y)$ die cartesischen Koordinaten in der Strömungsebene mit der Platte im Längsschnitt als positive x-Achse $(x \geqslant 0,\ y = 0)$ - vgl. Abb. 13 in 5.1.2. - so lauten die Gleichungen der Plattengrenzschichtströmung

$$uu_x + vu_y - \nu u_{yy} = 0, \qquad u_x + v_y = 0,$$
$$u(x,0) = v(x,0) = 0 \quad \text{für} \quad x > 0, \quad u(x,y) \to U \quad \text{für} \quad y \to \infty .$$

Darin sind $u$ und $v$ die Maßzahlen der Komponenten der Strömungsgeschwindigkeit parallel bzw. normal zur Platte, $U$ ist wieder die Maßzahl der konstanten Anströmgeschwindigkeit und $\nu$ die kinematische Zähigkeit der Flüssigkeit. Indizes $x$, $y$ weisen auf partielle Differentiation nach diesen Variablen hin.

Die obigen Differentialgleichungen sind invariant unter folgender Gruppe von Transformationen $(a > 0)$:

$$\left.\begin{array}{ll} x \to x' = ax, & y \to y' = \sqrt{a}\, y \\ u \to u' = u\ , & v \to v' = v/\sqrt{a} \end{array}\right\} .$$

Es ist nämlich

$$u'u'_{x'} + v'u'_{y'} - \nu u'_{y'y'} = a^{-1}(uu_x + vu_y - \nu u_{yy}),$$
$$u'_{x'} + v'_{y'} = a^{-1}(u_x + v_y).$$

Sind somit $u(x,y)$, $v(x,y)$ eine Lösung der Plattengrenzschichtgleichungen, so gilt dies auch für

$$u'(x',y') := u(x'/a, y'/\sqrt{a}),$$

$$v'(x',y') := (1/\sqrt{a})\, v(x'/a, y'/\sqrt{a}).$$

Die Funktionen $y/\sqrt{x}$, $u$, $\sqrt{x}\,v$ sind Invarianten der Transformationsgruppe. Die in dem auf Seite 235 in Fußnote 16 zitierten Buch von L.V. Ovsjannikov entwickelte Theorie zeigt nun: Man kann die Invarianten $u$ und $\sqrt{x}\,v$ als Funktion der Invarianten $y/\sqrt{x}$ allein ansetzen.

Für die Grenzschichtdicke $\delta = f(x,U,\nu)$ hatte das $\Pi$-Theorem die Aussage geliefert: $\delta = xG(Ux/\nu)$. Nun ist $\delta$ lokal für jedes $x$ der Wandabstand $y$, in welchem $u(x,y)/U = c$ ($c$ für die Praxis z.B. 0,9), wo $c$ hier eine beliebige Zahl zwischen 0 und 1 sein kann. Für jedes feste $c \in (0,1)$ ist also die Kurve $y = \delta(x)$ der Ort konstanter u-Werte $u(x,y) = cU$. Wenn wir nun wissen, daß $u$ eine Funktion nur der einen Ortsvariablen $y/\sqrt{x}$ ist, folgt $G(Ux/\nu) = C\sqrt{\nu/Ux}$ ($C$ unbestimmt bleibender Zahlenfaktor), damit $\delta$ proportional $\sqrt{x}$ wird. Also erhalten wir auch auf diesem Wege $\delta = c\sqrt{\nu x/U}$.

Für die Integration des Problems der Plattengrenzschicht ist die gefundene Invarianzeigenschaft von großem Vorteil. Statt aber nun $y/\sqrt{x}$ als neue einzige Ortsvariable für $u$ und $\sqrt{x}\,v$ einzuführen, lehrt das Ergebnis des $\Pi$-Theorems, daß es vorteilhafter ist, als neue unabhängige Variable

$$\eta := y/\sqrt{\nu x/U}$$

zu verwenden, weil damit in den resultierenden neuen Gleichungen der Plattengrenzschicht die Parameter $\nu$ und $U$ des Problems nicht mehr explizit erscheinen werden. Die Rechnung soll nachfolgend durchgeführt werden.

Mit

$$u(x,y) = UF(\eta)$$

ist $F$ eine Funktion, für die zu fordern sein wird: $F(0) = 0$, $F(\eta) \to 1$ für $\eta \to \infty$ (frei von den Parametern des Problems).

Um die Kontinuitätsgleichung $u_x + v_y = 0$ zu erfüllen, wird von der durch sie vermöge

$$\psi_y = u, \qquad \psi_x = -v$$

gegebenen Stromfunktion $\psi$ Gebrauch gemacht. Integration von $u(x,y)$ über $y$ ergibt

$$\psi(x,y) = \sqrt{\nu x U} \int_0^\eta F(t)dt$$

(worin schon an dieser Stelle durch Nullsetzen der Integrationskonstanten die Randbedingung $v(x,0) = 0$ erfüllt wird, wie die weitere Rechnung zeigt).

Mit

$$f(\eta) := \int_0^\eta F(t)dt$$

hat man

$$u(x,y) = Uf'(\eta), \quad v(x,y) = \frac{1}{2}\sqrt{\frac{\nu U}{x}}(\eta f'(\eta) - f(\eta)).$$

Einsetzen in die noch zu erfüllende erste der beiden Differentialgleichungen und die Randbedingungen liefert die Blasiussche Differentialgleichung

$$2f''' + f'' = 0$$

mit $\qquad f(0) = f'(0) = 0, \quad f'(\eta) \to 1 \quad$ für $\quad \eta \to \infty$.

Es ist also nicht nur möglich, vermöge der aufgezeigten speziellen Invarianzeigenschaft des Problems die Reduktion von einem System partieller Differentialgleichungen auf eine gewöhnliche Differentialgleichung zu erzielen, sondern darüber hinaus liefert das Ergebnis der Dimensionsanalyse die Möglichkeit der Reduktion auf ein Problem, das unabhängig ist von den physikalischen Parametern $U$ und $\nu$ des Problems. Sie erscheinen nicht mehr explizit. Das erhaltene Problem ist "universell" in dem Sinne, daß eine einmalige numerische Integration ausreicht, um dann durch Rücktransformation auf die Ausgangsvariablen alle Plattengrenzschichten (für jede Anströmgeschwindigkeit $U$ und jede kinematische Zähigkeit $\nu$ an jedem Ort der Strömung) zu ermitteln.

In der Hydrodynamik nennt man Grenzschichten, die diese Reduktion erlauben, "ähnliche" Grenzschichten. Ihre Existenz ist von erheblichem Nutzen für das Verständnis auch komplizierterer Grenzschichtströmungen, bei denen eine solche Reduktion nicht möglich ist. Für das Gebiet der ähnlichen Lösungen der laminaren inkompressiblen Grenzschichten liegt ein wertvoller Übersichtsbericht von A.G. Hansen[23] vor mit Diskussionsbemerkungen von A.J.A. Morgan.

2. Beispiel: Instationäre Wärmeleitung in einem Quadranten[24]

Es soll noch ein einfaches Beispiel demonstriert werden, in welchem das Π-Theorem eine nur sehr schwache Information liefert, eine un-

---

[23] Hansen, A.G.: Possible Similarity Solutions of the Laminar Incompressible Boundary-Layer Equations. Trans. ASME 80, 1553-1562 (1958). Vgl. ferner: Hansen, A.G.: On Possible Similarity Solutions for Three-Dimensional Incompressible Laminar Boundary-Layer Flows over Developable Surfaces and with Proportional Mainstream Velocity Components. NACA Techn. Mem. 1437, 1958.

[24] Vgl. K.L. Calder: Concerning Similarity Analysis Based on the Use of Governing Equations and Boundary Conditions and Long's Method of Generalized Dimensional Analysis. Journ. Atmospheric Sciences 24, 616-626 (1967). Das vorliegende Beispiel gibt mir Gelegenheit, diese Arbeit auch deswegen zu zitieren, weil die dort an zahlreichen Beispielen demonstrierte Methode von R.R. Long (Vorgehen wie bei Huntley[22]) als Methode einer gewissen Klasse von Transformationsgruppen nachgewiesen wird.

mittelbar erkennbare triviale Invarianzeigenschaft aber dann die geschlossene Integration des Problems erlaubt.

Betrachtet wird die Wärmeleitung in dem Quadranten $x \geqslant 0$, $y \geqslant 0$ eines cartesischen Koordinatensystems, wenn dort zur Zeit $t = 0$ die konstante Temperatur $\vartheta = \vartheta_0$ herrscht, für $t > 0$ aber auf den Randlinien $x = 0$ und $y = 0$ die Temperatur $\vartheta = 0$ vorliegen soll. Ist $a$ die konstante Temperaturleitfähigkeit des Materials, so muß jedenfalls gelten:

$$\vartheta = f(x, y, t, \vartheta_0, a).$$

In einem aus den Grundgrößenarten Länge, Zeit und Temperatur bestehenden $\{L, T, \theta\}$-System ergibt sich die nebenstehende Dimensionstabelle. Mit $n = 5$, $r = 3$ ist $p = 2$. Das Π-Theorem liefert die entsprechend schwache Information

| **A** | L | T | θ |
|---|---|---|---|
| $x$ | 1 | 0 | 0 |
| $y$ | 1 | 0 | 0 |
| $t$ | 0 | 1 | 0 |
| $\vartheta_0$ | 0 | 0 | 1 |
| $a$ | 2 | -1 | 0 |
| $\vartheta$ | 0 | 0 | 1 |

$$\vartheta = \vartheta_0 \, G(x/\sqrt{at}, \; y/\sqrt{at}).$$

Das legt immerhin die Einführung der neuen unabhängigen Variablen

$$\xi := x/\sqrt{at}, \qquad \eta := y/\sqrt{at}$$

nahe.

Die vollständige Formulierung des Rand- und Anfangswertproblems für $\vartheta(x, y, t)$ lautet, wenn Indizes $t$, $x$, $y$ partielle Differentiation nach diesen Variablen anzeigen:

$$\vartheta_t = a(\vartheta_{xx} + \vartheta_{yy})$$

mit

$$\vartheta(x, y, 0) = \vartheta_0 \quad \text{für} \quad x \geqslant 0, \; y \geqslant 0;$$

$$\vartheta(0, y, t) = 0 \quad \text{für} \quad y \geqslant 0, \; t > 0,$$

$$\vartheta(x, 0, t) = 0 \quad \text{für} \quad x \geqslant 0, \; t > 0.$$

Das Ergebnis des Π-Theorems liefert hieraus für $G(\xi,\eta)$ das Problem

$$G_{\xi\xi} + G_{\eta\eta} + \frac{1}{2}(\xi G_\xi + \eta G_\eta) = 0$$

mit $\quad G(\xi,\eta) \to 1 \quad$ für $\quad (\xi,\eta) \to (\infty,\infty)$

und $\quad G(0,\eta) = G(\xi,0) = 0 \quad$ für $\quad \xi \geqslant 0, \quad \eta \geqslant 0.$

Nun ist aber trivialerweise das Problem invariant unter der Spiegelung

$$\xi \to \xi' = \eta, \quad \eta \to \eta' = \xi ,$$

d.h. es gilt die Symmetrie der Lösung: $G(\xi,\eta) = G(\eta,\xi)$. Wenn daher der Separationsansatz

$$G(\xi,\eta) = f(\xi)g(\eta)$$

auf

$$\frac{f''(\xi) + \frac{1}{2}\xi f'(\xi)}{f(\xi)} = -\frac{g''(\eta) + \frac{1}{2}\eta g'(\eta)}{g(\eta)}$$

führt, so müssen nicht nur linke und rechte Seite konstant sein sondern verschwinden.

Ist $\operatorname{erf} v := \frac{2}{\sqrt{\pi}} \int_0^v e^{-t^2} dt$, so liefert die Integration in der Tat den das Rand- und Anfangswertproblem lösenden Ausdruck

$$\vartheta = \vartheta_0 \operatorname{erf}\left(\frac{x}{2\sqrt{at}}\right) \operatorname{erf}\left(\frac{y}{2\sqrt{at}}\right).$$

Wenn man weiß, daß das Problem eindeutig lösbar ist, ist damit der Separationsansatz gerechtfertigt.

Mit diesen Beispielen sollte die "Methode der Transformationsgruppen" nur ein wenig illustriert werden. Sie wird häufig wesentlich schwieriger und aufwendiger zu handhaben sein als das Π-Theorem. Sie stellt aber eine sehr fruchtbare Verallgemeinerung dar, von deren weiterem systematischen Ausbau wesentliche Erfolge zu erwarten sind.

Zu dem Gegenstand des abschließenden Absatzes 5.4. über Verallgemeinerungen des Π-Theorems sind dem Verfasser während der Korrektur noch folgende für den Leser wichtige Neuerscheinungen bekannt geworden:

Bluman, G.W., and Cole, V.D.: Similarity Methods for Differential Equations, New York/Heidelberg/Berlin: Springer 1974.

Glockner, P.G., and Singh, M.C. (Editors): Symmetry, Similarity and Group Theoretic Methods in Mechanics, Calgary: The University of Calgary 1974.

# Namen- und Sachverzeichnis

Printed by Books on Demand, Germany